国家出版基金项目
NATIONAL PUBLICATION FOUNDATION

波传播法解析结构振动

吴崇建　著

U0285329

哈尔滨工程大学出版社
Harbin Engineering University Press

内 容 简 介

波传播法(WPA 法)以四阶微分方程为基础,在方程推导和重构环节,始终采用时域空间指数函数,建立了解析结构振动的统一框架。本书聚焦波的传播、反射、衰减和波形转换,并结合功率流研究,力图从梁、TMD 等基础单元入手,从结构波的微观视角分析有限梁类结构、周期/准周期结构、耦合结构和多扰动源的抵消机制等。

WPA 法是解析法的一种补充。阅读对象包括希望深入研究结构噪声、功率流理论和振动噪声精细控制的本科生、研究生和工程设计人员。阅读本书需要具备一定的振动噪声基础理论知识和工程实践经验。

图书在版编目(CIP)数据

波传播法解析结构振动/吴崇建著. —哈尔滨:
哈尔滨工程大学出版社,2019.1
ISBN 978 - 7 - 5661 - 2199 - 8

Ⅰ.①波… Ⅱ.①吴… Ⅲ.①结构振动 Ⅳ.
①O327

中国版本图书馆 CIP 数据核字(2018)第 303200 号

选题策划 史大伟 薛 力 雷 霞
责任编辑 史大伟 薛 力
封面设计 李海波

出　　版　哈尔滨工程大学出版社
社　　址　哈尔滨市南岗区南通大街 145 号
邮政编码　150001
发行电话　0451 - 82519328
传　　真　0451 - 82519699
经　　销　新华书店
印　　刷　哈尔滨市石桥印务有限公司
开　　本　787 mm × 1 092 mm　1/16
印　　张　16.25
字　　数　413 千字
版　　次　2019 年 1 月第 1 版
印　　次　2019 年 1 月第 1 次印刷
定　　价　128.00 元
http://www.hrbeupress.com
E-mail:heupress@ hrbeu.edu.cn

Wave Propagation Approach for Structural Vibration

Wu Chongjian

Harbin Engineering University Press

Introduction

Based on four-order differential equations, the Wave Propagation Approach (WPA) developed in this book always adopts the time-domain spatial exponential function in equation establishment, derivation and solution seeking, providing a unified framework for analyzing structural vibration. Focusing on structural"discontinuity points", wave propagation, reflection, attenuation and waveform conversion are analyzed. Combined with the power flow theory, this book attempts to study such basic elements as beams, plates, periodic structures, dynamic mass damper (TMD) and sources, from the microscopic perspective of structural waves.

WPA is a supplement of a theoretical analysis method. The readers include college students, graduate students and engineering designers who wish to deepen their studies on structure-borne noise, power flow theory, vibration control, etc. To read this book, one needs to have a certain basic theoretical knowledge of vibration and noise control, and preferably engineering practice.

序　言

运载器的振动声学性能不仅关乎人员的舒适性,还与其综合作战能力息息相关。当前国际先进潜艇所辐射的声功率小于 0.008 mW,即潜艇在海水中所辐射的声能量比智能手机的亮屏功耗还小。潜艇减振降噪带动结构动力学进入精细化时代,成为针尖上的技术比拼,被世界强国列为核心技术秘密。

无声较量的背后,是工程能力基础路理论的持续突破。从元器件、设备到系统,从结构动力学、结构噪声到功率流理论,等等。新理论不断涌现和应用,缘于结构动力学理论方法的深化与融合,也是几十年持续改进的集中体现。

波传播法(WPA 法)是解析法的一种补充,伴随着精细化的需求而来。它为新思维提供了微观视角和分析手段。WPA 法归纳起来有如下特点:

一、聚焦结构波的研究。结构输入转化为结构波,它与目标控制参数如振级、隔振量和声辐射构成直接因果关系。波的传播、反射和衰减,纵波与弯曲波的波形转换等,WPA 法的优势在于其结合功率流分析可减少误判,容易建立参数之间的内在联系,数学描述方式相对简单,会影响思维方式、改变设计理念。

二、用结构"间断点"划分单元。这与有限元法"几何划分"不同。在复杂巨系统中,间断点与结构阻尼类似,对结构振动具有"泛关联"性。用新划分方式分析复杂系统,使主结构、主特征更明晰。

三、对各种约束条件更宽松。许多边界条件得不到解析,皆因型函数难以满足数学匹配。WPA 法用无限系统通解和有限系统特解的线性叠加,描述结构振动,让计算机完成烦琐的复矩阵运算,并"强制"瞬值解与边界条件吻合,因而有更宽泛的边界适应性。

舰船、航空、航天和桥梁建筑等大型复杂工程,经历了几十年的高速发展和技术沉淀,研发人员在分享理论研究成果的同时,都面临回归机理、厘清细节、完成跨越的新阶段。设计师掌握基础理论研究方法与成果,对促进专业融合大有碑益。WPA 法也许可以帮助研究人员更好地理解结构波并应用它。

当前,我们已经进入细节决定运载器研制成败的关键时期,结构动力学分析面临发展中基础理论的挑战:一些看似微不足道的参数成为主因,有很高的体系贡献率;而一些貌似权重大的影响因子,要么已经被克服,要么过去的理解存在偏差,实际贡献甚微。设计师要持续不断地达成简约优化方案。

波是结构振动、传递的微观痕迹,上升到宏观层面,成为振源、形成机理的判据,因而确立的改进方向和得出的结论全面而精细。理论计算与实船测量数据不吻合,常常让设计师倍感沮丧与挫败。结构波为解释这些疑难杂症提供了新视角,如英国帝国理工学院的 D. J. Ewins 阐述的复杂系统模态试验峰值"消隐"或错位现象。

与功率流结合,WPA 法从梁、力源和间断点等基本单元到耦合系统和混合动力系统,建立间断点概念帮助我们更好地解读一些热点问题,如潜艇"呼吸模态"是否辐射强声纹?关于这一点,中外发表了许多论文,WPA法增加了我们提前独立预判的论点:潜艇作为复杂系统,某些辐射能量被无数间断点而非黏弹性阻尼或其他方式耗散了。

数值分析能完成很复杂工程动力学分析。当前基础理论研究面临三个问题:一是商业软件同质化竞争加剧,而个性化应用、分析和改进投入不足。二是不断涌现的机理研究需求。复杂系统仿真有的不闭环,数值计算只是穷举下的特例而非一般规律。三是解析法与数值法的界限日趋模糊,不要忽略了最本质的抽象分析。

我们必须承认,复杂系统诸多动力学问题距理论分析的统一框架还很远,还存在认知上的短板,机理与数值分析交叉应用,以便能够提前做出独立而正确的判断。

作者尽可能保持书的完整性,不影响读者延伸理解是个巨大的挑战。受限于个人能力、WPA法与生俱来的短板和热点研究转换,都可能导致书中内容不均衡,比如杆的纵波研究暂未列入,有的则因内容限制,仅能给出基本结论而无过程。加之WPA法尚处发展和完善中,殷切希望读者通过不同场景的应用,释放出WPA法的特点和不足。我的Email:cjw2018WPA@163.com,期待大家的意见。

最后作者要感谢包玉刚爵士及奖学金,在其资助下得以在英国ISVR,University of Southampton完成相关研究,奠定了WPA法的基础。感谢我的导师,功率流理论创始人R. G. White教授。感谢杨叔子院士、朱英富院士、骆东平教授和马运义研究员,正是他们持续的鼓励使我有勇气完成书稿。感谢D. J. Mead,F. Fahy和R. J. Pinnington,他们的学识、造诣、品德和学术讨论,都使我获益匪浅。胡海岩院士阅读了初稿,并提出若干有益建议。感谢杨卫院士、张清杰院士、何雅玲院士的鼓励和指导。

熊济时和陈志刚协助完成了第3章和第8章的撰写。雷智洋、张诗洋、闫肖杰编程并协助绘制了大量计算图。李天匀教授和朱翔副教授对书稿提出了诸多有益的修改建议。另外与杜堃、徐鑫彤、陈乐佳、邱昌林、王春旭等一道,开展了多次Seminar式的研讨,收获颇丰。若没有许多人的无私帮助,作者是无法完成这样一本学术专著的,这里要特别感谢:卢晓晖、蔡大明、易基圣、胡文莉、张智鹏、朱显明、薛冰、王雁、杨瑜婷、范永江、夏桂华、张玲、薛力。感谢他们的真诚帮助、指导和无私贡献。

吴崇建

2018年8月于武汉

Preface

The submarine is representative of the larger carrier family. Its acoustic performance is related to crew comfort, is even a core tactical and technical index directly related to its comprehensive operational capability. At present, the acoustic power radiated by an advanced submarine is already less than 0.008 mW. In other words, the acoustic energy radiated by a submarine in seawater is smaller than the screen-on power consumption of a smart phone. Therefore, reducing the vibration and noise of submarines is regarded as tackling a key cutting-edge technical issue among the core technological secrets of world powers.

This silent contest is driven by progress in cutting-edge technology! From components and equipment to systems, and from classical Newtonian mechanics to structural mechanics, structure-borne noise, power flow theory, three-dimensional hydro-elastic acoustics, etc., the continuous breakthroughs of new theories are the result of the deepening, expansion, innovation and integration of the theoretical research methods of structural dynamics, representing the crystallization of the continuous refinement and improvement of engineering over the past 100 years.

The Wave Propagation Approach (WPA) is one of these analytical methods. Compared with other analytical methods, the WPA takes the wave in the structure as the basic parameter, providing a new microscopic perspective for dynamic analysis and introducing a new way of thinking. In short, it has the following characteristics:

I. The WPA focuses on the analysis of structural waves in structures. A wave in a structure forms a direct causal relationship with such target control parameters as vibration level difference, floating raft isolation efficiency, structural acoustic radiation, etc. With the WPA, researchers can "observe" the detailed propagation, reflection and attenuation of waves in structures, study the waveform conversion of longitudinal waves and flexural waves, and establish internal relations with the target control parameters from a microscopic perspective. Such descriptions are not only mathematical, but will certainly also bring about changes in ways of thinking and design concepts.

II. The WPA uses structural "discontinuity points" to divide units. Different from the "geometric division" of the finite element method, the WPA takes such discontinuity points as the nodes for dividing units. In giant systems, discontinuity points are in the same category as structural damping, and have a "universal correlation" to structural vibration. The new division method makes the main structure and dominant features of complex systems clearer.

III. The WPA has more relaxed constraint conditions. The main reason engineering problems cannot be resolved is that function types cannot satisfy "exact matching" mathematically. The WPA uses the linear superposition of the general solution of the infinite system with the particular solution of the finite system to describe structural vibration, allowing a computer to complete the tedious complex matrix operations and "forcing" the instantaneous value of the solution to coincide with the boundary conditions and compatibility conditions, thereby resulting in fewer constraints.

China's large-scale complex giant system projects, such as ships, aviation, aerospace and bridge construction, have experienced decades of rapid development and engineering accumulation. While enjoying the results of theoretical calculation, researchers face the new stage of returning to the mechanisms, clarifying the details and completing the leap. It is great beneficial for designers to understand the basic research results and realize specialized combination. The analysis of waves in structures seems too far removed from designers, and one reason for this is that spectral analysis in the frequency domain always appears abstruse. The WPA tries to simplify the descriptions of wave propagation, reflection and waveform conversion.

Structural dynamic analysis is facing fundamental theoretical challenges that will inevitably arise from new developments. Seemingly subtle differences in carriers often determine success or failure: certain seemingly insignificant parameters become the main influencing factors, with a high contribution rate to the system; at the same time, certain influential factors that seem to possess great weight are either overcome or there are deviations from past understanding, leading them to make little actual contribution. Designers continuously optimize the basic parameters to reach a more "simplified" optimization plan.

When researchers deeply analyze structural waves, it is as though they are using a microscope to establish the micro-macro correlation between the micro-level structural fluctuation synthesis and the macro-level target control parameters. Therefore, the improvement direction and conclusion may be completely different, and often oversimplified. In ship engineering, disparities between theoretical calculations and data measured on real ships are quite common. Now there is an additional interpretation method, and high structural vibration and weak acoustic radiation often lead to the "blanking" or misplacing of the modal test peaks of complex systems, as explained by D. J. Ewins, which often makes designers depressed and frustrated.

Combined with power flow theory, the WPA carries out the analysis and synthesis of components from such basic units as beams, periodic and quasi-periodic structures, dynamic vibration absorbers and sources to coupled systems and hybrid power systems under a new perspective and framework. Both wave and vibration energy are unique and form independent causal relationships with the target control parameters. This also explains why power flow theory has drawn such great attention in dynamic analysis. Does the "breathing" mode of a submarine during navigation radiate a strong "voiceprint"? A huge amount of papers have been published on this in the United States. The *US Defense Report* has now been decrypted, but no explanations or corrections have been made. However, the European Defense Technology Center (UDT) has issued new and subversive conclusions. According to the discussion of discontinuity points in the WPA, we made an independent judgment in advance and designed real-ship verification to avoid this pitfall: the reason there is no radiation is due to insufficient excitation energy; it is cumulatively consumed by numerous discontinuity points in the giant system instead of visco-elastic damping.

Large-scale numerical calculation software has been very helpful to designers in completing the dynamic analysis of complex projects. At present, there are three issues facing basic theoretical research: first, commercial competition intensifies the homogenization of commercial software and weakens internal performance improvement and research investment; second, when mechanism research results are lacking, the numerical results are only special cases by exhaustion rather than a general rule, and the main features sometimes cannot be grasped when solving complex systems; and third, the interface between analytical methods and numerical methods is becoming increasingly blurred with the increasing complexity of systems, and requires theoretical support.

We need to realize or admit that many dynamic problems of complex systems are far from the unified theoretical analysis framework, and cognitive shortcomings remain. The author uses the WPA to carry out a certain portion of mechanism research. From the simplification, separation and abstraction of the model, the main dynamic characteristics of complex systems can be analyzed by tracking a single structural wave, thereby enabling reasonable logical conclusions to be verified by model experiments or further real-ship measurements. If researchers can switch to another approach, they may even obtain new tools for grasping the integrity and direction of their research.

The author has tried to maintain the integrity of this book as much as possible and tried his best not to affect the reading and extended understanding of readers. Due to the specialization of the WPA, such issues as its adaptability to certain current hot research topics may lead to unbalanced and incomplete contents herein, for example, research on longitudinal waves of rods is not yet included, and some parts are limited by the content, so only the basic conclusions are given without the process. As a supplement to the analytical method, the WPA is still in the process of perfection, and it has its own limitations. The author earnestly hopes that readers can get to grips with the characteristics and shortcomings of the WPA through the theoretical research and application of engineering scenarios, enabling it to show its value as a useful mechanism analysis method. My email address is cjw2018WPA@163.com and I look forward to your comments.

The author would like to thank the Sir Bao Yugang Foundation for the scholarship which allowed me to complete the relevant research at the Institute of Sound and Vibration Research of the University of Southampton in the UK, laying the foundation for the WPA. I would also like to thank my tutor, Professor R. G. White, who first put forward the power flow theory; Academician Yang Shuzi, Academician Zhu Yingfu and Professor Luo Dongping, as it was their continuous encouragement that gave me the courage to finish this monograph; and Professor D. J. Mead, Professor F. Fahy and Dr. R. J. Pinnington for their knowledge, experience, moral character and academic discussions, from which I greatly benefited. Academician Hu Haiyan read the first draft and put forward many useful suggestions. I would also like to thank Academician Yang Wei, Academician Zhang Qingjie and Academician He Yaling for their encouragement and guidance.

Xiong Jishi and Chen Zhigang assisted in the writing of Chapters 3 and 8. Doctoral students Lei Zhiyang, Zhang Shiyang and Yan Xiaojie reprogrammed MATLAB and created a large number of illustrations. Professor Li Tianyun and Associate Professor Zhu Xiang put forward many useful suggestions for the revision of the manuscript. In addition, many seminar-style discussions were held with Du Kun, Chen Lejia, Wang Chunxu, Qiu Changlin, Xu Xintong and others, yielding fruitful results. An academic monograph such as this cannot be completed without the selfless help of many people; specifically mentioned here are Lu Xiaohui, Cai Daming, Yi Jisheng, Hu Wenli, Zhang Zhipeng, Zhu Xianming, Xue Bing, Wang Yan, Yang Yuting, Fan Yongjiang, Xia Guihua, Zhang Ling and Xue Li, whom I thank for their continued support and guidance.

Wu Chongjian

Wuhan, August 2018

符 号 示 例

a_n, b_n, c_n, d_n 无限结构响应函数系数

A 系数

A_n, B_n, C_n, D_n 与频率相关系数

b 厚度,深度

c_g 群速度

c_b 弯曲波波速

c_l 纵波波速,$\sqrt{EA/\rho S}$

D 板刚度,$Eh^3/[12(1-\nu^2)]$

E 杨氏模量

EI 梁的抗弯刚度

F 轴向力

G 剪切模量,单边频率函数

h 梁或杆的高度,板的厚度

i, Z 整数

I 截面二阶矩,矩形梁 $I = bh^3/12$

j 虚数,$j = \sqrt{-1}$

k, k_1, k_2, k_3, k_4 波数

k_x, k_y, k_z 二维波数

K 弹簧刚度

$[k], [K]$ 刚度矩阵

L 梁长度,与边界距离

M, M_x 力(弯)矩

n 频率计数

N 整数

$\tilde{p}_0(t), \hat{p}(\omega)$ 横向力(谐力),声压

$\bar{P}(t), \hat{P}(\omega)$ 时域或频域功率流(或能量流)

q 分布载荷

r 径向坐标

R 外半径,相关函数

t	时间
S	截面积,互相关密度函数
T	时间窗,温度
$u(t)$	响应、速度、应变等
u, v, w	位移响应,空间变量函数
V	结构的速度响应
W	空间变换窗口
x, y, z	空间直角坐标

希腊字母

α	系数
β	损耗因子,黏弹阻尼系数
δ_{ij}	Kronecker 符号
Δ	行列式
η	结构的阻尼损耗因子
θ	角坐标
ν	泊松比
μ	比值
λ	波长
ρ	密度
σ, ε	应力,应变
ξ	黏滞阻尼系数
$\Phi(t)$	时间变量函数
ψ	横向收缩
ω, ω_r	角频率和共振频率
ω_c	截止、重合、临界频率

特殊符号

$\Re_n$	随机噪声
Π	辐射声功率
∇^2	拉普拉斯算子,$\dfrac{\partial^2}{\partial x^2} + \dfrac{\partial^2}{\partial y^2} + \dfrac{\partial^2}{\partial z^2}$
$[\ ]$	方阵,或黑体 M
$\{\ \}$	向量,或黑体 X

下标

a,u,m	输入功率,剪力产生和弯矩产生功率
d	动力吸振器,Dynamic absorber
nf, ff	近场(near field),远场(far field)
$+,-$	沿坐标正向和负向波
n	整数,计数单位
r	共振频率
1,2	传感器、模态标号
B,L	弯曲波和纵波

上标

$*$	复共轭
$-$	平均值
$\cdot$	时间导数
$\wedge$	频域(转换后)的量
$\sim$	时域的量
$\prime$	对参数求导
T	矩阵转置
H	矩阵共轭转置

目　　录

绪 论

我们必须对现象进行收集和整理，直到从科学假象中发现真理，从各种现象中找到规律，用这些规律推演出各种现象，并用这些规律解释未来。[1]

W. R. Hamilton

工程精细化的追求促进了结构动力学的持续发展。它们大体可划分为二类:一类是解析法,如模态分析法、传递矩阵法、模态截断/综合法、模态阻抗综合法、模态柔度综合法、导纳法和动刚度综合法等,它们适合于基础理论分析。另一类是数值法,如有限元法、边界元法和统计能量法(SEA 法),适合复杂工程结构计算和系统仿真。除非特殊的经验积累,研究者仅依赖数值计算的穷举,揭示一般规律是困难的。解析法和数值法仍在深化发展。

本书介绍了 WPA 法方程推导和构成思路,力图梳理出其构成架构。从结构波视角,作者描述了结构振动能量的输入、传播和反射,分析波形转换。通过系统简化厘清机理问题,设计师能更好地发现、归纳出舰船这类复杂巨系统一些前沿问题的机理性成因,衔接模型试验和实船验证,凝练出概念性、关键性和共同性的一般规律,从而指导复杂系统的技术攻关方向。

WPA 分析

结构动力学分析都源于振动微分方程。一般采用分离变量法建立特征函数:时间函数用 $\exp(j\omega t)$ 描述,空间函数用双曲函数描述。WPA 法同样源自振动微分方程,双指数函数是其构成基础。本书用统一的框架,通过始终如一的描述方式,表达简单系统、复杂系统和混合动力系统,形成统一性和规律性。

WPA 法的统一性体现在方程求导的规整性。用结构波作为基本参数,描述结构振动,因为波是终极参数,与目标控制参数构成直接因果关系,不同于结构振动加速度、插入损失或振级落差等间接参数。尽管两者在许多情况下,具有近似相同甚至完全相同的数学描述。因此,当理论分析与工程实测出现分歧时,设计师需要回到原点,重新思考结构中的波。

而 WPA 法的规律性源自指数函数。指数函数 $\exp(k_n x)$ 的偏导数"本体"总是保持不变,无论多少次求导数,其导数就像一个常量一样永远是恒定的。这种特性西方人形容像切西瓜,无论你怎么切一个实心球,其横截面都是圆;中国的解释更有趣:就好像你切掉孙悟空的一部分,你以为是一小片肉,睁眼一看,居然是另一个一模一样的孙悟空!

解算的每一个瞬值都"被强制"与边界条件吻合,这使 WPA 法可满足严苛的边界条件。传统解析法仅在较少约束条件下存在解析解,WPA 法受限制相对较少。指数函数 $\exp(k_n x)$ 带来便利是基因性的,我们不必费力地展开,它与简谐运动如此吻合,以隐藏的方式将 WPA 法看似烦琐、实则被忽略的化繁为简的神奇地表现出来。引入符号算子后,数学方程的推导与演变表现出谐运动规律,这与一直以来的动力学假设,谐激励与简谐运动之间存在内在逻辑,复杂表象与意想不到的统一规律。这正是 WPA 法的特点——没有丢失物理现象的本源表达。

结构波

结构可以很简单,如悬臂梁或板,也可以很复杂,如汽车车桥、潜艇加肋圆柱壳以及由各种基座连接构成的空间平台。我们可以把这些系统视为结合处具有适当连接的波导集合。波导决定了沿长度方向传播波的能量，使我们用新视角研究功率流并观察结构波如何与目标控制参数，比如结构声辐射关联。实际上，结构波导所传达的物理信息要比记录的控制参数复杂得多。各种源以波的形式在辐射面聚集，一部分转化为空气噪声或水声。研究波，分析振动能量的输入、传播和衰减，对运载器的精细化设计愈显突出。

结构中存在不同类型的波，纵波、剪切波、弯曲波，以及它们的组合。舰艇设计师更关注弯曲波，因为弯曲波与它周围声介质振动直接耦合，形成最有效的辐射。这提醒我们，可以将结构单元理解成波导，例如长度方向受激的有限细杆，将产生纵波；如果细杆受到横向激励，产生的波在一个半无限体内传播，就像仅有一个自由表面的情形。只有经过一段时间，波才会遇到其他横向表面并产生反射。对有限结构，在波导内部的某些节点处，质点运动是初始波与所有反射波的简单叠加。但综合起来却十分复杂，一些共振消失了，尚未做出正确预报却观测到"消隐"现象。研究结构波有助于抓住控制的根本。

梁和板是舰船中的常见单元。梁某一方向尺度远大于其他两个方向，结构波主要沿着长度方向传播；而板类结构有两个方向的尺度远大于厚度方向尺度，波可以沿两个方向传播。板通常与周围流体介质接触，所以成为水声的主要辐射体。控制结构声辐射要设法让梁中多储存振动能量，板中少一些弯曲波。乐器的设计则正好相反！

波传播与振动

设计师关注结构振动，它们表达简单、直观。其实，波与振动有时具有同一性，有时构成因果关系，是截然不同两个独立领域的"语言"。本书努力建立基本参数波与目标控制参数之间的关联。

研究波的传播，必须首先建立行进波和近场波的概念。近场波并不向远处传播，它们仅存在于"间断点"附近，衰减很快所以也称衰减波。但这并不意味着仅仅只需要关注行进波，因为近场波的一项重要功能是波形转换：弯曲波转换为纵波，一定伴随着振动能量的交换和再分配。结构波在巨系统中变得如此复杂，使衰减波的样本研究尤为重要，并以一种特殊的方式影响结构声辐射。WPA法的优点是建立结构波与控制参数的直接关联。

工程结构存在不同边界，所以我们看到一个现象：解析法的主要研究内容之一，就是不断突破边界和结构不连续性对解析的影响，如研究边界条件的合理近似，这样可以成功"拟合"出系统的数学解。WPA法受边界影响小，较容易获得复杂边界的解。建立泛"间断点"概念，研究人员能更好地理解巨系统。

主题和主线

本书重点研究梁、板、分布参数系统和混合动力系统中结构波的传播。WPA法在一致的框架下对上述动力学问题开展解析，如浮筏的"混抵效应"，尽管通过实践我们明白，要将这样一个看似简单的多输入单输出动力学系统,集中、清晰地表达是多么的困难。WPA 法无疑是比较合适的那一种。

　　本书主要研究结构波在连续体中的传播,在边界、连接处和拐点等不连续处的反射与转换,关注它们最终在工程上的反映。作者试图从巨系统的简化、抽象中,结合机理研究,探索巨系统从"还原论"到"整体论"思维的二重性整合。

　　White 教授是振动功率流理论的创始人。Mead 教授对结构波分析做了大量开创性的研究工作。Pinnington 博士和 Langley 教授的杰出研究是对波传播的补充。吴崇建和 White 一直致力于发展 WPA 法为独立的解析方法。在本书第 1 章,简要介绍了振动与噪声的基本理论,讨论了振动微分方程常见的函数解析方式,并用它们解析梁和板的振动模态,也概述了连续傅里叶变换、谱分析法分析声压、声功率和声辐射效率。第 2 章给出了用 WPA 法求解微分方程,较为详细地介绍了该方法与传统解析法的同源关系,并在分析过程中引出两个重要概念:一个是保留了频谱关系(频率和波数之间的特定关系);另一个是特征函数的空间—时间用双指数函数表达。这些概念在求解实际边界值问题时约束都自动地被钝化了,即便是所有的解并非都是严格数学定义的。第 3 章用 WPA 法分析板结构,计算了板中振动能量的流动模式。第 4 章研究了复杂动力学参数系统。WPA 法得到了统一的响应表达和频谱关系。按照机理分析到工程实际应用的思路,在有限任意多支承梁的基础上,分析了具体的工程案例。第 5 章用 WPA 法分析了混合动力学系统。比如头部安装重物的多支承桅杆动力学模型、带 TMD 的多支承梁动态特性等;研究了结构波与结构不连续处的相互作用和力学上耦合的例子。潜艇桅杆分析是 WPA 法工程适用性的一个佐证,得出:"静刚度有余,而动刚度不足"。机理研究指出工程选择:改变桅杆动力学设计而非高强度材料。第 6 章用 WPA 方法分析分布力激励下的结构响应问题。第 7 章研究了 MTMD 在主电机隔振中的工程应用。第 8 章用 WPA 法分析浮筏。力源作为"信号发生器"嵌入解析方程,当然不是所有研究都便于展示。第 9 章建立了结构波所携带功率流的 WPA 法描述。结构声强与(空气)声强有相似之处,但显然固体中的波导分析更复杂。本章展示了早期的实验研究成果。

　　用结构波描述振动噪声贯穿本书所有章节,希望读者从波的视角理解控制参数,"观察"波动过程。另一条分析主线是"泛间断点"。以间断点、拐点为分析原点,研究者分析结构间断点对波传播的多重影响,理解间断点如何因量变,可能根本改变复杂系统波的传播和衰减。对简单结构的深度理解,工程设计人员能建立复杂系统"整体论"思维,更好地处理日益复杂工程。

　　WPA 法特别适合梁类结构动力学分析,像棘手的有限准周期结构和混合动力系统。当然任何方法都有局限性。因此,作者将尽可能详细地将关联参考文献补充到相应章节中,作为理论拓展和应用说明,希望可以成为后续研究、探讨的基础。

第 1 章
结构噪声基础理论

深度决定广度！

——钱学森

在讨论 WPA 法之前,有必要对结构振动噪声的基础理论,包括波数、波长、横向位移等基本参数进行简要的回顾。本章主要分析连续系统,如梁和平板的弯曲振动问题,讨论梁和平板的振动模态和固有频率;接着分析和讨论研究简单结构的声压、声功率及其声辐射效率。

1.1 梁的振动模态

1.1.1 基本方程

结构中,结构波是结构振动、结构声辐射的基础参数,与目标控制参数构成直接关联。梁和板等结构弯曲振动理论都源于 4 阶微分方程[1]

$$
\left.
\begin{aligned}
&\nabla^2\left(\nabla^2\tilde{w}\right) + \frac{\rho S}{EI} \cdot \frac{\partial^2\tilde{w}}{\partial t^2} = \tilde{p}_0 \\
&\tilde{w} = \tilde{w}(x,y,z,t) \\
&\nabla^2 = \frac{\partial^2}{\partial x^2} + \frac{\partial^2}{\partial y^2} + \frac{\partial^2}{\partial z^2}
\end{aligned}
\right\}
\tag{1-1}
$$

式中　∇^2——拉普拉斯算子;

$\tilde{w}$——结构的横向位移;

ρ——梁的材料密度;

S——结构的横截面面积;

$\tilde{p}_0(x,y,z,t)$——外激励谐力;

EI——梁的抗弯刚度;

E——材料的杨氏模量;

$I = bh^3/12$——梁横截面的惯性矩,其中 b 是梁的宽度,h 是梁的厚度。

位移 $\tilde{w}$ 不仅与质点的空间坐标(x,y,z)有关,而且与时间 t 有关。结构振动分析时计算结构模态及模态频率是非常重要的。激励特性、状态矩阵的生成等都是基于结构模态和模态频率的。

考虑如图 1-1 所示 Bernoulli-Euler 梁,式(1-1)振动方程退化为 $\tilde{p}_0 = 0$ 自由振动[2]

$$
\frac{\partial^4\tilde{w}(x,t)}{\partial x^4} + \frac{\rho S}{EI} \cdot \frac{\partial^2\tilde{w}(x,t)}{\partial t^2} = 0
\tag{1-2}
$$

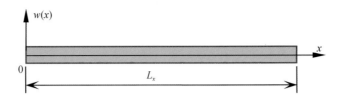

图1-1 振动梁的示意图

对于谐振动,结构位移响应可以按分离变量法分解为空间函数和时间函数两部分:

$$\tilde{w}(x,t) = w(x) \cdot \Phi(t) \tag{1-3}$$

式中 $w(x)$——结构振形函数;

$\Phi(t)$——时间相关的函数。

将式(1-3)代入式(1-2),并对空间 x 和时间 t 进行分离变量操作,可以得到两个常微分方程:

$$\frac{\partial^4 w(x)}{\partial x^4} - \frac{\rho S \omega^2}{EI} w(x) = 0 \tag{1-4}$$

$$\frac{\partial^2 \Phi(t)}{\partial t^2} + \omega^2 \Phi(t) = 0 \tag{1-5}$$

式中 ω 为圆频率。

令

$$k^4 = \frac{\rho S \omega^2}{EI} \tag{1-6}$$

则式(1-4)可以重新写为

$$\frac{\partial^4 w(x)}{\partial x^4} - k_n^4 w(x) = 0 \tag{1-7}$$

式中 k_n 为梁弯曲波的复波数,$n = 1,2,3,4$。

对均直梁,典型边界条件如下:

(1)简支边界条件(S-S Beam)

$$\left. \begin{array}{l} \tilde{w}(0,t) = 0, \dfrac{\partial^2 \tilde{w}(0,t)}{\partial x^2} = 0 \\ \tilde{w}(L_x,t) = 0, \dfrac{\partial^2 \tilde{w}(L_x,t)}{\partial x^2} = 0 \end{array} \right\} \tag{1-8}$$

(2)固支边界条件(C-C Beam)

$$\left. \begin{array}{l} \tilde{w}(0,t) = 0, \dfrac{\partial \tilde{w}(0,t)}{\partial x} = 0 \\ \tilde{w}(L_x,t) = 0, \dfrac{\partial \tilde{w}(L_x,t)}{\partial x} = 0 \end{array} \right\} \tag{1-9}$$

（3）自由边界条件（F-F Beam）

$$\left.\begin{array}{l} \dfrac{\partial^2 \tilde{w}(0,t)}{\partial x^2} = 0, \dfrac{\partial^3 \tilde{w}(0,t)}{\partial x^3} = 0 \\ \\ \dfrac{\partial^2 \tilde{w}(L_x,t)}{\partial x^2} = 0, \dfrac{\partial^3 \tilde{w}(L_x,t)}{\partial x^3} = 0 \end{array}\right\} \tag{1-10}$$

微分方程（1-7）的通解是

$$w(x) = A\sin(kx) + B\cos(kx) + C\sinh(kx) + D\cosh(kx) \tag{1-11}$$

式中 A、B、C、D 分别为未知系数，$k = \sqrt[4]{\dfrac{\rho S \omega^2}{EI}}$。

以简支边界为例，将梁的位移代入边界条件中，可以用于求解未知数 A、B、C、D。

在梁的左端 $x = 0$，将式（1-11）代入式（1-8）可以得到

$$w(0) = B + D = 0 \tag{1-12}$$

$$\frac{\partial^2 w(0)}{\partial x^2} = k^2(-B + D) = 0 \tag{1-13}$$

从而 $B = D = 0$。在梁的右端 $x = L_x$，有

$$w(L_x) = A\sin(kL_x) + C\sinh(kL_x) = 0 \tag{1-14}$$

$$\frac{\partial^2 w(L_x)}{\partial x^2} = k^2[-A\sin(kL_x) + C\sinh(kL_x)] = 0 \tag{1-15}$$

根据式（1-14）和式（1-15），有

$$A\sin(kL_x) + C\sinh(kL_x) = 0 \tag{1-16}$$

因为 $\sinh(kL_x) \neq 0$，所以 $(kL_x) = 0$，从而有

$$C = 0, \quad k = \frac{n\pi}{L_x}, \quad A = \sqrt{\frac{2}{mL_x}} \tag{1-17}$$

式中　k——弯曲波的波数；

　　　m——梁单位长度的质量。

将式（1-17）代入式（1-11），可以得到简支梁第 n 阶模态振形函数

$$w_n(x) = A\sin\left(\frac{n\pi}{L_x}x\right) \tag{1-18}$$

将式（1-17）代入式（1-6），可以得到相应的固有频率

$$\omega_n = \sqrt{\frac{EI}{m}}\left(\frac{n\pi}{L_x}\right)^2 \tag{1-19}$$

由于模态振形关于质量和刚度分布正交[1,3]

$$\int_0^{L_x} m w_j(x) w_k(x)\, \mathrm{d}x = \mu_j \delta_{jk} \tag{1-20}$$

$$\int_0^{L_x} EI \frac{\partial^2 w_j(x)}{\partial x^2} \cdot \frac{\partial^2 w_k(x)}{\partial x^2}\, \mathrm{d}x = \mu_j \omega_j^2 \delta_{jk} \tag{1-21}$$

$$\delta_{jk} = \begin{cases} 1, & j = k \\ 0, & j \neq k \end{cases}$$

式中　δ_{jk}——Kronecker delta（克罗内克 δ 符号）；

　　　μ_j——第 j 阶模态的模态质量。

在式（1-18）中，对应模态振形的广义质量是 $mL_x/2$。

由于模态振形之间相互正交，从而梁上任意点的谐响应可以表示为模态振形函数的线性迭加，此即模态叠加法。WPA 法则选择了不同的技术路径，详见第 2 章 2.4 节。

$$\tilde{w}(x,t) = \sum_{n=1}^{\infty} w_n(x) \cdot \Phi_n(t) \qquad (1-22)$$

由于连续系统有无穷多个模态，因此实际求解中需要从中截取有限个模态数，比如取 N 个。这样处理简化了复杂系统的分析，同时也能保证很高的求解精度。

对于其他边界条件，结构模态和模态频率如表 1-1 所示。

表 1-1　结构振形和波数

边界条件	结构振形函数	波数
简支	$w_n(x) = \sqrt{\dfrac{2}{\rho S L_x}} \cdot \sin(k_n x)$	$k_n = \dfrac{n\pi}{L_x}$
固支－固支	$w_n(x) = \cosh(k_n x) - \cos(k_n x) -$ $\beta_n \left[\sinh(k_n L_x) - \sin(k_n L_x) \right]$ $\beta_n = \dfrac{\cosh(k_n L_x) - \cos(k_n L_x)}{\sinh(k_n L_x) - \sin(k_n L_x)}$	$\cos(k_n L_x) \cdot \cosh(k_n L_x) - 1 = 0$
固支－自由	$w_n(x) = \cosh(k_n x) - \cos(k_n x) -$ $\beta_n \left[\sinh(k_n L_x) - \sin(k_n L_x) \right]$ $\beta_n = \dfrac{\cosh(k_n L_x) - \cos(k_n L_x)}{\sinh(k_n L_x) - \sin(k_n L_x)}$	$\cos(k_n L_x) \cdot \cosh(k_n L_x) + 1 = 0$
固支－简支	$w_n(x) = \cosh(k_n x) - \cos(k_n x) -$ $\beta_n \left[\sinh(k_n L_x) - \sin(k_n L_x) \right]$ $\beta_n = \dfrac{\cosh(k_n L_x) - \cos(k_n L_x)}{\sinh(k_n L_x) - \sin(k_n L_x)}$	$\tan(k_n L_x) \cdot \tanh(k_n L_x) + 1 = 0$

1.1.2 梁的计算算例

按照表 1-1 中给出的方程式,用 MATLAB 编程计算梁结构的前 5 阶振形,可以得到表中列举,不同边界条件对应的结构模态振形函数,如图 1-2 至图 1-5 所示。

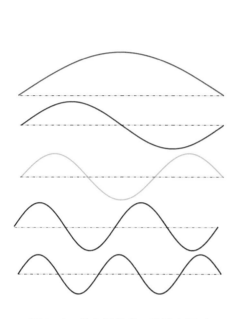

图 1-2 简支梁的前 5 阶模态振形

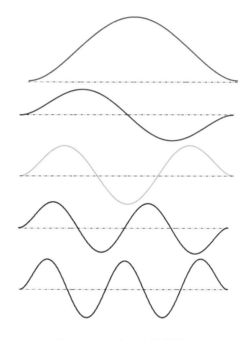

图 1-3 两端固支梁的前 5 阶
模态振形

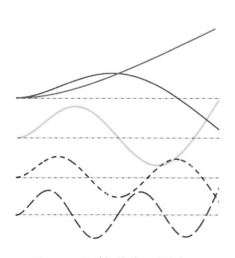

图 1-4 悬臂梁的前 5 阶模态振形

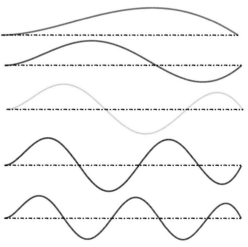

图 1-5 固支-简支梁的前 5 阶模态振形

1.2　平板的振动模态

1.2.1　基本方程

上节讨论了梁结构的振动模态,本节将分析内容拓展到二维平板结构,分析各向同性、无阻尼平板自由振动的控制方程和振动模态。由式(1-1)同样可以导出[1]

$$D \nabla^4 \tilde{w}(x,y,t) + m_S \frac{\partial^2 \tilde{w}(x,y,t)}{\partial t^2} = 0 \qquad (1-23)$$

$$\left.\begin{aligned} \nabla^2 &= \frac{\partial^2}{\partial x^2} + \frac{\partial^2}{\partial y^2} \\ D &= \frac{h^3 E}{12(1-v^2)} \end{aligned}\right\} \qquad (1-24)$$

式中　$\tilde{w}(x,y,t)$——平板的横向位移;

　　m_S——板的面密度,$m_S = \rho h$,其中 ρ 和 h 分别是平板的体积密度和板的厚度;

　　v——泊松比。

对于谐波自由振动,$\tilde{w}(x,y,t)$ 表示无穷多个振形函数 $w(x,y)$ 的叠加,即

$$\tilde{w}(x,y,t) = \sum_{m=1}^{\infty} \sum_{n=1}^{\infty} w_{mn}(x,y) \cdot \Phi_{mn}(t) \qquad (1-25)$$

其具有的性质为

$$\int_0^{L_x} \int_0^{L_y} m_S w_{mn}(x,y) w_{jk}(x,y) \mathrm{d}y \mathrm{d}x = \begin{cases} M_{mn}, & m = j, n = k \\ 0, & \text{其他} \end{cases} \qquad (1-26)$$

式中　w_{mn}——平板的第(m,n)阶模态的模态振形函数;

　　M_{mn}——对应的第(m,n)阶模态质量。

将式(1-25)代入式(1-23),可以得到

$$D \left(\frac{\partial^4}{\partial x^4} + 2 \frac{\partial^4}{\partial x^2 \partial x^2} + \frac{\partial^4}{\partial y^4} \right) w_{mn}(x,y) - \omega_{mn}^2 m_S w_{mn}(x,y) = 0 \qquad (1-27)$$

式中 ω_{mn} 是板的第(m,n)阶模态的模态频率。

结构模态振形只要满足准正交和边界条件,即可以任意选择特征函数。这是一个降维的过程,即将二元方程分离为两个一元方程。而振形函数则可以表示为两个无关联梁函数的乘积[4,5]

$$w_{mn}(x,y) = X_m(x) \cdot Y_n(y) \qquad (1-28)$$

当且仅当振形函数 $X_m(x)$ 和 $Y_n(y)$ 同时满足准正交和边界条件时,可以任意选取模态振形函数,而且

$$\int_0^{L_x} X_j(x) X_k(x) \, \mathrm{d}x = \int_0^{L_x} \frac{\partial^2 X_j(x)}{\partial x^2} \cdot \frac{\partial^2 X_k(x)}{\partial x^2} \mathrm{d}x = 0 \quad (j \neq k) \tag{1-29}$$

$$\int_0^{L_x} Y_j(y) Y_k(y) \, \mathrm{d}y = \int_0^{L_x} \frac{\partial^2 Y_j(y)}{\partial y^2} \cdot \frac{\partial^2 Y_k(y)}{\partial y^2} \mathrm{d}y = 0 \quad (j \neq k) \tag{1-30}$$

根据式(1-25)、式(1-29)和式(1-30),利用正交关系,可以导出板的固有频率[4]

$$\omega_{mn} = \sqrt{\frac{D}{m_S}} \cdot \sqrt{\frac{I_1 I_2 + 2I_3 I_4 + I_5 I_6}{I_2 I_6}} \tag{1-31}$$

式中

$$I_1 = \int_0^{L_x} \frac{\partial^4 X_m(x)}{\partial x^4} X_m(x) \, \mathrm{d}x, \quad I_2 = \int_0^{L_y} [Y_n(y)]^2 \mathrm{d}y \tag{1-32}$$

$$I_3 = \int_0^{L_x} \frac{\partial^2 X_m(x)}{\partial x^2} X_m(x) \, \mathrm{d}x, \quad I_4 = \int_0^{L_y} \frac{\partial^2 Y_n(y)}{\partial y^2} Y_n(y) \, \mathrm{d}y \tag{1-33}$$

$$I_5 = \int_0^{L_y} \frac{\partial^4 Y_n(y)}{\partial y^4} Y_n(y) \, \mathrm{d}y, \quad I_6 = \int_0^{L_x} [X_n(x)]^2 \mathrm{d}x \tag{1-34}$$

对于简支边界,按如下方式选取振形函数

$$\left. \begin{array}{l} X_m(x) = \sin(k_m x) \\ Y_n(y) = \sin(k_n y) \end{array} \right\} \tag{1-35}$$

式中　k_m——x 方向的传导波数,$k_m = \dfrac{m\pi}{L_x}$;

　　　　k_n——y 方向的传导波数,$k_n = \dfrac{n\pi}{L_y}$。

对于固支板,振形函数选取如下

$$X_m(x) = \cosh\left(\frac{\lambda_m x}{L_x}\right) - \cos\left(\frac{\lambda_m x}{L_x}\right) - \beta_m \left[\sinh\left(\frac{\lambda_m x}{L_x}\right) - \sin\left(\frac{\lambda_m x}{L_x}\right) \right] \tag{1-36}$$

$$Y_n(y) = \cosh\left(\frac{\lambda_n y}{L_y}\right) - \cos\left(\frac{\lambda_n y}{L_y}\right) - \beta_n \left[\sinh\left(\frac{\lambda_n y}{L_y}\right) - \sin\left(\frac{\lambda_n y}{L_y}\right) \right] \tag{1-37}$$

式中,$\beta_m = \dfrac{\cosh(\lambda_m) - \cos(\lambda_m)}{\sinh(\lambda_n) - \sin(\lambda_n)}$,$\lambda_m$ 和 λ_n 是方程 $\cosh(\lambda) - \cos(\lambda) = 1$ 的根。应注意的是,对于较大的整数 Z,$\beta_Z \approx \dfrac{(2Z+1)\pi}{2}$。

1.2.2　平板的计算算例

图 1-6 和图 1-7 分别是简支板和固支板的前 6 阶模态振形。

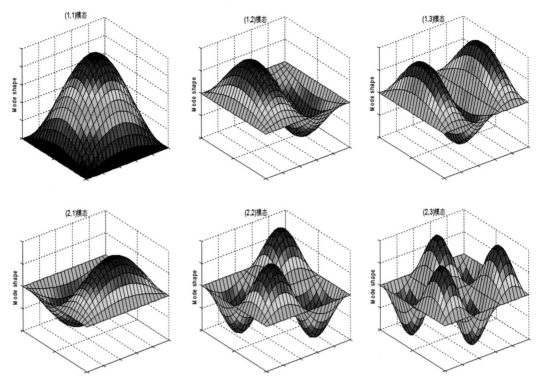

图1-6 简支板的前6阶模态振形(雷智洋编程绘制)

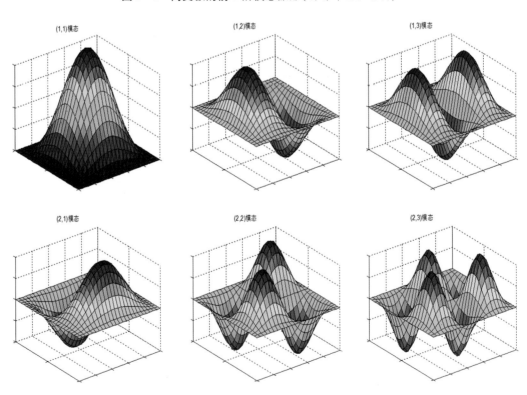

图1-7 固支板的前6阶模态振形(张诗洋编程绘制)

1.2.3　板的固有频率

将式(1-32)至式(1-35)代入式(1-31),可以求得简支板的固有频率

$$\omega_{mn} = \sqrt{\frac{D}{m_S}\left[\left(\frac{m\pi}{L_x}\right)^2 + \left(\frac{n\pi}{L_y}\right)^2\right]} \qquad (1-38)$$

对于简支平板,容易解算出固有频率,而对于其他边界条件,例如固支板,则很难解算出固有频率。表1-2是固支板在不同纵横比下的无量纲频率参数 $S_{mn} = \omega_{mn}L_x^2\sqrt{m/D}$,其中纵横比为 L_x/L_y。

表 1-2　固支板的无量纲频率参数 $S_{mn} = \omega_{mn}L_x^2\sqrt{\dfrac{m}{D}}$

模态阶数		纵横比 L_x/L_y				
m	n	0.1	0.2	0.3	0.4	0.5
1	1	22.441 9	22.659 9	23.062 1	23.702 6	24.648 0
1	2	22.633 5	23.494 1	25.166 4	27.914 6	31.961 8
1	3	22.942 6	24.925 8	28.948 0	35.554 9	44.972 9
1	4	23.383 3	27.080 4	34.699 9	46.889 6	63.659 5
1	5	23.968 2	30.058 5	42.517 4	61.828 2	87.743 0
2	1	61.765 0	62.045 6	62.526 5	63.226 9	64.172 4
2	2	62.018 8	63.081 5	64.931 2	67.367 20	71.425 2
2	3	62.418 7	64.740 2	68.860 5	75.068 1	83.632 7
2	4	62.972 7	67.078 8	74.494 0	85.758 9	101.246 3
2	5	63.684 7	70.147 1	81.950 5	99.896 9	124.361 1
3	1	121.004 2	121.308 6	121.822 4	122.555 4	123.520 5
3	2	121.281 1	122.425 8	124.371 5	127.171 0	130.891 7
3	3	121.715 8	124.191 8	128.440 0	134.618 5	142.906 7
3	4	122.315 3	126.645 9	134.148 8	145.157 9	159.998 4
3	5	123.081 6	129.819 7	141.576 8	158.942 8	182.403 4
4	1	199.965 2	200.283 5	200.817 9	201.574 1	202.560 0
4	2	200.255 4	201.449 8	203.462 2	206.324 2	210.076 9
4	3	200.710 4	203.285 1	207.646 1	213.889 3	222.132 3
4	4	201.337 1	205.822 8	213.463 2	224.472 0	239.084 1
4	5	202.136 7	209.086 9	220.968 8	238.190 7	261.172 3
5	1	298.664 5	298.992 5	299.540 7	300.314 0	301.320 4

表 1 - 2（续）

模态阶数		纵横比 L_x/L_y				
m	n	0.1	0.2	0.3	0.4	0.5
5	2	298.963 3	300.193 2	302.252 5	305.166 7	308.973 0
5	3	299.431 8	302.079 0	306.526 0	312.846 5	321.140 8
5	4	300.076 5	304.680 5	312.442 5	323.523 0	338.124 4
5	5	300.898 5	308.018 4	320.040 9	337.285 9	360.136 9

模态阶数		纵横比 L_x/L_y				
m	n	0.6	0.7	0.8	0.9	1.0
1	1	25.969 4	27.732 2	29.988 8	32.774 7	36.108 7
1	2	37.435 4	44.373 4	52.760 4	62.560 8	73.737 2
1	3	57.193 5	72.129 8	89.696 3	109.828 9	132.483 1
1	4	84.836 1	110.271 5	139.869 8	173.572 6	211.344 0
1	5	119.968 4	158.391 6	202.925 3	253.485 2	310.062 4
2	1	65.393 6	66.924 8	68.802 1	71.061 6	73.737 2
2	2	76.310 7	82.431 6	89.865 7	98.663 2	108.849 9
2	3	94.748 5	108.520 6	124.983 1	144.127 0	165.922 6
2	4	121.117 2	145.387 6	174.007 3	206.908 7	244.029 5
2	5	155.286 9	192.692 0	236.464 7	286.392 6	342.467 7
3	1	124.734 1	126.215 2	127.985 0	130.066 3	132.483 1
3	2	135.609 2	141.401 4	148.342 2	156.497 8	165.922 6
3	3	153.477 1	166.474 7	182.006 0	200.138 3	220.906 3
3	4	178.922 4	202.087 6	229.567 2	261.375 8	297.494 1
3	5	212.086 9	248.257 2	290.924 9	339.832 9	395.019 9
4	1	203.785 6	205.262 6	207.004 5	209.026 3	211.344 0
4	2	214.769 3	220.455 3	227.191 0	235.031 6	244.029 5
4	3	232.501 9	245.121 9	260.103 2	277.537 3	297.494 1
4	4	257.523 9	279.977 1	306.578 5	337.411 8	372.519 6
4	5	290.052 9	325.237 6	366.863 1	414.682 2	468.818 6
5	1	302.556 1	304.042 0	305.653 8	307.792 6	310.064 4
5	2	313.666 8	319.333 5	326.029 9	333.716 0	342.467 7
5	3	331.422 9	343.886 2	358.653 8	375.650 2	395.019 9
5	4	356.296 3	378.365 1	404.513 6	434.601 3	468.818 6
5	5	388.496 7	423.044 8	464.032 2	510.873 8	563.928 4

1.3　声压、声功率和声辐射效率

1.3.1　远场声压

假设一个平板结构处于无限大的刚性障板中,建立坐标系(x,y,z)使得原点位于结构的中间,$x-y$面与结构处于同一平面,如图 1-8 所示。

声压用速度项的瑞利积分表示为[5,6]

$$p(r) = \frac{\mathrm{j}\omega\rho_0}{2\pi}\iint_S v(r_0)\frac{\exp(-\mathrm{j}k|r-r_0|)}{|r-r_0|}\mathrm{d}S \tag{1-39}$$

式中　ρ_0——声介质的密度;

　　　$v(r_0)$——平板的法向振动速度;

　　　S——平板的面积。

$$|r-r_0| = \sqrt{(x-x_0)^2 + (y-y_0)^2 + z^2} \tag{1-40}$$

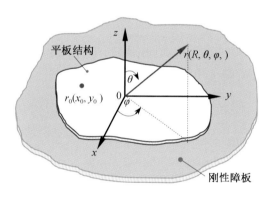

图 1-8　带有障板的平板结构坐标系

假设距离$|r-r_0|$比结构尺寸的特征距离大很多,则式(1-39)分母中的$|r-r_0|$可以近似使用R代替。对于远场声压,其简化表达式如下

$$p(r) = \frac{\mathrm{j}\omega\rho_0}{2\pi R}\iint_S v(r_0)\exp(-\mathrm{j}k|r-r_0|)\mathrm{d}S \tag{1-41}$$

使用球坐标(R,θ,φ)表示r的坐标

$$x = R\sin\theta\cos\varphi \tag{1-42}$$

$$y = R\sin\theta\sin\varphi \tag{1-43}$$

$$z = R\cos\theta \tag{1-44}$$

经过整理,式(1-40)可以重新表示为

$$|r-r_0| = \sqrt{R^2 - 2R[x_0\sin\theta\cos\varphi + y_0\sin\theta\sin\varphi] + (x_0^2 + y_0^2)} \tag{1-45}$$

若 R 比 x_0 和 y_0 大许多,则可以略去二次项 $(x_0^2 + y_0^2)$,然后用一阶泰勒级数近似,则式 $(1-45)$ 简化为

$$|r - r_0| = R - x_0 \sin \theta \cos \varphi - y_0 \sin \theta \sin \varphi \qquad (1-46)$$

将式 $(1-46)$ 代入式 $(1-41)$,得到瑞利积分的简化表达式

$$p(R,\theta,\varphi) = \frac{j\omega\rho_0}{2\pi R}\exp(-jkR)\iint_S v(x_0,y_0)\exp[jk(x_0\sin\theta\cos\varphi + y_0\sin\theta\sin\varphi]\mathrm{d}S \qquad (1-47)$$

对于简支梁,参考以上推导的积分公式,可以得到声压的解为[7]

$$p(R,\theta,\varphi) = \frac{\omega\rho_0\exp(-jkR)}{2\pi R}\sum_{m=1}\frac{L_xL_y\dot{\Phi}_m}{m\pi}\cdot\frac{(-1)^m\exp(j\alpha)-1}{[\alpha/(m\pi)]^2-1}\cdot\frac{1-\exp(j\beta)}{\beta} \qquad (1-48)$$

对于简支板,则是[7]

$$p(R,\theta,\varphi) = \frac{j\omega\rho_0\exp(-jkR)}{2\pi R}\cdot\sum_{m=1}\sum_{n=1}\frac{L_xL_y\dot{\Phi}_{mn}}{mn\pi}\cdot$$
$$\frac{(-1)^m\exp(j\alpha)-1}{(\alpha/m\pi)^2-1}\cdot\frac{(-1)^n\exp(j\beta)-1}{(\beta/n\pi)^2-1} \qquad (1-49)$$

式中,$\alpha = kL_x\sin\theta\cos\varphi, \beta = kL_y\sin\theta\cos\varphi$。

源的辐射声功率,定义为垂直于源表面的时间平均声强在整个源包络表面上的积分。对于谐振动,在场点 r 处的时间平均声强 I 的定义是

$$I(r) = \frac{1}{2}\mathrm{Re}[p(r)\cdot v^*(r)] \qquad (1-50)$$

式中 $p(r)$——声压的复振幅;

$v(r)$——介质质点的速度向量,上标 $*$ 表示共轭。

在远场,质点速度 $v(r)$ 的振幅近似于 $p(r)/(\rho_0 c_0)$,其中,c_0 是介质的声速,类似平面波中的情况。因此,远场的时间平均声强写为

$$I(R,\theta,\varphi) = \frac{1}{2\rho_0 c_0}|p(R,\theta,\varphi)|^2 \qquad (R \gg 1) \qquad (1-51)$$

对平均声强远场的半球面积分,得到总的结构辐射声功率[6,8]:

$$\Pi = \int_0^{2\pi}\int_0^{\pi/2}\frac{|p(R,\theta,\varphi)|^2}{2\rho_0 c_0}R^2\sin\theta\mathrm{d}\theta\mathrm{d}\varphi \qquad (1-52)$$

对于平面结构,通常需要数值计算以上的球面积分。

1.3.2 波数变换解

在图 $1-8$ 柱坐标表示的二维平面中,空间傅里叶变换及其逆变换的定义为[9]

$$F(k_x,k_y) = \int_{-\infty}^{+\infty}\int_{-\infty}^{+\infty}f(x,y)\exp(jk_xx + jk_yy)\mathrm{d}x\mathrm{d}y \qquad (1-53)$$

$$F(x,y) = \int_{-\infty}^{+\infty} \int_{-\infty}^{+\infty} F(k_x,k_y) \exp(-jk_x x - jk_y y) \mathrm{d}k_x \mathrm{d}k_y \qquad (1-54)$$

与时域变换到频域的傅里叶变换类似。此处,是从空间域变换到波数域。对于笛卡尔坐标系表示的平面辐射源,如图 1-8 所示,描述三维声场的 Helmholtz 方程为[6,10]

$$(\nabla^2 + k^2) p(x,y,z) = 0 \qquad (1-55)$$

式中 $k = \omega / c_0$,为声波数。

连续性条件为

$$j\omega\rho_0 V(x,y) + \left. \frac{\partial p}{\partial z} \right|_{x,y,z=0} = 0 \qquad (1-56)$$

式中 $V(x,y)$ 为振动表面沿 z 的正向速度。

将波数变换应用到 Helmholtz 方程,得到

$$\int_{-\infty}^{+\infty} \int_{-\infty}^{+\infty} \left(\frac{\partial^2}{\partial x^2} + \frac{\partial^2}{\partial y^2} + \frac{\partial^2}{\partial z^2} + k^2 \right) p(x,y,z) \exp(jk_x x + jk_y y) \mathrm{d}x\mathrm{d}y = 0 \qquad (1-57)$$

可以将式(1-57)重新表示为

$$\left(k^2 - k_x^2 - k_y^2 + \frac{\partial^2}{\partial z^2} \right) \int_{-\infty}^{+\infty} \int_{-\infty}^{+\infty} \left(\frac{\partial^2}{\partial x^2} + \frac{\partial^2}{\partial y^2} + \frac{\partial^2}{\partial z^2} + k^2 \right) p(x,y,z) \exp(jk_x x + jk_y y) \mathrm{d}x\mathrm{d}y$$

$$= \left(k^2 - k_x^2 - k_y^2 + \frac{\partial^2}{\partial z^2} \right) P(k_x,k_z,z) = 0 \qquad (1-58)$$

式中

$$P(k_x,k_y,z) = \int_{-\infty}^{+\infty} \int_{-\infty}^{+\infty} p(x,y,z) \exp(jk_x x + jk_y y) \mathrm{d}x\mathrm{d}y \qquad (1-59)$$

式(1-59)的通解为

$$P(k_x,k_y,z) = A\exp\left(-jz \sqrt{k^2 - k_x^2 - k_y^2} \right) \qquad (1-60)$$

式中 A 为未知参数。

类似的,波数变换下的边界条件为

$$j\omega\rho_0 V(k_x,k_y) + \left. \frac{\partial P}{\partial z} \right|_{k_x,k_y,z=0} = 0 \qquad (1-61)$$

结构速度的波数变换 $V(k_x,k_y)$ 为

$$V(k_x,k_y) = \int_{-\infty}^{+\infty} \int_{-\infty}^{+\infty} v(x,y) \exp(jk_x x + jk_y y) \mathrm{d}x\mathrm{d}y \qquad (1-62)$$

将式(1-60)代入变换边界条件式(1-61),可以确定未知参数 A,即

$$A = \frac{\rho_0 \omega V(k_x,k_y)}{\sqrt{k^2 - k_x^2 - k_y^2}} \qquad (1-63)$$

将式(1-63)代入式(1-60),声压可以表示为

$$P(k_x,k_y,z) = \frac{\rho_0 \omega V(k_x,k_y)}{\sqrt{k^2 - k_x^2 - k_y^2}} \exp\left(-jz \sqrt{k^2 - k_x^2 - k_y^2} \right) \qquad (1-64)$$

对式(1-64)进行双重傅里叶逆变换,得到声压为

$$P(x,y,z) = \frac{\rho_0 \omega}{4\pi^2} \int_{-\infty}^{+\infty} \int_{-\infty}^{+\infty} \frac{V(k_x,k_y)\exp(-jk_x x - jk_y y - jk_z z)}{\sqrt{k^2 - k_x^2 - k_y^2}} dk_x dk_y \qquad (1-65)$$

式中

$$k_z = \sqrt{k^2 - k_x^2 - k_y^2} \qquad (1-66)$$

追踪式(1-50),结构外表面的法向速度 $u(x,y,0)$ 等于结构平面外介质质点的速度 $v(x,y)$。因而,结构表面声强可以表示为

$$I(x,y) = \frac{1}{2}\text{Re}[p(x,y,z=0) \cdot v^*(x,y)] \qquad (1-67)$$

声功率可以表示为

$$\Pi(\omega) = \frac{1}{2}\text{Re}\left[\int_{-\infty}^{+\infty} \int_{-\infty}^{+\infty} p(x,y,z=0)v^*(x,y)dxdy\right] \qquad (1-68)$$

式(1-67)和式(1-68)中,Re 表示复数的实部。

根据 Parseval 公式[10]

$$\int_{-\infty}^{+\infty} \int_{-\infty}^{+\infty} p(x,y)v^*(x,y)dxdy = \frac{1}{4\pi^2}\int_{-\infty}^{+\infty} \int_{-\infty}^{+\infty} P(k_x,k_y)V^*(k_x,k_y)dk_x dk_y \qquad (1-69)$$

式(1-68)中的声功率可以重新表示为

$$\Pi(\omega) = \frac{1}{8\pi^2}\text{Re}\left[\int_{-\infty}^{+\infty} \int_{-\infty}^{+\infty} P(k_x,k_y,z=0)V^*(k_x,k_y)dk_x dk_y\right] \qquad (1-70)$$

根据式(1-64),表面上的声压可以表示为

$$P(k_x,k_y,z=0) = \frac{\rho_0 \omega V(k_x,k_y)}{\sqrt{k^2 - k_x^2 - k_y^2}} \qquad (1-71)$$

将式(1-71)代入式(1-70),得到

$$\Pi(\omega) = \frac{\rho_0 \omega}{8\pi^2}\text{Re}\left[\int_{-\infty}^{+\infty} \int_{-\infty}^{+\infty} \frac{|V(k_x,k_y)|^2}{\sqrt{k^2 - k_x^2 - k_y^2}}dk_x dk_y\right] \qquad (1-72)$$

仅当 $k^2 \geqslant k_x^2 + k_y^2$,$\sqrt{k^2 - k_x^2 - k_y^2}$ 才为实数,故式(1-72)可以重新表示为

$$\Pi(\omega) = \frac{\rho_0 \omega}{8\pi^2} \iint_{k^2 \geqslant k_x^2 + k_y^2} \frac{|V(k_x,k_y)|^2}{\sqrt{k^2 - k_x^2 - k_y^2}}dk_x dk_y \qquad (1-73)$$

由式(1-72)和式(1-73)可以看出,当波数的值满足 $k^2 \geqslant k_x^2 + k_y^2$ 时,声波才能辐射到远场,当波数值满足 $k^2 < k_x^2 + k_y^2$ 时,声波仅在近场进行波动,而对远场声辐射没有贡献。

1.3.3 体积速度和声压

利用式(1-53)的空间傅里叶变换,可以将速度变换到波数域,即

$$V(k_x,k_y) = \int_{-\infty}^{+\infty} \int_{-\infty}^{+\infty} v(x,y)\exp(jk_x x + jk_y y)dxdy \qquad (1-74)$$

对于有限平板,式(1-74)可以简化为

$$V(k_x, k_y) = \iint\limits_S v(x, y) \exp(jk_x x + jk_y y) \mathrm{d}x \mathrm{d}y \tag{1-75}$$

式中 S 为平面结构的表面积。

根据式(1-47),远场声压

$$p(R, \theta, \varphi) = \frac{j\omega\rho_0}{2\pi R} \exp(-jkR) \iint\limits_S v(x_0, y_0) \exp[jk(x_0 \sin\theta\cos\varphi +$$

$$y_0 \sin\theta\sin\varphi] \mathrm{d}S \tag{1-76}$$

比较式(1-75)和式(1-76),远场声压用速度分布的波数变换后可以表示为

$$p(R, \theta, \varphi) = \frac{j\omega\rho_0}{2\pi R} \exp(-jkR) V(k_x, k_y) \tag{1-77}$$

式中

$$k_x = l\sin\theta\cos\varphi \tag{1-78}$$

$$k_y = k\sin\theta\sin\varphi \tag{1-79}$$

式(1-77)表达了远场辐射声压与结构波数之间的基本关系:以方向 θ 和 φ 约定的远场辐射声能量。仅由单个结构的波数分量确定,它们是式(1-78)和式(1-79)中定义的波数 (k_x, k_y)。k_x 和 k_y 满足

$$\sqrt{k_x^2 + k_y^2} \leqslant k \tag{1-80}$$

式(1-80)对波数域的声频范围进行定义:该频域与结构振动的辐射成分有关。超声频外的波数成分,即所谓的次声波数,仅对近场辐射有贡献。

总的体积速度的定义是[4]

$$V_v = \iint\limits_S v(x, y) \mathrm{d}x \mathrm{d}y \tag{1-81}$$

在式(1-74)中考虑特殊情况:$k_x = 0$ 和 $k_y = 0$,则结构速度的波数变换可以表示为

$$V(k_x = 0, k_y = 0) = \iint\limits_S v(x, y) \mathrm{d}x \mathrm{d}y = V_v \tag{1-82}$$

根据式(1-82),显然 $V(k_x = 0, k_y = 0)$ 等于结构的体积速度。从而,对应于特殊情况 $k_x = 0$ 和 $k_y = 0$ 的远场辐射声压与结构的体积速度成比例。观察式(1-78)和式(1-79)可以发现,这是一种特殊情况,对应于结构平面垂直方向的声辐射,其中,$\theta = 0$(φ 可以取任意值)。因此,若设计一个可控系统,其模态都是非测定体积的,即 $V(k_x = 0, k_y = 0) = V_v = 0$,则理论上垂直于结构方向的远场声压将为零。

1.4 声功率和声辐射效率

1.4.1 辐射模态理论的基本方程

考虑图 1-9 中处于无限大刚性障板中的振动矩形平板,其长度为 L_x,宽度为 L_y,有[5-6]

$$p(r_n) = \frac{j\omega\rho_0}{2\pi}\iint_S v(r_n)\frac{\exp(-jk|r_n-r_m|)}{|r_n-r_m|}\mathrm{d}S \qquad (1-83)$$

式中 ω——声波的圆频率;

$\quad k$——波数,$k=\omega/c_0$;

$\quad \rho_0$——空气密度;

$\quad S$——平板的面积;

$\quad r_m,r_n$——平板上任意两点的位置向量。

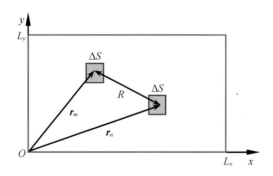

图 1-9 平板的单元离散处理

假设 $R=|r_m-r_n|$,则可以将式(1-83)重新整理为

$$p(r_n) = \frac{j\omega\rho_0}{2\pi}\iint_S v(r_m)\frac{\exp(-jkR)}{R}\mathrm{d}S \qquad (1-84)$$

根据式(1-68),辐射到平板上方半无限空间的声功率为

$$\Pi = \frac{1}{2}\mathrm{Re}\Big[\iint_S p(r_n)\cdot v^*(r_n)\mathrm{d}S\Big] \qquad (1-85)$$

将式(1-84)代入式(1-85),则可以将声功率重新表示为

$$\Pi = \frac{\omega\rho_0}{4\pi}\mathrm{Re}\Big[\iint_S\iint_S v(r_m)\frac{j\exp(-jkR)}{R}v^*(r_n)\mathrm{d}S\mathrm{d}S\Big]$$

$$= \frac{\omega\rho_0}{4\pi}v(r_m)\cdot\iint_S\iint_S\frac{\sin(kR)}{R}\cdot v^*(r_n)\mathrm{d}S\mathrm{d}S \qquad (1-86)$$

将矩形平板以相同的面积 ΔS 平均划分为 N 个单元,则式(1-86)可以近似表达为有限级数之和

$$\Pi = \frac{\omega\rho_0}{4\pi} \sum_{m=1}^{J} \sum_{n=1}^{J} v_m \cdot \frac{\sin(kR)}{R} \cdot v_n^* \Delta S \cdot \Delta S \qquad (1-87)$$

式中 v_m 和 v_n 分别是第 m 和第 n 个单元的速度。

可以重新以矩阵的形式将式(1-87)表示为

$$\Pi = \boldsymbol{v}^H \boldsymbol{R} \boldsymbol{v} \qquad (1-88)$$

式中上标 H 表示复数共轭转置。

矩阵 $\boldsymbol{R}$ 的第 (m,n) 元素为

$$R_{mn} = \frac{\omega^2 \rho_0 (\Delta S)^2}{4\pi c_0} \cdot \frac{\sin(k r_{mn})}{k r_{mn}} \qquad (1-89)$$

观察式(1-89)可以发现,矩阵 $\boldsymbol{R}$ 是实数矩阵,同时由互易性原理,$\boldsymbol{R}$ 是对称矩阵。由于声功率必须大于零(除非表面速度为零),所以 $\boldsymbol{R}$ 正定。因此,矩阵 $\boldsymbol{R}$ 是实对称正定矩阵。利用正交变换 $\boldsymbol{R} = \boldsymbol{Q}\Lambda\boldsymbol{Q}^T$ 使 $\boldsymbol{R}$ 对角化,其中上标 T 表示转置。特征值 λ_k 是实数,从而对应的特征向量相互正交。将 $\boldsymbol{R}$ 代入式(1-88),由于特征矩阵 $\boldsymbol{Q}$ 是实矩阵,所以 $\boldsymbol{Q}^T = \boldsymbol{Q}^H$,从而得到

$$\Pi = v^H \boldsymbol{Q}\Lambda\boldsymbol{Q}^H v = (\boldsymbol{Q}^T v)^H \Lambda \boldsymbol{Q}^T v \qquad (1-90)$$

每一个特征向量 $\boldsymbol{Q}_k$ 表示一个(种)可能的速度模式;任意的表面速度可以表示为 $\boldsymbol{Q}_k$ 的线性组合。特征向量 $\boldsymbol{Q}_k$ 作为一个速度模式表示一个自然辐射模式,称其为辐射模态[11]。由于 $\boldsymbol{Q}_k$ 彼此正交,从而每个辐射模态所对应的声功率彼此无关。

从物理含义解释,辐射模态是向量空间中彼此正交的基向量。每一个基向量表示一种可能的辐射模式。每个辐射模式表示辐射源表面上的一种可能辐射模式,这是辐射源的固有特性。每一个辐射模态都具有相互无关联的辐射效率。辐射模态法的主要优点是在结构模态中消除了复杂的耦合项。这使得主动控制结构的声辐射变得更加简单。

可以通过线性变换结构表面速度向量 $\boldsymbol{v}$ 与第 k 个辐射振形,得到第 k 个辐射模态的振幅 y_k。显然,第 k 个辐射模态 $\boldsymbol{Q}_k$ 是向量空间的基向量,y_k 是速度向量 $\boldsymbol{v}$ 在 $\boldsymbol{Q}_k$ 上的投影,从而有

$$y_k = \boldsymbol{Q}_k^T \boldsymbol{v} \qquad (1-91)$$

将式(1-91)代入式(1-90),可以将声功率重新表示为

$$\Pi = \sum_{k=1}^{N} |y_k|^2 \lambda_k \qquad (1-92)$$

1.4.2　梁和平板结构的声辐射算例

1. 梁的辐射模态振形

假设梁的长和宽分别为 $L_x = 0.5$ m,$L_y = 0.04$ m。将梁等分为 100 个相同的单元,对梁进行数值计算。

图 1 – 10 分别对应无量纲频率 kl 分别是 0.1,1,5,10 时梁结构的前 4 阶辐射模态振形。可以发现辐射振形与频率有关。

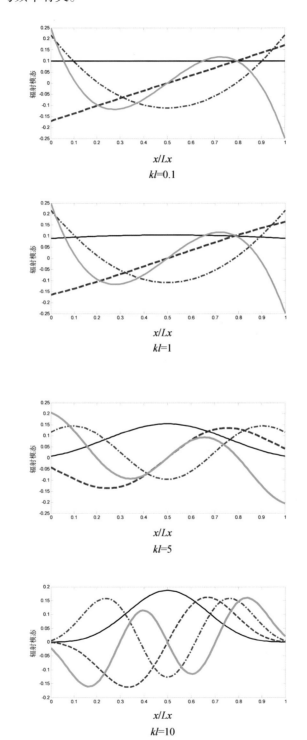

图 1 – 10　无量纲频率 kl 分别是 0.1,1,5,10 时梁结构的前 4 阶辐射振形(雷智洋编程绘制)

(黑线:第 1 阶模态;蓝线:第 2 阶模态;红线:第 3 阶模态;绿线:第 4 阶模态)

2. 平板的辐射振形

计算 $L_x = 0.38$ m，$L_y = 0.3$ m 平板的辐射模态。板结构的计算辐射振形如图 1 – 11 至图 1 – 14 所示，分别对应 kl 等于 0.1，1，5，10 时的情况。

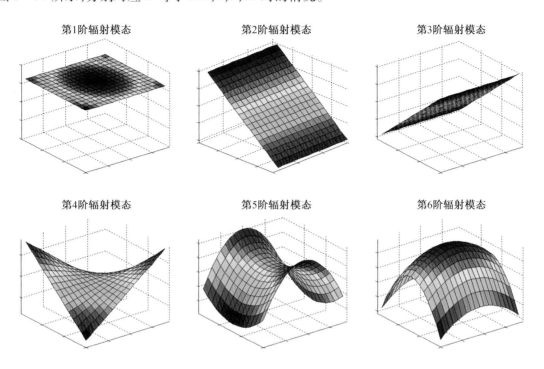

图 1 – 11　$kl = 0.1$ 时的前 6 阶辐射模态（雷智洋编程绘制）

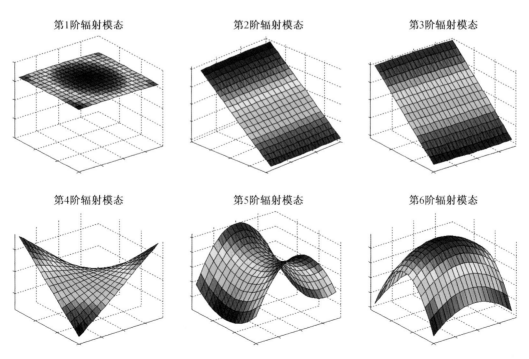

图 1 – 12　$kl = 1$ 时的前 6 阶辐射模态（雷智洋编程绘制）

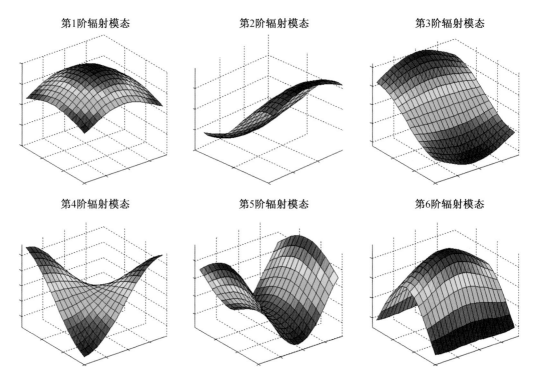

图 1-13 $kl=5$ 时的前 6 阶辐射模态（雷智洋编程绘制）

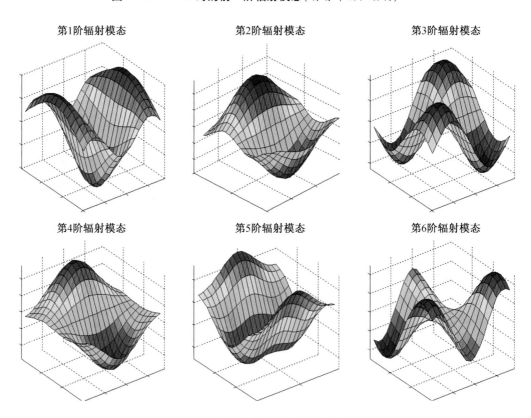

图 1-14 $kl=10$ 时前 6 阶辐射模态（雷智洋编程绘制）

1.4.3　用辐射模态表示的辐射效率

Wallace[8] 将辐射效率定义为声功率的比,即结构所辐射的声功率与一个具有等效面积、振幅等于该结构空间均方速度而且以活塞模式辐射的声功率的比。

辐射效率的一般定义为

$$\sigma = \frac{\Pi}{\rho_0 c_0 S \langle |v|^2 \rangle} \qquad (1-93)$$

式中　ρ_0, c_0——空气介质的密度和声速;

　　　S——辐射源的总表面积;

　　　$\langle |v|^2 \rangle$——结构空间均方速度。

假设将辐射源以同等面积,均匀分成 N 个单元,并以 v 表示这些单元的法向速度向量,则

$$\langle |v|^2 \rangle = \frac{1}{2S} \iint_S |v|^2 \mathrm{d}S = \frac{1}{2S} \sum_{n=1}^N |v|^2 \Delta S = \frac{v^{\mathrm{H}} v}{2N} \qquad (1-94)$$

式中 $\Delta S = S/N$。

引入式(1-88),从而将式(1-93)重新表示为

$$\sigma = \frac{2N}{\rho_0 c_0 S} \frac{v^{\mathrm{H}} R v}{v^{\mathrm{H}} v} \qquad (1-95)$$

进一步将第 k 阶辐射模态的辐射效率定义为

$$\sigma_k = \frac{2N}{\rho_0 c_0 S} \frac{Q_k^{\mathrm{H}} R Q_k}{Q_k^{\mathrm{H}} Q_k} \qquad (1-96)$$

因为辐射模态彼此正交,所以

$$Q_k^{\mathrm{H}} R Q_k = Q_k^{\mathrm{H}} Q \Lambda Q^{\mathrm{T}} Q_k = Q_k^{\mathrm{H}} \lambda_k Q_k = \lambda_k Q_k^{\mathrm{H}} Q_k \qquad (1-97)$$

将式(1-97)代入式(1-96),则有

$$\sigma_k = \frac{2N}{\rho_0 c S} \frac{\lambda_k Q_k^{\mathrm{H}} Q_k}{Q_k^{\mathrm{H}} Q_k} = \frac{2N}{\rho_0 c S} \lambda_k \qquad (1-98)$$

显然辐射矩阵 R 的特征值 λ_k 与辐射效率 σ_k 成比例。

1.4.4　用结构模态表示的辐射效率

结构的速度分布可以用级数展开的形式表示为

$$v(x,y) = \sum_{n=1}^N w_n(x,y) \cdot \Phi_n(x,y) \qquad (1-99)$$

式中　$w_n(x,y)$——结构的第 n 阶模态振形;

　　　$\Phi_n(x,y)$——模态速度。

式(1-99)可以重新以矩阵形式表示为

$$v = w \cdot \Phi_n \qquad (1-100)$$

式中 w 为实正交矩阵, $w^H = w^T$。

由于声功率 $\Pi = v^H Rv$, 根据式(1-88), 可以得到

$$\Pi = \Phi^H w^T Rw\Phi = \Phi^H M\Phi \qquad (1-101)$$

式中 $M = w^T Rw$。

根据式(1-101), 可以推导出第 n 阶结构模态辐射的声功率

$$\Pi_n = M_{nn}|\Phi_n|^2 \qquad (1-102)$$

式中 M_{nn} 为矩阵 M 的第 n 阶对角元素。

第 n 阶结构模态的空间均方速度为

$$\langle |v_n|^2 \rangle = \frac{1}{2S}\iint\limits_{S} |w_n(x,y) \cdot \Phi_n|^2 dS = \frac{1}{2S}\iint\limits_{S} |w_n(x,y)|^2 dS \cdot |\Phi_n|^2 = K_n \cdot |\Phi_n|^2$$

$$(1-103)$$

式中 $K_n = \dfrac{1}{2S}\iint\limits_{S} |w_n(x,y)|^2 dS$。

将式(1-102)和式(1-103)代入式(1-93), 则可以将第 n 阶结构模态的辐射效率表示为

$$\sigma_{nn} = \frac{M_{nn}}{\rho_0 c_0 S K_n} \qquad (1-104)$$

相应地, 可以将第 m 阶结构模态和第 n 阶结构模态耦合的辐射效率定义为

$$\sigma_{mn} = \frac{M_{mn}}{\rho_0 c_0 S K_n} \qquad (1-105)$$

式中 σ_{nn} 和 σ_{mn} 即所谓的"自辐射效率"和"互辐射效率"。

1.4.5 计算辐射效率

1. 辐射模态的辐射效率

梁和平板的前 6 阶辐射模态的辐射效率 $\sigma_i(i=1,2,\cdots,6)$ 分别如图 1-15 和图 1-16 所示, 是无量纲频率 kl 的函数。随着频率的增加, 每阶模态的辐射效率也相应地增加, 其极限值趋向于 1。辐射模态的一个重要性质是其辐射效率在低频时会随模态的增加而迅速下降。这样在较低频率, 声功率显著衰减, 以至于其他模态的声功率甚至可以忽略不计[6]。

2. 结构模态的辐射效率

图 1-17 至图 1-19 是简支梁的自辐射效率和互辐射效率。可以发现, 在低频时奇数模态的辐射效率显著高于偶数模态。

图 1-20 至图 1-22 是平板的自辐射效率和互辐射效率。每幅图中的互辐射效率曲线都经同一组中最低阶模态的自辐射效率归一化。两个模态间的模态耦合程度随结构波数空间距离的增大而降低。互辐射效率在低频时对声功率有更显著的影响。

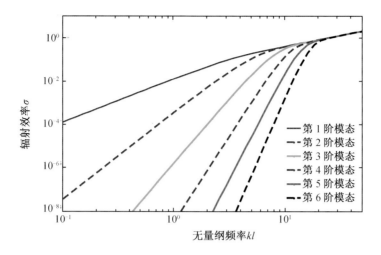

图 1－15　梁结构的前 6 阶辐射模态的辐射效率（雷智洋编程绘制）

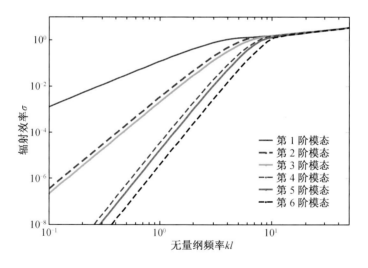

图 1－16　板结构的前 6 阶辐射模态的辐射效率（雷智洋编程绘制）

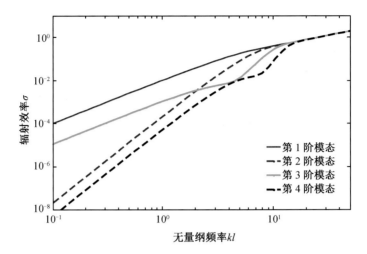

图 1 - 17   简支梁的自辐射效率

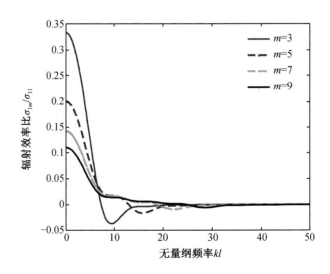

图 1 - 18   简支梁互辐射效率(奇数项)

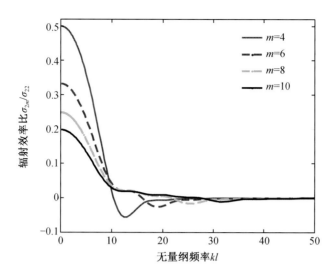

图 1 - 19 简支梁互辐射效率(偶数项)

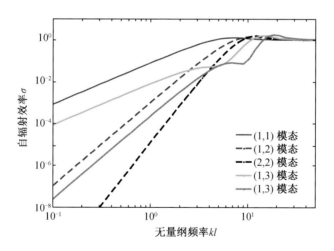

图 1 - 20 简支板的自辐射效率(雷智洋编程绘制)

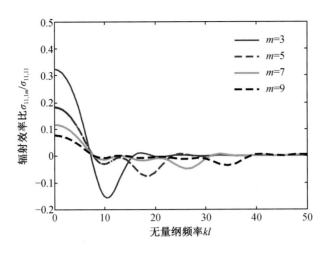

图 1 - 21　简支板的互辐射效率(奇 - 奇数项)

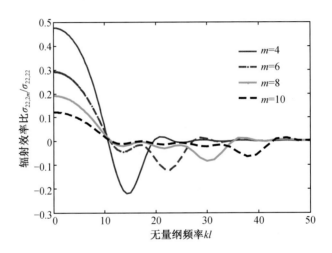

图 1 - 22　简支板的互辐射效率(偶 - 偶数项)

由图 1 - 18、图 1 - 19、图 1 - 21、图 1 - 22 可以看出,互辐射效率在某些频率点可能为负。这表明若忽略模态耦合的影响,声功率或许会高估或者低估。该结论与文献[12, 13]一致。

假设点谐力作用在简支梁(500 mm × 40 mm × 5 mm)上的位置 x_c 分别是 100 mm 和 220 mm,考虑或忽略互辐射效率,其声功率示如图 1 - 23 和图 1 - 24 所示。互辐射效率的影响显然更趋向于非共振区域,这与预期的一致。应该注意的是,当忽略互辐射效率的影响,声功率计算值的高估或低估与频率和激励点的位置有关。例如,当频率 250 Hz 在 $x_c = 100$ mm 处激励时,互辐射效率贡献 4 dB,而在 $x_c = 220$ mm 处激励时则变为 - 2 dB。

有关结构噪声基础理论有大量公开发表的论文或出版物,本章部分内容参考借览了著作[6]、著作[7]以及其他文献。

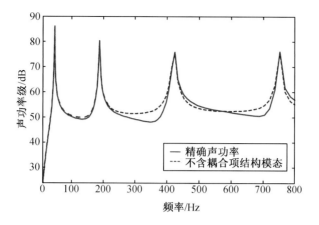

图 1 - 23 $x_c = 100$ mm 处不考虑互辐射效率时的声功率

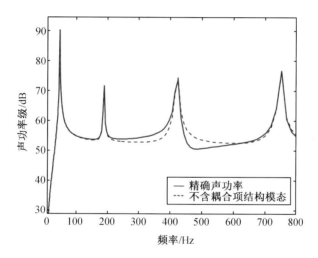

图 1 - 24 $x_c = 220$ mm 处不考虑互辐射效率时的声功率

本章参考文献

［1］ HAMILTON W R. The Mathematical Paper of Sir William R. Hamilton［M］. Cambridge：Cambridge University Press,1940.

［2］ 胡海岩. 机械振动基础［M］.北京:北京航空航天大学出版社,2005.

［3］ JAMES F DOYLE.结构中波的传播［M］.吴斌,何存富,焦敬品,等,译. 北京:科学出版社,2016.

［4］ FULLER C R, ELLIOTT S J, NELSON P A. Active control of vibration［M］. London：Academic Press,1997.

［5］ CLARK R L，SAUNNDERS W R，GIBBS G P. Adaptive structures：Dynamics and control［M］. New York：Wiley，1998.

［6］ FAHY F. Sound and structural vibration/radiation，transmission and response［M］. London：Academic Press，1985.

［7］ 毛崎波，皮耶奇克. 基于 MATLAB 的噪声和振动控制［M］. 吴文伟，翁震平，王飞，译. 哈尔滨：哈尔滨工程大学出版社，2016.

［8］ WALLACE C E. Radiation resistance of a rectangular panel［J］. Journal of the Acoustics Society of America，1972，51：946 – 952.

［9］ WILLIAMS E. A series expansion of the acoustic power radiated from planar sources［J］. Journal of the Acoustics Society of America，1983，73（5）：1520 – 1524.

［10］ WILLIAMS E. Fourier Acoustics［M］. London：Academic Press，1999.

［11］ ELLIOTT S J，JOHNSON M E. Radiation modes and the active control of sound power［J］. Journal of the Acoustics Society of America，1993，94（4）：2194 – 2204.

［12］ LI W L，GIBELING H J. Determination of the mutual radiation resistances of a rectangular plate and their impact on the radiated sound power［J］. Journal of Sound and Vibration，1999，229（5）：1213 – 1233.

［13］ LI W L. An analytical solution for the self-and mutual radiation resistances of a rectangular plate［J］. Journal of Sound and Vibration，2001，245：1 – 16.

［14］ 何祚镛. 结构振动与声辐射［M］. 哈尔滨：哈尔滨工程大学出版社，2001.

第 2 章
WPA 法的基本理论

约翰·Y·纳皮尔[苏格兰]
（对数发明人、天文学家、数学家）

在计算地球轨道数据时，他也被浩瀚的计算量所折磨。"看起来在数学实践中，最麻烦的莫过于大数字的乘法、除法、开平方和开立方，计算起来特别费事又伤脑筋，于是我开始构思有什么巧妙好用的方法可以解决这些问题。"

——约翰·纳皮尔
摘自《奇妙的对数表的描述》（1614 年）

波传播法简称 WPA 法，是英文 Wave Propagation Approach 或者 Wave Propagation Analysis 的缩写。从结构波的观点，梁与杆中结构波的区别是梁中的弯曲波是频散的，而杆中的纵波没有频散效应，因此梁的波动没有达朗贝尔解，如图 2-1 所示，由于不同频率的弯曲波行进速度不同，因此波形随时间产生了畸变。同时由于特征函数是 4 阶微分方程，因此存在两种基本波动模式，一种是传播波，用行进波描述；一种是耗散波，用近场波表达。

图 2-1　梁中的频散波（张诗洋编程绘制）

每条波动线代表梁的瞬间形变随时间的变化

推导出无限梁点响应函数系数之后，它们与结构边界反射产生的行进波和近场波重构，从而获得 WPA 法的一般解。

2.1　解析法的挑战与演进

对运载器高技术性能的追求，推动着结构动力学的发展，从经典牛顿力学、现代细观力学[1-2]到量子力学，领域细分理论方法有结构噪声[3-10]、功率流理论[11-13]和声弹性理论[14-16]等。探索工程新机理的一般方法是建模、边界处理和数学解析。复杂工程问题，有的涉及结构本质抽象、模型简化，并通过基础理论研究，分析归纳出概念性、关键性和共同性的一般规律，指导巨系统优化。

理论分析方法可划分为两大类：

解析法：解析法很多，如模态分析法、传递矩阵法、模态截断法、模态综合法、模态阻抗综合法、导纳法、动刚度综合法、WPA 法，以及谱分析法……，详见表 2-1。

数值法：数值法又分为有限元法、边界元法和统计能量法 SEA 等[17-19]。例如几乎被遗忘的 SAP、SAP5、Super-SAP……现在则常用 ANSYS、ADINA、NASTRAN 等大型计算程序。结构声学分析则出现了 Virtual. Lab（原 SYSNOISE）、AutoSEA 和 VIOLINE 等高度商业化的软件。

表 2 - 1   部分解析方法列表

序号	解析方法	备注
1	传递函数法	
2	模态分析法	
3	传递矩阵法	
4	模态截断、模态综合法	近似处理
5	模态阻抗综合法	
6	模态柔度综合法	
7	导纳法	
8	四端参数法	典型的间接参数法
9	动刚度综合法	
10	统计能量法（SEA）	
11	FFT 法（谱分析法）	频域
12	WPA 法	时域
13	……	

似乎有足够多的理论方法，为什么还要发展新方法？

实际上，许多看似简单的结构都难以获得完整解析解，或者边界条件被进一步简化。如 Kojima[20] 分析有限多跨梁固有频率和振动模态时，当梁跨超过 3 时，必须假设它们是简支；Snowdon[21] 分析了悬臂梁安装 TMD(tuned mass damper) 结构，必须假设 $x_d = L$，如图 2 - 2 所示，即 TMD 安装在梁的自由端，否则难以求解。改进后，他[22-23] 得到了 TMD 位于梁中点 $x_d = L/2$ 时的振动响应。Mead[24] 用周期理论分析无限长梁功率流，同样必须设定点谐力作用在周期梁单跨的中点 $x_d = l/2$，改进后才能解除限制[25]。

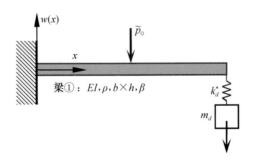

图 2 - 2   悬臂梁 - 动力吸振器系统的物理模型

（谐力和 TMD 严格限定位置）

更重要的一些前沿问题，现有理论方法距机理解析的统一框架还有差距，还存在认知上的短板。比如有限周期结构、涡轮机叶轮（螺旋桨）的"单频"和"重频"特征[26-27]，等等，这些物理机制新内涵能帮助我们增加判断点。周期结构存在动力学共性。但是,循环对称结构(简称"环周期"),难以像"线周期"结构那样有直观的形成机理。而限制我们发现的,是观察问题的视角。例如浮筏,一种新的振动隔离技术,当我们墨守双级隔振动力学分析,就容易忽视对多源之间抵消的研究。

当前,FEM 数值方法几乎主导了工程计算。商用软件不断推陈出新、扩版升级[29-31],界面更加友好,单元种类不断增加,以适应日益复杂的工程动力学分析。然而软件在功能不断增强的同时,也存在功能相互覆盖、同质化现象。机理分析弥足尊贵,数值计算只是"个案",是穷举下的特例而非一般规律,会限制创新突破。工程中有许多类似的基础理论问题,它们是解析法面临的挑战与技术演进的关键[32]。

2.2　WPA 法的数学描述

2.2.1　WPA 法的发展历程

振动波的数学描述有很多,像 Cremer 和 Heckl 在其经典专著《Structure-Borne Sound》中便多有论述和解释性说明。Mead 和 White 等[24-25,33]用指数推导了梁结构方程,在论文和论著中将其称为 Bending Wave Method,译成中文是"弯曲波法"。

1990 年在 White 的提议下,吴崇建和 Mead 以弯曲波法为基础,推导了多支承 Bernoulli-Euler 梁位移响应方程[35,28],并确定今后统一名称 Wave Propagation Approach,简称 WPA 法。后来有学者用 Wave Propagation Analysis 表示,其缩略语相同。

吴崇建和 White 用 WPA 法研究振动功率流,获得了有限长梁类结构的一般方程,持续将研究范围推广到任意支承梁、周期梁(periodic beams)、准周期梁(qusai-periodic beams)以及梁上安装 TMD[37,34]。首次获得功率流理论计算值与测量值的良好吻合,其作为 ISVR 的两项成果之一在南安普顿大学 Open Day'92 展出。

目前,WPA 法的研究越来越广泛,已经从梁类结构发展到了板壳等结构中[38-43]。

2.2.2　用双指数函数表达特征函数

以伯努利-欧拉(Bernoulli-Euler)梁为例,受空间坐标和时间相关载荷作用时,梁的横向位移可用 4 阶微分方程描述[36]

$$EI \frac{\partial^4 \tilde{w}(x,t)}{\partial x^4} + \rho S \frac{\partial^2 \tilde{w}(x,t)}{\partial t^2} = \tilde{p}_0(x,t) \tag{2-1}$$

式中　$\tilde{w}$——梁的横向位移或挠度;

　　　S——梁的横截面面积;

EI——梁的抗弯刚度；

ρ——材料密度。

令外部激励 $\tilde{p}_0 = 0$，得到梁的自由振动运动方程，即第1章的式（1-2）。结构中的结构波做简谐运动，梁的横向位移 $\tilde{w}$ 具有式（1-3）形式。为了便于阅读，复写如下

$$\tilde{w}(x,t) = w(x) \cdot \Phi(t)$$

特征函数分解为[28,34]

$$\left. \begin{aligned} w(x) &= \sum_{n=1}^{4} A_n \mathrm{e}^{k_n x} \\ \Phi(t) &= \mathrm{e}^{\mathrm{j}\omega t} \end{aligned} \right\} \tag{2-2}$$

式中 $A_n(n=1,2,3,4)$ 是空间函数的4个未知系数；有4个不同的 k_n；j 为虚数单位。

书中 k_n 按式（2-3）中的顺序选取，k_n 的实根记为 k，按照式（1-6）改写为

$$k_n = \{k_1, k_2, k_3, k_4\} = \{k, -k, \mathrm{j}k, -\mathrm{j}k \mid n = 1,2,3,4\} \tag{2-3}$$

$$k = \left\{ \frac{\rho S \omega^2}{EI} \right\}^{1/4} \tag{2-4}$$

分析系统响应必须求出式（2-2）中的未知系数 A_n。它们可以通过边界条件和约束条件联立求得。因此，式（2-1）的解重新完整表达为

$$\tilde{w}(x,t) = \left\{ \sum_{n=1}^{4} A_n \mathrm{e}^{k_n x} \right\} \cdot \mathrm{e}^{\mathrm{j}\omega t} \tag{2-5}$$

式（2-5）便是 WPA 法关于梁结构运动的一般方程，它用双指数函数来描述，其中第1项是空间相关项求和，第2项是时间相关项。该式展开为

$$\tilde{w}(x,t) = \left\{ A_1 \mathrm{e}^{kx} + A_2 \mathrm{e}^{-kx} + A_3 \mathrm{e}^{\mathrm{j}kx} + A_4 \mathrm{e}^{-\mathrm{j}kx} \right\} \cdot \mathrm{e}^{\mathrm{j}\omega t} \tag{2-6}$$

式（2-6）描述了梁中的弯曲波，物理解释对应图2-3。谐力在作用点两侧分别产生两种类型的弯曲波——行进波和近场波。式中第1项和第2项为实数项 $A_1 \mathrm{e}^{kx}$ 和 $A_2 \mathrm{e}^{-kx}$，它们分别表示横坐标负向和正向的近场波。一些文献也称其为衰减波或瞬逝波，这反映了其性质。近场波不传播，会迅速衰减。但是它们在结构"间断点"区域扮演波形转换角色。第3项和第4项为虚数项，$A_3 \mathrm{e}^{\mathrm{j}kx}$ 表示沿坐标负向传播的行进波，而 $A_4 \mathrm{e}^{-\mathrm{j}kx}$ 表示沿坐标正向传播的行进波，也叫传播波。

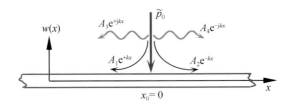

图2-3 谐力激起结构行进波和近场波

WPA 法的形函数具有双指数函数形式，将空间函数 $\exp(k_n x)$ 的传统表达保留下来，也

保留了统一性。

2.2.3　点谐力响应函数系数

假设 Bernoulli-Euler 梁上任意一点 $x = x_0$ 受外谐力 $\tilde{p}_0$ 激励,则无限长梁横向位移的微分方程为

$$\frac{\partial^4 \tilde{w}(x,t)}{\partial x^4} + k_n^4 \tilde{w}(x,t) = \frac{p_0}{EI} \delta(x - x_0) \cdot \mathrm{e}^{j\omega t} \qquad (2-7)$$

式中 $\delta(x - x_0)$ 为狄拉克函数。

由于无限长梁的对称性, $x = x_0$ 处的激励可平移到 $x = 0$,这样便于方程简化。为了避免与前面 A_n 混同,重新设定四个未知的系数 A、B、C、D。这时梁弯曲振动响应的一般式为

$$\tilde{w}(x,t) = (A\mathrm{e}^{kx} + B\mathrm{e}^{-kx} + C\mathrm{e}^{jkx} + D\mathrm{e}^{-jkx}) \cdot \mathrm{e}^{j\omega t} \qquad (2-8)$$

对于无限长梁受激励后,波向两端传播而无反射波,因此需满足: $x < 0$ 时, $B = D = 0$;而 $x \geqslant 0$ 时, $A = C = 0$。于是得到

$$\left.\begin{array}{l} \tilde{w}_-(x,t) = \left[A\mathrm{e}^{+kx} + C\mathrm{e}^{+jkx}\right] \cdot \mathrm{e}^{j\omega t} \quad (x < 0) \\[2mm] \tilde{w}_+(x,t) = \left[B\mathrm{e}^{-kx} + D\mathrm{e}^{-jkx}\right] \cdot \mathrm{e}^{j\omega t} \quad (x \geqslant 0) \end{array}\right\} \qquad (2-9)$$

式中下标"$+$"表示坐标正方向;下标"$-$"表示坐标负方向。

因为无限长梁的对称性,在 $x = 0$ 处转角为 0,则有 $\partial \tilde{w}(x,t)/\partial x = 0$,于是得到

$$\left.\begin{array}{l} + kA + jkC = 0 \\[2mm] - kB - jkD = 0 \end{array}\right\} \qquad (2-10)$$

根据 $x = 0$ 处的受力平衡和对称性,加载点两边的剪力各为 $p_0/2$,得到剪力平衡方程

$$\left.\begin{array}{l} \dfrac{p_0}{2} = - EI(k^3 A - jk^3 C) \qquad (x = 0^-) \\[3mm] \dfrac{p_0}{2} = - EI(- k^3 B + jk^3 D) \quad (x = 0^+) \end{array}\right\} \qquad (2-11)$$

联立式(2-10)和式(2-11)得到

$$jA = jB = C = D \qquad (2-12)$$

式(2-12)代入表达式(2-10),则有

$$D = - \frac{jp_0}{4EIk^3} \qquad (2-13)$$

由此得到在 $x = 0$ 处激励,无限长梁的强迫振动表达式

$$\left.\begin{array}{l} \tilde{w}_-(x,t) = \dfrac{jp_0}{4EIk^3}(\mathrm{e}^{jkx} - j\mathrm{e}^{kx}) \cdot \mathrm{e}^{j\omega t} \quad (x < 0) \\[3mm] \tilde{w}_+(x,t) = \dfrac{jp_0}{4EIk^3}(\mathrm{e}^{-jkx} - j\mathrm{e}^{-kx}) \cdot \mathrm{e}^{j\omega t} \quad (x \geqslant 0) \end{array}\right\} \qquad (2-14)$$

将式(2-14)无限长梁响应的分段函数写成统一的形式

$$\tilde{w}(x,t) = \frac{p_0}{4EIk^3}(e^{-k|x|} + je^{-jk|x|}) \cdot e^{j\omega t} \tag{2-15}$$

根据平移原理,在任意点 $x = x_0$ 处受激的无限长梁的响应函数为

$$\tilde{w}(x,t) = \frac{p_0}{4EIk^3}(e^{-k|x-x_0|} + je^{-jk|x-x_0|}) \cdot e^{j\omega t} \tag{2-16}$$

当谐力 p_0 为单位大小时,式(2-16)进一步整理为一般形式

$$\tilde{w}(x,t) = (a_1 e^{-k|x-x_0|} + a_2 e^{-jk|x-x_0|}) \cdot e^{j\omega t} \tag{2-17}$$

$$a_1 = \frac{1}{4EIk^3}, \quad a_2 = \frac{j}{4EIk^3} \tag{2-18}$$

式中 $a_n(n=1,2)$ 为无限长梁点谐力响应函数系数(弯曲波)。

为了验证无限梁结构的点响应函数系数,图2-4给出了搭建的试验装置。当钢梁两端长约0.9 m均埋入沙箱中,这时结构波在两个末端边界上的反射可以忽略不计。

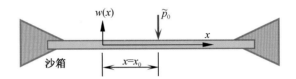

图2-4 两端埋在沙箱中模拟无限长梁的试验

(测量点谐力响应函数系数,在ISVR完成)

图2-5(a)所示为无限长梁的模型,当谐力 $\tilde{p}_0$ 作用在坐标 $x_0 = 0$,左右两侧的横向位移响应是行进波和近场波之和[34]

$$\left.\begin{array}{l} \tilde{w}_+(x) = p_0 \displaystyle\sum_{n=1}^{N} a_n e^{-k_n(+|x|)} \quad (x \geqslant 0) \\[3mm] \tilde{w}_-(x) = p_0 \displaystyle\sum_{n=1}^{N} a_n e^{k_n(-|x|)} \quad (x < 0) \end{array}\right\} \tag{2-19}$$

谐力在梁坐标正负两个方向产生 N 个结构波,波数 k_n。当波数 k_n 是纯实数时,表示衰减波;而 k_n 是纯虚数时,则表达具有波长 $\lambda = 2\pi/k$ 的行进波。N 取决于结构横截面的自由度数。对等截面梁,$N = 2$,这时 $k_1 = k, k_2 = jk$。

将式(2-19)分段描述的位移响应整理成统一形式

$$\tilde{w}(x) = p_0 \sum_{n=1}^{N} a_n e^{-k_n|x|} \quad (-\infty < x < +\infty) \tag{2-20}$$

2.2.4 点谐弯矩响应函数系数

同样地,假设梁上任意一点 $x = x_0$ 受谐外力矩激励 $\tilde{M}_0$,如图2-5(b)所示,无限长梁的横向位移由4阶微分方程给出[34]

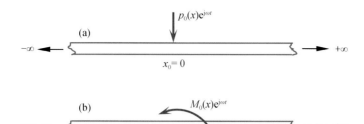

图 2 - 5　无限长梁谐激励、响应和符号约定

$$\frac{\partial^4 \tilde{w}(x,t)}{\partial x^4} + k_n^4 \tilde{w}(x,t) = \frac{M_0}{EI}\delta(x-x_0) \cdot e^{j\omega t} \quad (2-21)$$

根据无限长梁的对称性,在 $x = x_0$ 处的激励响应可以平移到 $x = 0$ 处。为便于求解,首先假设激励载荷作用在 $x = x_0$ 处,这时梁的弯曲振动方程同式(2 - 7)。

类似地,梁上无反射波,因此需满足 $x \geqslant 0$ 时,$A = C = 0$;而 $x < 0$ 时,$B = D = 0$;那么有

$$\left.\begin{aligned}\tilde{w}_-(x,t) &= \{Ce^{+jkx} + Ae^{+kx}\} \cdot e^{j\omega t} \quad (x < 0) \\ \tilde{w}_+(x,t) &= \{De^{-jkx} + Be^{-kx}\} \cdot e^{j\omega t} \quad (x \geqslant 0)\end{aligned}\right\} \quad (2-22)$$

由无限长梁的中心对称性,由弯曲振动在 $x = 0$ 处的位移协调性得

$$A + C = B + D = 0 \quad (2-23)$$

同时,在 $x = 0$ 处的转角一致

$$kA + jkC = -kB - jkD \quad (2-24)$$

再根据 $x = 0$ 处的力矩平衡,得到力矩平衡公式

$$EI\{(-k)^2 B + (-jk)^2 D - [k^2 A + (jk)^2 C]\} = M_0 \quad (2-25)$$

结合式(2 - 23)、式(2 - 24)的位移协调、转角相等条件得到

$$A = -B = -C = D \quad (2-26)$$

将式(2 - 26)代入式(2 - 25),由弯矩平衡表达式获得

$$D = -\frac{jM_0}{4EIk^2} \quad (2-27)$$

那么,$x = 0$ 处受力矩激励的无限长梁的强迫振动表达式为

$$\left.\begin{aligned}\tilde{w}_-(x,t) &= +\frac{jM_0}{4EIk^2}\{e^{-jkx} - je^{kx}\} \cdot e^{j\omega t} \quad (x < 0) \\ \tilde{w}_+(x,t) &= -\frac{jM_0}{4EIk^2}\{e^{-jkx} - e^{-kx}\} \cdot e^{j\omega t} \quad (x \geqslant 0)\end{aligned}\right\} \quad (2-28)$$

由上式,$x = 0$ 处受谐力矩激励的无限长梁,分段函数写成统一的形式

$$\tilde{w}(x,t) = -\frac{M_0 \mathrm{sgn}(x)}{4EIk^2}\{e^{-jk|x|} - e^{-k|x|}\} \cdot e^{j\omega t} \quad (2-29)$$

同样根据平移原理,在任意点 $x = x_0$ 处激励无限长梁的响应函数为

$$\tilde{w}(x,t) = -\frac{M_0 \mathrm{sgn}(x - x_0)}{4EIk^2}\{\mathrm{e}^{-jk|x-x_0|} - \mathrm{e}^{-k|x-x_0|}\} \cdot \mathrm{e}^{j\omega t} \qquad (2-30)$$

由该式可见,一个点谐力矩在其作用点两侧同样产生两种弯曲波:括号内第 1 项是行进波,也叫远场波;括号内第 2 项是近场波,也称衰减波或非传播波。在单位力矩作用下,式(2-30)改写为一般式

$$\tilde{w}(x,t) = \{b_1 \mathrm{e}^{-k|x_0-x|} + b_2 \mathrm{e}^{-jk|x_0-x|}\} \cdot \mathrm{e}^{j\omega t} \qquad (2-31)$$

$$b_1 = -\frac{M_0 \mathrm{sgn}(x - x_0)}{4EIk^2}, \quad b_2 = \frac{M_0 \mathrm{sgn}(x - x_0)}{4EIk^2} \qquad (2-32)$$

式中 $b_n(n=1,2)$ 为无限长梁点力矩谐响应函数系数(弯曲波)。

类似地,分析转角位移响应 $\theta = \partial w/\partial x$。式(2-19)分别对 x 求偏导数,得到谐力产生的转角响应

$$\left.\begin{array}{l} \theta_+(x) = p_0 \sum_{n=1}^{N} c_n \mathrm{e}^{-k_n(+|x|)} \quad (x \geqslant 0) \\[3mm] \theta_-(x) = -p_0 \sum_{n=1}^{N} c_n \mathrm{e}^{k_n(-|x|)} \quad (x < 0) \end{array}\right\} \qquad (2-33)$$

式(2-28)对 x 求偏导数,得到谐力矩作用下的转角响应为

$$\theta(x) = M_0 \sum_{n=1}^{N} d_n \mathrm{e}^{-k_n|x|} \quad (-\infty < x < +\infty) \qquad (2-34)$$

式(2-17)和式(2-31)所描述的这些方程,定义了 WPA 法推导等截面直梁的"无限系统点响应函数"。系数 $\{a_n, b_n, c_n, d_n\}$ 可以从力或力矩方程的相关平衡式和协调条件求得。

同时利用这些方程还可直接推导出响应函数系数之间具有 $\{c_n, d_n\} \Rightarrow \{a_n, b_n\}$ 的关系。由于转角 $\theta = \partial w/\partial x$,因此与点力响应函数系数具有关系 $c_n = -k_n a_n$,所以

$$c_1 = \frac{1}{4EIk^2}, \quad c_2 = -\frac{j}{4EIk^2} \qquad (2-35)$$

同样地,对应的力矩响应函数系数 d_1 和 d_2 分别是

$$d_1 = \frac{1}{4EIk}, \quad d_2 = \frac{j}{4EIk} \qquad (2-36)$$

2.2.5 边界条件

我们得到了梁 4 阶微分方程的完备简谐解。对于梁结构,不同的边界条件用 $\tilde{w}(x,t)$ 的不同阶导数指定,具体如下:

位移: $\qquad\qquad\qquad\qquad \tilde{w} = \tilde{w}(x,t)$

斜率: $\qquad\qquad\qquad\qquad \tilde{\varphi} = \dfrac{\partial \tilde{w}(x,t)}{\partial x}$

弯矩：
$$\widetilde{M} = +EI\,\frac{\partial^2 \widetilde{w}(x,t)}{\partial x^2}$$

剪力：
$$\widetilde{Q} = -EI\,\frac{\partial^3 \widetilde{w}(x,t)}{\partial x^3}$$

表 2-2 列出了一些典型的边界条件及相应的方程式。注意到梁的每种边界对应两种边界条件，它们正好与端部边界上发生的波反射未知数相等，尽管近场波不是通常意义的波。

表 2-2 梁的典型边界条件

边界条件类型	边界条件 1	边界条件 2
固定	$w(0,t)=0$	$\dfrac{\partial w(0,t)}{\partial x}=0$
简支	$w(0,t)=0$	$EI\,\dfrac{\partial^2 w(0,t)}{\partial x^2}=0$
自由	$EI\,\dfrac{\partial^2 w(0,t)}{\partial x^2}=0$	$EI\,\dfrac{\partial^3 w(0,t)}{\partial x^3}=0$
线性弹簧	$EI\,\dfrac{\partial^2 w(0,t)}{\partial x^2}=0$	$EI\,\dfrac{\partial^3 w(0,t)}{\partial x^3}=+Kw(0,t)$
扭转弹簧	$w(0,t)=0$	$EI\,\dfrac{\partial^3 w(0,t)}{\partial x^3}=-\alpha\,\dfrac{\partial w(0,t)}{\partial x}$
阻尼	$EI\,\dfrac{\partial^2 w(0,t)}{\partial x^2}=0$	$EI\,\dfrac{\partial^3 w(0,t)}{\partial x^3}=+\beta\,\dfrac{\partial w(0,t)}{\partial t}$
阻振质量	$EI\,\dfrac{\partial^2 w(0,t)}{\partial x^2}=0$	$EI\,\dfrac{\partial^3 w(0,t)}{\partial x^3}=+m\,\dfrac{\partial^2 w(0,t)}{\partial t^2}$

注：最简单的边界条件为简支边界。该表的应用在各章具体表达。

2.2.6 有限梁的重构解析

对于有限梁，如图 2-6 所示，首先列出无限结构激励响应函数，然后叠加有限结构在梁两端由结构波反射产生的行进波和近场波。最终即可完成 WPA 法关于空间特征函数的线性重构，如图 2-7 所示。

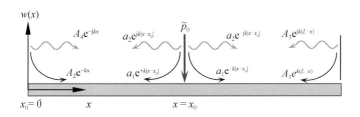

图 2-6 有限梁谐力产生的强迫波和自由波

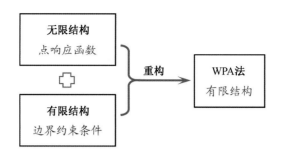

图 2-7　无限结构与有限结构方程重构

以长度 L 的简支梁（S-S Beam）为例，如图 2-6 所示，具体说明 WPA 法的解析过程。由式（2-20），点谐力 $\tilde{p}_0$ 作用在梁上将产生 4 个波，梁的两个端部因边界反射各自产生 2 个自由波。根据 WPA 法重构，利用波的叠加原理，强迫波和自由波一起构成梁的总运动方程。梁上任意一点 $x(0 \leqslant x \leqslant L)$ 的横向位移表示为[34-35]

$$\tilde{w}(x,t) = \left\{ \sum_{n=1}^{4} A_n \mathrm{e}^{k_n x} + p_0 \sum_{n=1}^{2} a_n \mathrm{e}^{-k_n |x_0 - x|} \right\} \cdot \mathrm{e}^{j\omega t} \tag{2-37}$$

式（2-37）是 WPA 法的重要方程。空间变量和时间变量用双指数函数描述。他们构成 WPA 法特征函数的基本表达框架，后面将持续深化和应用。为方便后面公式推导，这里直接列出位移对 x 的前 3 阶偏导数

$$\frac{\partial \tilde{w}(x,t)}{\partial x} = \sum_{n=1}^{4} A_n k_n \mathrm{e}^{k_n x} + p_0 \sum_{n=1}^{2} a_n (jf) k_n \mathrm{e}^{-k_n |x_0 - x|} \tag{2-38}$$

$$\frac{\partial^2 \tilde{w}(x,t)}{\partial x^2} = \sum_{n=1}^{4} A_n k_n^2 \mathrm{e}^{k_n x} + p_0 \sum_{n=1}^{2} a_n k_n^2 \mathrm{e}^{-k_n |x_0 - x|} \tag{2-39}$$

$$\frac{\partial^3 \tilde{w}(x,t)}{\partial x^3} = \sum_{n=1}^{4} A_n k_n^3 \mathrm{e}^{k_n x} + p_0 \sum_{n=1}^{2} a_n (jf) k_n^3 \mathrm{e}^{-k_n |x_0 - x|} \tag{2-40}$$

式中 (jf) 为符号算子

$$(jf) = \frac{\partial}{\partial x} |x_0 - x| = \begin{cases} +1, & x \geqslant x_0 \\ -1, & x < x_0 \end{cases} \tag{2-41}$$

简支梁两端位移和弯矩等于零，于是由表 2-2 得到

$$\left. \begin{array}{l} w(0) = w(L) = 0 \\ \dfrac{\partial^2 w(0)}{\partial x^2} = \dfrac{\partial^2 w(L)}{\partial x^2} = 0 \end{array} \right\} \tag{2-42}$$

当 $w(0) = 0$ 时，由式（2-37）得

$$\sum_{n=1}^{4} A_n = -p_0 \sum_{n=1}^{2} a_n (jf) \mathrm{e}^{-k_n x_0} \tag{2-43}$$

当 $M(0) = 0$ 时，由式（2-39）得

$$\sum_{n=1}^{4} A_n k_n^2 = -p_0 \sum_{n=1}^{2} a_n k_n^2 \mathrm{e}^{-k_n x_n} \tag{2-44}$$

类似地,当 $w(L) = 0$ 时

$$\sum_{n=1}^{4} A_n k_n^2 \mathrm{e}^{k_n L} = -p_0 \sum_{n=1}^{2} a_n k_n^2 \mathrm{e}^{-k_n(L-x_0)} \qquad (2-45)$$

和 $M(L) = 0$ 时

$$\sum_{n=1}^{4} A_n k_n^2 \mathrm{e}^{k_n L} = -p_0 \sum_{n=1}^{2} a_n k_n^2 \mathrm{e}^{-k_n(L-x_0)} \qquad (2-46)$$

由于 $(jf^2) \equiv 1$ 且 $(jf)^3 = (jf)$,注意前面式(2-39)和式(2-40)中对应"开关量(jf)"被约简。式(2-43)至式(2-46)构成求解 A_n 的 4 个"瞬值"线性方程组,它们用矩阵形式表达为

$$\boldsymbol{S}_1 = \begin{bmatrix} 1 & 1 & 1 & 1 \\ k^2 & -k^2 & k^2 & -k^2 \\ \mathrm{e}^{kL} & \mathrm{e}^{jkL} & \mathrm{e}^{-kL} & \mathrm{e}^{-jkL} \\ k^2 \mathrm{e}^{kL} & -k^2 \mathrm{e}^{jkL} & k^2 \mathrm{e}^{-kL} & -k^2 \mathrm{e}^{-jkL} \end{bmatrix} \qquad (2-47)$$

$$\boldsymbol{X}_1 = \{A_1, A_2, A_3, A_4\}^{\mathrm{T}} \qquad (2-48)$$

$$\boldsymbol{P}_1^{\mathrm{T}} = \left\{ \sum_{n=1}^{2} a_n (jf) \mathrm{e}^{-k_n x_0}, \ \sum_{n=1}^{2} a_n k_n^2 \mathrm{e}^{-k_n x_0}, \ \sum_{n=1}^{2} a_n (jf) \mathrm{e}^{-k_n(L-x_0)}, \ \sum_{n=1}^{2} a_n k_n^2 \mathrm{e}^{-k_n(L-x_0)} \right\}$$

$$(2-49)$$

线性矩阵方程组简记为

$$\boldsymbol{S}_1 \boldsymbol{X}_1 = -p_0 \boldsymbol{P}_1 \qquad (2-50)$$

求解式(2-50)即可进行梁的振动响应、波传播和应力分析等。

2.3　WPA 法分析有限简单结构

2.3.1　位移、剪力和弯矩的 WPA 表达式

上节讨论了 WPA 法重构和一般表达式。本节具体讨论几个简单结构的应用。图2-8所示为长度 L 的梁,在 $x = x_0$ 处受点谐力 $\tilde{p}_0$ 激励下的响应。

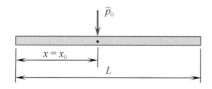

图 2-8　有限梁受简谐力激励

点谐力激励下的 WPA 方程见式(2-37),可直接引用。分析点谐力矩的情况。

梁在 $x = x_m$ 处受谐力矩激励,其横向位移用 WPA 法表示

$$w(x) = \sum_{n=1}^{4} A_n e^{k_n x} + (jm) M_0 \sum_{n=1}^{2} b_n e^{-k_n |x_M - x|} \qquad (2-51)$$

式中 (jm) 为符号算子

$$(jm) = \frac{\partial |x - x_M|}{\partial x} = \begin{cases} +1, & x \geqslant x_M \\ -1, & x < x_M \end{cases} \qquad (2-52)$$

式 $(2-37)$ 和式 $(2-51)$ 中分别有 4 个未知数 A_n。确定这 4 个未知数需要 4 个对应方程。这 4 个方程可从 $x = 0$ 和 $x = L$ 的边界条件导出。在推导这些未知数时,列出谐力 $\tilde{p}$ 和谐力矩 $\tilde{M}$ 作用下,作用点两侧梁内弯矩和剪力表达式

$$M(x) = EI \frac{\partial^2 \tilde{w}}{\partial x^2} = EI k^2 \left(\sum_{n=1}^{4} A_n \mu_n^2 e^{k_n x} + p_0 \sum_{n=1}^{2} a_n \mu_n^2 e^{-k_n |x_0 - x|} \right) \qquad (2-53)$$

$$\left. \begin{aligned} M_+(x) &= EI \frac{\partial^2 \tilde{w}_+(x)}{\partial x^2} = EI k^2 \left(\sum_{n=1}^{4} A_n \mu_n^2 e^{k_n x} + M_0 \sum_{n=1}^{2} b_n \mu_n^2 e^{-k_n |x_0 - x|} \right) \\ M_-(x) &= EI \frac{\partial^2 \tilde{w}_-(x)}{\partial x^2} = EI k^2 \left(\sum_{n=1}^{4} A_n \mu_n^2 e^{k_n x} - M_0 \sum_{n=1}^{2} b_n \mu_n^2 e^{-k_n |x_0 - x|} \right) \end{aligned} \right\} \qquad (2-54)$$

$$\left. \begin{aligned} S_+(x) &= EI \frac{\partial^3 \tilde{w}_+(x)}{\partial x^3} = EI k^3 \left(\sum_{n=1}^{4} A_n \mu_n^3 e^{k_n x} - p_0 \sum_{n=1}^{2} a_n \mu_n^3 e^{-k_n |x_0 - x|} \right) \\ S_-(x) &= EI \frac{\partial^3 \tilde{w}_-(x)}{\partial x^3} = EI k^3 \left(\sum_{n=1}^{4} A_n \mu_n^3 e^{k_n x} + p_0 \sum_{n=1}^{2} a_n \mu_n^3 e^{-k_n |x_0 - x|} \right) \end{aligned} \right\} \qquad (2-55)$$

上述各式中

$$\mu_n = \frac{k_n}{k} = \{+1, -1, +j, -j \mid n = 1, 2, 3, 4\} \qquad (2-56)$$

x_0 是谐力的点坐标,它们可以是正数,也可以是负数。限于篇幅,本章针对两端简支、两端固支和悬臂三种典型边界约束,推导了有限长梁振动响应的 WPA 表达。其他约束情况,读者可根据不同边界、约束和协调条件自行推导出。

图 $2-9$ 是三支承简支梁的振动响应。在 250 Hz 以下频段,共有 3 个共振频率,2 个反共振频率(Anti-Resonance)。不妨尝试从梁中结构波的传播,简支和边界处的反射,做出反共振频率 f_{ar} 形成的物理解释,这种思考是有意义的。

2.3.2　两端简支梁(S-S Beams)

考虑两端简支梁,如图 $2-10$ 所示。

在梁的二个简支端,由表 $2-2$ 可知位移和弯矩等于零,于是得到

$$\left. \begin{aligned} w(0) &= w(L) = 0 \\ \frac{\partial^2 w(0)}{\partial x^2} &= \frac{\partial^2 w(L)}{\partial x^2} = 0 \end{aligned} \right\} \qquad (2-57)$$

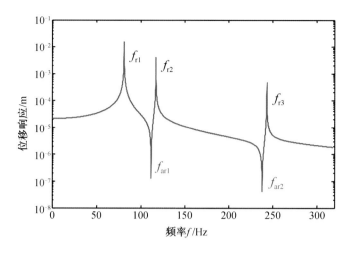

图 2 - 9　三支承简支梁的振动响应

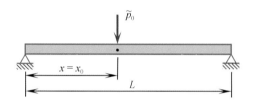

图 2 - 10　两端简支梁(S-S Beams)

当 $w(0) = 0$ 时,由式(2 - 37)得

$$\sum_{n=1}^{4} A_n = - p_0 \sum_{n=1}^{2} a_n \mathrm{e}^{-k_n x_0} \tag{2 - 58}$$

当 $M(0) = 0$ 时,得

$$\sum_{n=1}^{4} A_n k_n^2 = - p_0 \sum_{n=1}^{2} a_n k_n^2 \mathrm{e}^{-k_n x_0} \tag{2 - 59}$$

类似地,当 $w(L) = 0$ 时

$$\sum_{n=1}^{4} A_n \mathrm{e}^{k_n L} = - p_0 \sum_{n=1}^{2} a_n \mathrm{e}^{-k_n(L-x_0)} \tag{2 - 60}$$

和 $M(L) = 0$ 时

$$\sum_{n=1}^{4} A_n k_n^2 \mathrm{e}^{k_n L} = - p_0 \sum_{n=1}^{2} a_n k_n^2 \mathrm{e}^{-k_n(L-x_0)} \tag{2 - 61}$$

式(2 - 58)至式(2 - 61)构成求解 A_n 的 4 个"瞬值"线性方程组,它们用矩阵形式表达

$$\begin{bmatrix} 1 & 1 & 1 & 1 \\ k^2 & -k^2 & k^2 & -k^2 \\ \mathrm{e}^{kL} & \mathrm{e}^{jkL} & \mathrm{e}^{-kL} & \mathrm{e}^{-jkL} \\ k^2\mathrm{e}^{kL} & -k^2\mathrm{e}^{jkL} & k^2\mathrm{e}^{-kL} & -k^2\mathrm{e}^{-jkL} \end{bmatrix} \begin{Bmatrix} A_1 \\ A_2 \\ A_3 \\ A_4 \end{Bmatrix} = -p_0 \begin{Bmatrix} \sum\limits_{n=1}^{2} a_n \mathrm{e}^{-k_n x_0} \\ \sum\limits_{n=1}^{2} a_n k_n^2 \mathrm{e}^{-k_n x_0} \\ \sum\limits_{n=1}^{2} a_n \mathrm{e}^{-k_n(L-x_0)} \\ \sum\limits_{n=1}^{2} a_n k_n^2 \mathrm{e}^{-k_n(L-x_0)} \end{Bmatrix} \qquad (2-62)$$

式(2-62)简记为

$$S_1 X_1 = P_1 \qquad (2-63)$$

将边界条件代入方程,可以求解运动波和响应,简支梁的振动响应见图 2-11。

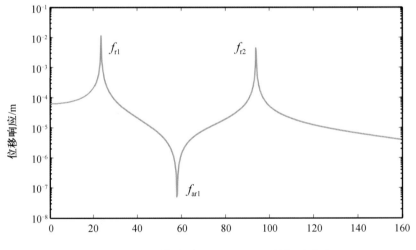

图 2-11 两端简支梁(S-S Beams)的振动响应

2.3.3 两端固支梁(C-C Beams)

两端固支梁如图 2-12 所示,边界条件除了在两个端部的位移等于零外,该点的转角也同时等于零。因此

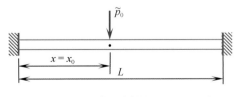

图 2-12 两端固支梁(C-C Beams)

$$w(0) = w(L) = 0 \\ \left.\frac{\partial w(0)}{\partial x} = \frac{\partial w(L)}{\partial x} = 0\right\} \qquad (2-64)$$

将这些边界条件代入式(2-37),得到下面的方程组

$$\sum_{n=1}^{4} A_n = -p_0 \sum_{n=1}^{2} a_n e^{-k_n x_0} \qquad (2-65)$$

$$\sum_{n=1}^{4} A_n k_n = -p_0 \sum_{n=1}^{2} a_n k_n e^{-k_n x_0} \qquad (2-66)$$

$$\sum_{n=1}^{4} A_n e^{k_n L} = -p_0 \sum_{n=1}^{2} a_n e^{-k_n(L-x_0)} \qquad (2-67)$$

$$\sum_{n=1}^{4} A_n k_n e^{k_n L} = +p_0 \sum_{n=1}^{2} a_n k_n e^{-k_n(L-x_0)} \qquad (2-68)$$

式(2-65)至式(2-68)用矩阵形式表示为

$$\begin{bmatrix} 1 & 1 & 1 & 1 \\ k^2 & jk & -k & -jk \\ e^{kL} & e^{jkL} & e^{-kL} & e^{-jkL} \\ ke^{kL} & jke^{jkL} & -ke^{-kL} & -jke^{-jkL} \end{bmatrix} \begin{Bmatrix} A_1 \\ A_2 \\ A_3 \\ A_4 \end{Bmatrix} = -p_0 \begin{Bmatrix} \sum\limits_{n=1}^{2} a_n e^{-k_n x_0} \\ \sum\limits_{n=1}^{2} a_n k_n e^{-k_n x_0} \\ \sum\limits_{n=1}^{2} a_n e^{-k_n(L-x_0)} \\ \sum\limits_{n=1}^{2} -a_n k_n e^{-k_n(L-x_0)} \end{Bmatrix} \qquad (2-69)$$

该式简记为

$$S_2 X_2 = P_2 \qquad (2-70)$$

从式(2-70)可求得与 x_0 对应的 4 个 A_n 值。给定固有频率和 A_n 值,振动模态可由式(2-37)通过逐步改变值求得梁上对应点的挠度 $\tilde{w}$,归一化后即为梁的模态振形。同样也可用该式分析结构的频响特性,如图 2-13 所示。

2.3.4　悬臂梁(C-F Beams)

悬臂梁在 $x=0$ 端固定,$x=L$ 端自由,见图 2-14。固定端的位移和转角等于零,自由端的剪力和弯矩亦等于零,于是

$$w(0) = 0, \qquad \frac{\partial w(0)}{\partial x} = 0 \\ \left.\frac{\partial^2 w(L)}{\partial x^2} = 0, \qquad \frac{\partial^3 w(L)}{\partial x^3} = 0\right\} \qquad (2-71)$$

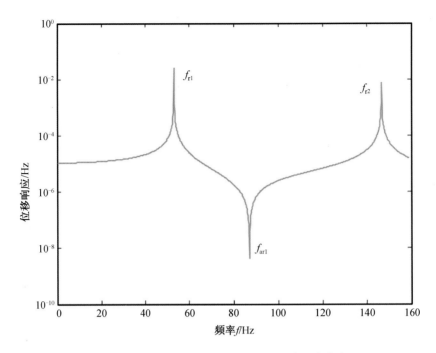

图 2 – 13　两端固支梁(C – C Beams)的振动响应

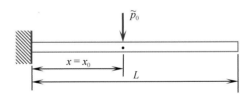

图 2 – 14　悬臂梁(C-F Beams)

将这些条件代入式(2 – 37),得到

$$\sum_{n=1}^{4} A_n = -p_0 \sum_{n=1}^{2} a_n \mathrm{e}^{-k_n x_0} \qquad (2-72)$$

$$\sum_{n=1}^{4} A_n k_n = -p_0 \sum_{n=1}^{2} a_n k_n \mathrm{e}^{-k_n x_0} \qquad (2-73)$$

$$\sum_{n=1}^{4} A_n k_n^2 \mathrm{e}^{k_n L} = -p_0 \sum_{n=1}^{2} a_n k_n^2 \mathrm{e}^{-k_n(L-x_0)} \qquad (2-74)$$

$$\sum_{n=1}^{4} A_n k_n^3 \mathrm{e}^{k_n L} = +p_0 \sum_{n=1}^{2} a_n k_n^3 \mathrm{e}^{-k_n(L-x_0)} \qquad (2-75)$$

矩阵表达式

$$S_3 = \begin{bmatrix} 1 & 1 & 1 & 1 \\ k & \mathrm{j}k & -k & -\mathrm{j}k \\ k\mathrm{e}^{kL} & \mathrm{j}k\mathrm{e}^{\mathrm{j}kL} & -k\mathrm{e}^{-kL} & -\mathrm{j}k\mathrm{e}^{-\mathrm{j}kL} \\ k^3\mathrm{e}^{kL} & -\mathrm{j}k^3\mathrm{e}^{\mathrm{j}kL} & -k^3\mathrm{e}^{-kL} & \mathrm{j}k^3\mathrm{e}^{-\mathrm{j}kL} \end{bmatrix} \qquad (2-76)$$

$$\boldsymbol{P}_3^{\mathrm{T}} = -p_0 \left\{ \sum_{n=1}^{2} a_n \mathrm{e}^{-k_n x_0} \quad \sum_{n=1}^{2} a_n k_n \mathrm{e}^{-k_n x_0} \quad \sum_{n=1}^{2} a_n k_n^2 \mathrm{e}^{-k_n(L-x_0)} \quad \sum_{n=1}^{2} -a_n k_n^3 \mathrm{e}^{-k_n(L-x_0)} \right\}$$

$$(2-77)$$

简记为

$$\boldsymbol{S}_3 \boldsymbol{X}_3 = \boldsymbol{P}_3 \qquad\qquad (2-78)$$

图 2 − 15 是悬臂梁的振动响应。同样可以得到振动响应曲线。

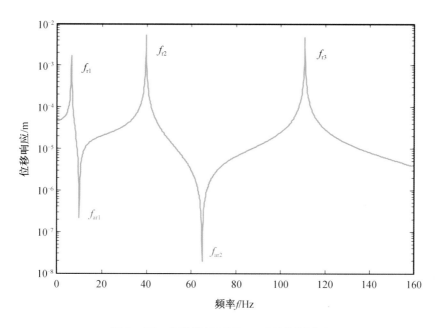

图 2 − 15　悬臂梁(C-F Beams)的振动响应

2.3.5　WPA 法与经典解析值的比较

悬臂梁(C-F Beams)和简支梁(S-S Beams),是均直梁中最典型的两种结构形式,其固有频率的经典解析式如下[2,5]

$$\omega_{0j} = \frac{\delta_j^2}{L^2} \sqrt{EI/\rho S} \qquad\qquad (2-79)$$

式中下标 $j = 1, 2, 3, \cdots, N$ 表示梁的前 N 阶固有频率。

对悬臂梁和简支梁,式中系数 δ_j 分别为

悬臂梁:　　　　　　　　$\delta_j = \{1.875\,1,\ 4.694\,1,\ 1.854\,8\}$

简支梁:　　　　　　　　$\delta_j = \{4.730\,0,\ 7.853\,2,\ 10.995\,6\}$

将梁的物理参数、几何参数代入,经典解析法与 WPA 法计结果在表 2 − 3 中列出。由该表可见,两者的计算结果十分吻合。同时对不同边界条件下的响应计算结果进行了比较,一致性也很好。

表 2-3　WPA 法解与经典解析法计算结果的比较[1]　　　　　单位:Hz

计算方法		1 阶	2 阶	3 阶	4 阶	5 阶
经典解析法	悬臂梁	13.858	86.856	243.223	476.631	787.820
	简支梁	38.906	155.624	350.150	621.490	972.640
WPA 法	简支梁	38.906	155.622	350.150	622.490	972.640

备注:圆形截面梁的外径 $D = 0.18$ m,梁的内径 $d = 0.16$ m,悬臂长度 $L = 3.506$ m

$E = 2.02 \times 10^{11}$ N/m, $\rho = 7\,900$ kg/m^3, $\beta = 0$

2.4　WPA 法溯源及特点分析

近年来,结构精细化设计,凸显了基础理论研究的创新价值[42]。设计师比以往任何时候都希望"观察到"结构波——分析其的传播、反射、衰减和波形转换[4,34]。WPA 法作为解析法的一种补充,适合设计师聚焦结构波开展机理研究。

2.4.1　WPA 法溯源

式(1-1)求特征解,惯常的方法是分离变量法,就是找到一个空间函数 $w(x)$ 能较好地满足各种边界条件和约束条件。空间函数可用级数、三角函数或双曲函数及其组合表示

$$\tilde{w}(x,t) = \{A\cosh kx + B\sinh kx + C\cos kx + D\sin kx\}\mathrm{e}^{\mathrm{j}\omega t} \tag{2-80}$$

这样的特征函数简单、常用。

模态分析法

模态分析法是一种较典型的解析方案。在模态坐标下,式(2-2)的特征解可表示为系统各阶主模态振形的线性叠加,即

$$\tilde{w}(x,t) = \sum_{r=1}^{\infty} w_r(x) \cdot q_r(t) \tag{2-81}$$

式中, $w_r(x)$ 为形函数; $q_r(t)$ 为相应的主坐标。

用模态振形函数代替空间函数,改善了边界条件的符合性。数学意义上,用无穷多个结构模态的线性叠加逼近理论精确解。

模态截断、模态综合法

如果选择结构的前几阶主模态,比如假设 $N = 7$ 而非 ∞,则式(2-81)进一步退化为模态截断、模态综合法方程

$$\tilde{w}(x,t) = \sum_{r=1}^{N} w_r(x) \cdot q_r(t) \qquad (2-82)$$

式(2-82)是式(2-81)的近似,采用有限模态数可改善计算量,虽然理论计算精度有所退化,尤其当截取模态数较少时。但是,由于通常选取结构前几阶主模态,故计算精度有保障。

WPA 法（波传播法）

WPA 法与其它解析法一样,同样源于 Bernoulli-Euler 梁的四阶微分方程,如图 2-16 所示,它们同出一宗。四阶微分方程特征解用双指数函数表示

$$\tilde{w}(x,t) = \Big(\sum_{n=1}^{4} A_n e^{k_n x} \Big) \cdot e^{j\omega t} \qquad (2-83)$$

该式是 WPA 法的数学基础,分项解释如前不再赘述。在结构线性范围,WPA 法将无限结构点谐力响应函数与有限结构边界和约束内力产生响应函数简单算术求和,即可重构有限结构的一般方程。

双指数描述是传统数学描述。与式(2-80)不同,在于空间函数没有进一步展开为三角函数和双曲函数。指数表达在 Cremer[36]、Mead[45]等的论文和专著中,一直在交叉使用。作者在文献[34,28]中论述了 WPA 法的独特性和应用前景,也感谢 Mead 的早期指导。

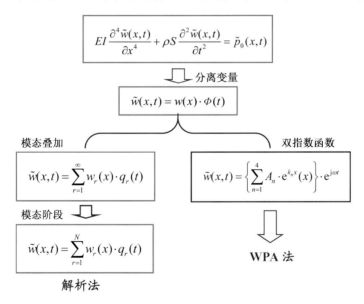

图 2-16　典型解析法与 WPA 法不同的解析途径

WPA 法也适合解析杆中纵向波振动,尽管本书暂时没有将相应的研究内容包含进来。以上讨论都是在时域完成的。近年 FFT 变换法,也称谱分析法或傅里叶变换法十分热门,通过傅里叶变换和逆变换在频域解析方程。谱分析法具有频率解析的优点,它与 WPA 法的概要路径如图 2-17 所示。

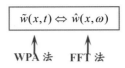

图 2 - 17　WPA 法与 FFT 法比较

（时域分析和频域分析两种模式）

2.4.2　WPA 法的特点

WPA 法的独特性缘自指数函数。在线性假设条件下，内外部激励简单叠加，由计算机强制瞬值解"逐点吻合"，使 WPA 法对边界的适应性大为改观，不足之处则是计算量随矩阵维度呈几何级数增长。

指数函数的特点

在微积分中底数的指数函数，偏导数"本体"总是保持不变，无论多少次求导，其导数的本体就像一个常量一样永远是恒定的。

指数函数表达与我们一直以来的假设——谐激励产生简谐运动之间有着天然的内在逻辑。WPA 法用指数函数描述保留了"没有丢失物理现象的本源表达"[45-46]。

指数函数与微分方程

指数函数给微分方程的特征解带来如下变化：

（1）方程推导更有规律性。指数函数书写简单、编程快捷。过去更多地将指数作为一种描述，转换为三角/双曲函数计算。三角/双曲函数求偏导数时，本体总在不停地变化，$\sin kx \Leftrightarrow \cos kx$ 或者 $\sinh kx \Leftrightarrow \cosh kx$，尽管这种变换也有规律可循。但指数函数就不一样了，本体总是保持不变，因而方程组的规律性和规整性更好。

（2）远场波和近场波分项表达。得益于分项表达，WPA 法让我们直观地"看到"行进波和近场波，分析计算结构波的传播、反射、衰减和干涉抵消，研究它们的变化以及对最终目标参数的关联影响。对于习惯间接（表观）参数的研究人员来说，等于增加了"观察"问题的视角。

（3）强制计算逐点吻合，化解边界难题。找到物理空间满足边界条件的特征函数不是一件容易的事，因为它需要一系列符合。WPA 法"强制"计算逐点吻合边界/约束条件，并完成繁琐的复矩阵运算，因此各种边界/约束条件总能满足。

WPA 法的特点

计算逐点吻合边界/约束条件不仅容易而且快捷。在计算机具有简单易用的复代数程序之前，双指数函数表达似乎难有前途。现在指数函数是计算机内嵌基本程序，WPA 法带来如下特点：

一是 WPA 法聚焦结构波分析。

用结构波描述结构响应与用振动、加速度等间接参数不同。结构波与目标控制参数构成直接因果关系，如浮筏隔振效率、结构声辐射等。振动研究从间接参数到核心参数，研究视野增加，还能对行进波和近场波开展详细分析。图 2－18 中给出了近场波变化规律，引导设计师从结构波层面解读工程现象背后的本质，探讨结构的动态特性。

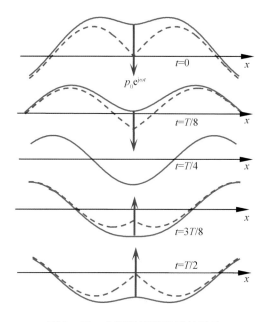

图 2－18　有限梁受谐激励的运动

（虚线代表忽略近场波的运动，T 是周期）

二是 WPA 法用"间断点"划分单元。

WPA 法以结构间断点为节点划分单元，与有限元法的"几何划分"不同。结构间断点定义为引起结构不连续的所有"障碍"。它们与结构中黏弹性阻尼同类，在结构噪声理论中有的将其定义为"泛阻尼"。在间断点划分方式下，单元主体结构通常是超大单元，不再是"细碎的"，保留了主结构最本质的特性。间断点与泛阻尼技术将是未来巨系统高水平应用的重点。

三是 WPA 法对边界条件、约束条件更宽松。

许多边界条件下，解析法难以获得数学解，皆因特征函数无法满足边界条件，难以"数学匹配"，仅有限边界在物理空间符合。WPA 法具有相对较少的边界限定。

四是 WPA 法中方程的规律性和规整性更好。

指数函数求偏导数本体保持不变，仅系数项随求导次数有规律地"开关"变化——引入的符号算子相当于一个开关量，使 WPA 方程组的变化像谐运动一样有"节律"。尽管 WPA 方程有着繁复的表象，但它们都是有规律变化的矩阵子项，相对容易掌握。

2.4.3　WPA 法中各种"参数"的引入方式

1. 阻尼参数的引入

结构阻尼会破坏它们在模态坐标下的正交性。有限元法中常假设结构材质是比例阻尼,尽管它们在某些情况下与实际不符,限制了计算的准确性。WPA 法中结构阻尼可以简单地通过复刚度引入。组合结构的任何部件可选取不同的损耗因子

$$EI_j^* = EI_j(1 + \mathrm{j}\beta_j) \quad (j = 1,2,3,\cdots) \tag{2-84}$$

式中 β_j 为不同结构的阻尼耗损因子。

2. TMD 等子系统的嵌入

TMD 与结构耦合,可理解为一个外载何,一个 $(m - k)$ 系统在分析结构上产生了一个"间断点"。TMD 随结构谐运动,如图 2-19 所示,施加耦合动反力[28]

$$p_{\mathrm{d}}(\omega) = K_{\mathrm{tot}}^* \cdot w(x_{\mathrm{d}}) \tag{2-85}$$

式中　p_{d}——动力吸振器施加给结构的动反力;

　　　K_{tot}^*——动力吸振器的复刚度。

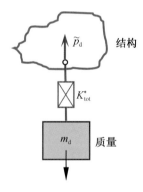

图 2-19　动力吸振器阻尼通过复刚度引入

对滞后阻尼

$$\left.\begin{array}{l} K_{\mathrm{tot}} = \dfrac{\omega^2 m_{\mathrm{d}} K_{\mathrm{d}}^*}{K_{\mathrm{d}}^* - \omega^2 m_{\mathrm{d}}} \\[4mm] K_{\mathrm{d}}^* = (1 + \mathrm{j}\beta) K_{\mathrm{d}} \end{array}\right\} \tag{2-86}$$

对黏性阻尼

$$K_{\mathrm{tot}} = \dfrac{\omega^2 m_{\mathrm{d}}(K_{\mathrm{d}} + \mathrm{j}\zeta\omega)}{K_{\mathrm{d}} - \omega^2 m_{\mathrm{d}} + \mathrm{j}\zeta\omega} \tag{2-87}$$

式中　m_{d}——动力吸振器质量;

　　　K_{tot}——动力吸振器的等效刚度;

　　　K_{d}^*——动力吸振器的复刚度;

β——动力吸振器的滞后阻尼损耗因子；

ζ——黏性阻尼因子；

$w(x_\mathrm{d})$——结构安装动力吸振器部位的位移响应，是待定未知数。

从公式推导可以看出，对动力吸振器的数量、作用位置和阻尼类型无限制。

3. 加载各种外部载荷

各种外载荷，如谐力/力矩。内载荷，如阻振质量、弹性支承，等等，均可当成结构间断点，它们等效为内力/内力矩，并随外载荷变化而变化。这些内/外部系统加入主结构系统，并不受位置和数量限制，如图 2 - 20 所示。

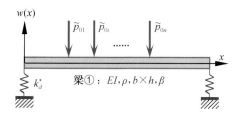

图 2 - 20　复杂系统的外部加载

假设外激励具有不同频率、幅值和初始相位，如图 2 - 21 所示，在 MATLAB 程序中将随机函数写入结构分析程序，这样可以仿真多个外部力/力矩加载，然后用统计方法计算结构中各种波的混抵效应，最终用式（2 - 89）的算术平均值作为评估参数，实现数值仿真。

$$\tilde{w}(x,t) = \sum_{n=1}^{4} A_r e^{k_n x} + \sum_{i=1}^{N} \left(p_{0i} \sum_{n=1}^{2} a_n e^{-k_n |x_{0i}-x|} \right) e^{j\omega_i t} \tag{2-88}$$

$$\bar{w}(x,T) = \frac{1}{T} \int_0^T \tilde{w}(x,t)\,\mathrm{d}t \tag{2-89}$$

式中上标"—"表示设定周期内的平均值。

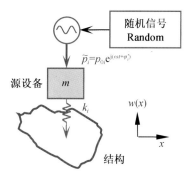

图 2 - 21　结构嵌入随机信号

结构波已经成为结构噪声理论的重要参数，目前在主动声/振动控制中被大量研究。WPA 法聚焦结构波的描述丰富、直接，且完成动力学分析不需要深奥的数学技巧，特别适合工程设计人员掌握应用。

2.4.4 WPA 法与机理分析

结构动力学理论方法包括解析法和数值法两大类。FEM 是典型的数值方法。WPA 法是解析法的一种补充,如图 2 – 22 所示,为结构波分析提供了新视角,也不需要高深的数学推导和编程技巧,能快捷地开展机理分析[44]。

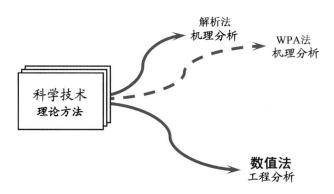

图 2 – 22 WPA 法是解析法的拓展和补充

解析法与数值法各有优缺点和适用场景。近十年来,两者的应用边界越来越模糊,反映了解析法不断面临的新挑战和交叉需求[46-48]。许多复杂工程得到了数值解。然而,一些前沿难点,终究还是要回到机理分析和解析解。

两者界面模糊与局部趋同,是技术发展的阶段性必然,反映了大型商用软件的活跃程度。如何将复杂系统的机理分析,从数值法的泛化中与解析法融合,是时代的需求。设计师要充分利用商用软件开展精细化设计,当面对新领域、跨学科创新突破时,还是应该清晰地认识到"可能的不同",及时回归研究基点。

还原论与机理分析

"还原论(reductionism)"思想的关键是,将复杂系统抽象为简单系统,总结归纳出一般规律。假如聚焦结构噪声问题,我们希望能够发现影响复杂系统振动传递、能量流动、声辐射转化的核心要素,努力根据还原论思想,建立机理分析与复杂工程之间应有的逻辑。

掌握系统内在规律与本质属性,就能挖掘系统潜力,实现工程创新突破。将大型复杂系统简化、抽象为梁、板、壳等简单结构并不困难,但集成后的分析仍面临很大挑战,需要探索新的概念、参数和方法,并从中凝练出概念性、关键性和共同性的一般规律。在航空、航天、水利和桥梁等领域,船舶竞争与创新像无形之手,也推动着理论方法的不断深化。

整体论与工程分析

"整体论(holism)"强调的是整体理念,它从整体上把握事物之间的紧密联系,所谓整体地进行思考,就是要把思维着力于整体。尽可能广地进行思考,是一种对认识系统的重要方面有所帮助的思路,我们可以借此创造一些契机,促使自己能够发现一些对系统非常关键,具有较大体系贡献率的东西。

整体论思维是归纳系统最本质的整体规律,从而把握研究的方向。机理分析是还原论思想,为整体研究提供理论基础的变化规律。不幸的是,并不是所有的数学推演都能得到解析方程或者显性函数,还必须承认需要融入研究者长期的经验并从工程整体上做出合乎逻辑的判断,从而转向理论的、经验的复杂系统的定性与定量优化。按照整体论思维,研究者既要掌握机理分析的基本要义,还要把握复杂系统设计的整体性和方向,指导工程创新。还原论与整体论、机理研究与复杂工程分析之间的辩证关系,如图 2 – 23 所示。

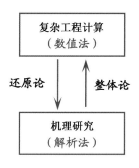

图 2 – 23　解析法与数值法

"还原论"到"整体论"思想的交织与演进

每个系统都作为某一个或某些个大系统的一小部分而运作,同时,每个系统中也都包含着更小的一些系统,要整体地思考这些关系,并厘清它与上级系统、下级系统和平级系统相协调的合理性。

鉴此,我们可以将解析法当成机理分析的先锋,用 FEM 数值方法完成工程计算,将机理分析、数值计算和试验结合起来综合判断。工程师能开展单/双级隔振工程设计,皆因这些隔振理论框架已经建立。当转向新的工程,设计师需要机理研究成果指导工程设计的"修正方向"。

数值法能够满足几乎所有复杂工程计算,但是它们通常只是穷举下的个案而非一般规律。当然经过大量算例,数值法也能归纳出一些规律,但必定耗费时间和经费。当面对复杂巨系统新机制时,数值法短期内未必"搜出"的一定是正确的或全部的规律。而解析法能够获取系统的一般规律甚至隐藏的客观现象——如近场波的各种衰减和转换机制。

2.5　WPA 法的缺点及改进

与所有其它动力学解析方法一样,WPA 法也有与生俱来的缺点与不足,归纳起来主要有以下几点:

一是不适合复杂结构机理分析。WPA 法解析梁类结构有独特的优点。由于其适应广泛条件,特别适用于机理研究,分析结构波的传播、反射和衰减,等等。但是,它对复杂结构,如加筋板、板梁组合结构的适应性较差,解析复杂程度将成倍增加。

二是分析计算量增长较快。结构每增加一个间断点,或者引入一个外载荷或外部系统,解析矩阵将相应地增加 4 个维度(未知数),即线性矩阵方程增加 4 阶。

三是容易发生矩阵方程畸变。在 WPA 的矩阵式中,如式(2 - 47)的 S_1 矩阵,有的矩阵元素等于 1,有的接近于 0,而有的可能非常大。比如当 $x = L$ 时,矩阵元素的比值达到极大值,这使线性方程求解容易发生畸变。最大比值可以达到

$$\max\{\boldsymbol{\mu}\} = \frac{\max\limits_{n \in 4 \times 4}\{\boldsymbol{S}_1\}}{\min\limits_{n \in 4 \times 4}\{\boldsymbol{S}_1\}} = \mathrm{e}^{2kL} \qquad (2 - 90)$$

WPA 法尚处在发展中。关于该方法的理论挖掘、物理数学释义及相应的计算案例与改进,需要在应用中不断发现、完善。它们既需要各种场景的持续应用和试验修正,更需要研究者像发现优点一样挖掘其不足。

2.6　本章小结

WPA 法同样溯源于四阶微分方程。本章推导了点响应函数系数,讨论了方程重构思路并分析了其优缺点。WPA 法作为解析法的一种补充,提供了结构波分析新视角,以后各章将深入展示它的应用和独特性质。

复杂工程的结构噪声问题,正面临较大挑战,现有理论方法距机理分析的统一框架还有距离,还存在认知短板。研究者一方面需要开展复杂工程的数值分析,另一方面,如果我们重回原点,厘清一些基础问题,便可以更好地把握大系统抽象、源识别和优化设计方向。作者相信,有限线周期结构,环周期结构,如螺旋桨的单频和重频特征,周期结构强制"调制"特性,能帮助我们揭开一些前沿疑惑问题。

掌握了结构波,就能抓住结构噪声分析的本质。设计师需要认识理解结构波对精细化设计和创新的重要性。但是,结构波的数学物理方程太过深奥,深入研究似乎离他们很远。而工程类书籍常用振动加速度、插入损失等间接参数表达,很难建立完整的系统概念。WPA 法聚焦结构波分析,希望能让工程师不再懊恼和沮丧。

本章参考文献

［1］ RAYLEIGH J. The Theory of Sound［M］. New York：Dover Publication，1945.

［2］ 杨卫. 细观力学和细观损伤力学［J］. 力学进展，1992，22（1）：1－9.

［3］ EWINS D J. Modal testing：Theory and Practice［M］. England：Research Studies Press，John Wily，1984.

［4］ PINNINGTON R J，WHITE R G. Power flow through machine isolators to resonant and non-resonant beams［J］. Journal of Sound and Vibration，1981，75（2）：179－197.

［5］ PINNINGTON R J. Approximate mobilities of built-up structures［R］. ISVR Technical Report，1998.

［6］ JUNGER M C，FEIT D. Sound，Structures and their Interaction［M］. Woodbury：Acoustical Society of America，1993.

［7］ 王文亮，杜作润. 结构振动与动态子结构方法［M］. 上海：复旦大学出版社，1985.

［8］ 程耿东. 工程结构优化设计基础［M］. 大连：大连理工大学出版社，1994.

［9］ 卢秉恒，顾崇衔. 离散型设置粘弹阻尼结构的复模态综合法［J］. 应用力学学报，1989，6（2）：37－44，127.

［10］ 何琳，帅长庚. 振动理论与工程应用［M］. 北京：科学出版社，2015.

［11］ GOYDER H G，WHITE R G. Vibration power flow from machines into built-up structures，Part I：Introduction and approximate analysis of beam and plate-like foundation［J］. Journal of Sound and Vibration，1980，68（1）：59－75.

［12］ GOYDER H G，WHITE R G. Vibration power flow from machines into built-up structures，Part II：Wave propagation and power flow in beam-stiffened plates［J］. Journal of Sound and Vibration，1980，68（1）：77－96.

［13］ GOYDER H G，WHITE R G. Vibration power flow from machines into built-up structures，Part III：Power flow through isolation system［J］. Journal of Sound and Vibration，1980，68（1）：97－117.

［14］ WU Y S，ZOU M S，TIAN C，SIMA C，etc. Theory and application of coupled fluid-structure interaction of ships in waves and ocean acoustic environment［J］. Journal of Hydrodynamics，2016，28（6）：923－936.

［15］ 邹明松，吴有生. 船舶声弹性力学理论及其应用［J］. 力学进展，2017，47（11）：385－426.

［16］ ZOU M S，WU Y S. A three-dimensional sono-elastic method of ships in finite depth water with experimental validation［J］. Journal of Ocean Engineering，2018，164：238－247.

［17］王勖成. 有限单元法［M］. 北京：清华大学出版社，2003.

［18］BREBBIA C A，WALKER S. Boundary Element Techniques in Engineering［M］. London：Newnes-Butterworth，1980.

［19］NORTON M P，KARCZUB D G. Fundamentals of Noise and Vibration Analysis for Engineers（Second edition）［M］. New York：Cambridge University Press，2003.

［20］KOJIMA H，SAITO H. Forced vibrations of a beam with a non-linear dynamic vibration absorber［J］. Journal of Sound and Vibration，1983，88（4）：559 − 563.

［21］SNOWDON J C. Response of simply clamped beam to vibratory forces and moments［J］. The Journal of the Acoustical Society of America，1964，36（3）：495 − 501.

［22］SNOWDON J C. Steady-state behavior of the dynamic absorber-addendum［J］. The Journal of the Acoustical Society of America，1964，36（6）：1121 − 1123.

［23］SNOWDON J C. Vibration and damped mechanical systems［M］. New York：John Wiley & Sons，1968.

［24］MEAD D J. A new method of analyzing wave propagation in periodic structures：applications to periodic Timoshenko beams and stiffened plates［J］. Journal of Sound and Vibration，1986，104（1）：9 − 27.

［25］MEAD D J. Wave propagation in continuous periodic structures：Research contributions from Southampton，1964 − 1995［J］. Journal of Sound and Vibration，1996，190（3）：495 − 542.

［26］胡海岩，程德林. 关于循环对称结构振动的若干研究［J］. 山东工业大学学报，1985，4：1 − 13.

［27］胡海岩，程德林. 循环对称结构振动的广义模态综合法［J］. 振动与冲击，1986，20（4）：1 − 7.

［28］WU C J，WHITE R G. Reduction of Vibrational power in periodically supported beams by use of a neutralizer［J］. Journal of Sound and Vibration，1995，187（2）：329 − 338.

［29］李润方，王建军编著. 结构分析程序 SAP5 原理及其应用［M］. 重庆：重庆大学出版社，1992.

［30］朱以文，韦庆如，顾伯达. 微机有限元前后处理系统 Vizi CAD 及其应用［M］. 北京：科学技术文献出版社，1993.

［31］MSC/NASTRAN Dynamic Analysis［M］. The Mac Neal-Schwendler Corporation，1995.

［32］钱学森，于景元，戴汝为. 一个科学新领域：开放的复杂巨系统及其方法论［J］. 自然，1990，13（1）：3 − 9.

［33］WHITE R G，WALKER J G. Noise and Vibration［M］. England：Ellis Horwood press，1982.

［34］吴崇健. 结构振动的 WPA 分析方法及其应用［D］. 武汉：华中科技大学，2002.

［35］WU C J. Vibration reduction characteristics on finite periodic beams with a neutraliser［R］.

England:ISVR 3Academic report,1992.

[36] CREMER L,HECKL M A,UNGAR E E. Structure-Borne Sound[M]. Berlin:Springer-Verlag,1988.

[37] WU C J,WHITE R G. Vibrational power transmission in a multi-supported beam[J]. Journal of Sound and Vibration,1995,181(1):99 – 114.

[38] ZHU X,YE W B,LI T Y. The elastic critical pressure prediction of submerged cylindrical shell using wave propagation method[J]. Ocean Engineering,2013,58:22 – 26.

[39] LI T Y,XIONG L,ZHU X. The prediction of the elastic critical load of submerged elliptical cylindrical shell based on the vibro-acoustic model[J]. Thin-Walled Structures,2015,108 (1):255 – 262.

[40] 陈美霞,张聪,邓乃旗.波传播法求解低频激励下水中加端板圆柱壳的振动[J].振动工程学报,2014,27(6):842 – 851.

[41] 周海军,贺才春,李玩幽.波传播方法在任意边界杆梁结构振动中的应用[J].噪声与振动控制,2015,35(2):32 – 35.

[42] WANG PENG,LI TIANYUN,ZHU XIANG. Free flexural vibration of a cylindrical shell horizontally immersed in shallow water using the wave propagation approach[J]. Ocean Engineering,2017,142:280 – 291.

[43] BAHRAMI,ARIAN. Free vibration,wave power transmission and reflection in multi-cracked nanorods[J]. Composites Part B:Engineering,2017,127:53 – 62.

[44] 吴崇建.科学意识是舰艇创新的重要维度[J].中国舰船研究,2017,12(4):1 – 5.

[45] MEAD D J. Free wave propagation in periodically supported Infinite beams[J]. Journal of Sound and Vibration,1970,11(2):181 – 197.

[46] 吴崇建,陈志刚.结构噪声核心价值与理论逻辑解读,第一部分:释义、价值及认知颠覆[J].中国舰船研究,2018,13(1):1 – 6.

[47] 吴崇建,蔡大明,朱英富.结构噪声核心价值与理论逻辑解读,第二部分:阻振质量与复杂巨系统[J].中国舰船研究,2018,13(3):1 – 8.

[48] 吴崇建,雷智洋,吴有生.结构噪声核心价值与理论逻辑解读,第三部分:WPA 法与激励分析[J].中国舰船研究,2018,13(5):1 – 9.

第 3 章

用 WPA 法分析板结构

进步就意味着，已经达成的目标变成实现下一个目标的手段……

—— B.O.克柳切夫斯基

3.1　引　　言

当力激励或者声波激励作用在结构表面时,波在结构中传播,结构便产生了振动。但是当结构波传播遇到结构边界或者不连续"间断点"或"间断线"时,结构中部分结构波会发生反射,部分则沿着边界传递,也有部分可能转变成其他形式的波或能量。

当反射波与入射波互相作用叠加,会在某些特定频率形成驻波,驻波与结构振动模态相关。从结构波的视角,分析外部激励产生的结构振动对我们非常有帮助,因为这有助于深度解析。另外,建立结构波传递理念也更有利于对某些特定问题的理解。本章用WPA法解析外部激励下板结构的振动,主要考虑板的弯曲振动(图3-1)。板壳弯曲振动方面的研究文献较多[1-9],它们是基础结构。

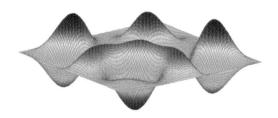

图 3-1　均匀平板结构响应(熊济时编程绘制)

3.2　均匀平板的弯曲振动与波

当平板受到一个垂向作用、时间相关的面外载荷 $\tilde{p}_0(x,y,t)$ 时,垂向位移 $\tilde{w}(x,y,t)$ 满足板的 4 阶微分方程,可写为[1]

$$
\left.
\begin{aligned}
D\,\nabla^4 \tilde{w}(x,y,t) + \rho h\,\frac{\partial^2 \tilde{w}(x,y,t)}{\partial t^2} &= \tilde{p}_0(x,y,t) \\
\nabla^4 = \frac{\partial^4}{\partial x^4} + 2\,\frac{\partial^4}{\partial x^2 \partial y^2} + \frac{\partial^4}{\partial y^4} \\
D = \frac{Eh^3}{12(1-\nu^2)}
\end{aligned}
\right\}
\qquad (3-1)
$$

式中　D——板的弯曲刚度;

　　　E——杨氏模量;

ρ——板的密度；

h——板的厚度；

ν——材料的泊松比。

自由振动时，式(3-2)变成以下弯曲波方程

$$D \nabla^4 \tilde{w} + \rho h \frac{\partial^2 \tilde{w}}{\partial t^2} = 0 \tag{3-2}$$

当波的运动形式为谐波时，$\tilde{w}$可用下式表示

$$\tilde{w}(x,y,t) = w(x,y)\mathrm{e}^{\mathrm{j}\omega t} \tag{3-3}$$

省略了时间项 $\mathrm{e}^{\mathrm{j}\omega t}$ 后，式(3-3)可写为

$$\nabla^4 \tilde{w} + k_n^4 \tilde{w} = 0 \tag{3-4}$$

式中 $k_n^4 = \omega^2 \rho h / D$。

式(3-4)适用于所有弯曲波振动形式，而不仅仅适用于沿着x轴的波。当仅考虑沿x方向波传播时，方程解可写成波传播的形式，即

$$w(x) = A\mathrm{e}^{k_n x} \tag{3-5}$$

由于 $k_n^4 = \omega^2 \rho h / D$，用$k$来表示正实根，$k = \sqrt[4]{\omega^2 \rho h / D}$ 为弯曲波波数，则4个不同 k_n 为

$$k_n = \{k_1, k_2, k_3, k_4\} = \{k, -k, \mathrm{j}k, -\mathrm{j}k \mid n = 1, 2, 3, 4\}$$

这样，含有k完备解的形式为

$$\begin{cases} \tilde{w}_+ = A_2 \mathrm{e}^{-kx} + A_4 \mathrm{e}^{-\mathrm{j}kx} \\ \tilde{w}_- = A_1 \mathrm{e}^{kx} + A_3 \mathrm{e}^{\mathrm{j}kx} \end{cases} \tag{3-6}$$

式中下标中的"+"号表示沿x轴正向传播的波，下标中的"-"号表示沿x轴负向传播的波。沿x方向传播的弯曲波的波长为

$$\lambda = 2\pi/k = 2\pi \left(\frac{D}{\rho h \omega^2}\right)^{1/4} \tag{3-7}$$

弯曲波的波速 a_f 通过波长与频率的乘积得到，故

$$a_f = \omega^{1/2} \left(\frac{D}{\rho h}\right)^{1/4} \tag{3-8}$$

$$a_f = \sqrt{\omega a_l r} \tag{3-9}$$

式中 $r^2 = h^2/12$；

r——板截面的回转半径；

a_l——平板中准纵波的速度[3]

$$a_l = \left[\frac{E}{\rho(1-\nu^2)}\right]^{1/2} \tag{3-10}$$

可以看出弯曲波速度与频率的1/2次方成正比，故不同频率波的传播速度不同，因此弯曲波的运动是频散的。

与第 2 章梁的弯曲振动相同,观察式(3 - 6)可知:

式中前两项 $A_1\mathrm{e}^{kx}$ 和 $A_2\mathrm{e}^{-kx}$ 分别描述沿板 x 坐标负向和正向的近场波,它们呈指数形式衰减(也称瞬逝波),并不传递波动能量,所以通常也将这二项波称为衰减波或近场波,这些波随着与波源距离的增加而快速衰减,在足够远的距离它们通常可以忽略不计。

式中后两项 $A_3\mathrm{e}^{jkx}$ 和 $A_4\mathrm{e}^{-jkx}$ 分别表示沿板 x 坐标负向和正向传播的弯曲波。如果没有阻尼,这些波的波幅并不随传播距离的增加而变化,因此这种波可以传播到远场,故它们也被称为远场波或传播波。

此外,由式(3 - 6)的第一项或者第二项可知,无论是沿着正向传播的波还是沿着负向传播的波,其中都包括了传播波和近场衰减波。由于近场衰减波随距离波源距离的增加衰减很快,因此在考虑结构波在板结构中传播时,往往在远离振源或者边界的位置可以忽略这些波所携带的能量,仅仅考虑由传播波(A_3 和 A_4)所携带的能量。

当分析板中弯曲波所携带的振动能量时,因为弯曲运动是主要的,一般主要考虑由截面中的弯矩和剪力所携带的振动能量。对于给定板的某一截面,单位时间的能量流量可以表示为弯矩携带的功率(截面弯矩 $M_x \times$ 相应位置截面的角速度)与剪力携带的功率(截面中剪力 $S_x \times$ 相应的线速度)之和的平均值。

这两项波动能量在自由波中相等。振幅为 $|A|$ 的弯曲波在单位宽度板,沿波传播方向传递的总能量可以表示为

$$\Pi_f = Dk^3\omega\,|A^2| = \omega^2\rho h a_f\,|A^2| \tag{3 - 11}$$

3.3 无限大平板在谐力(矩)作用下的响应

3.3.1 无限大平板在谐力作用下的响应

假设无限大、均匀平板受简谐线力 $\tilde{p}_0$ 的作用,线力作用在 $x = 0$ 位置,在 y 方向的作用范围从 $-\infty$ 到 ∞,如图 3 - 2(a)所示。

与无限长梁在谐力作用下的响应类似,近场波和远场波从激励作用处沿着 x 轴的两个方向向远处传播。外力可以写为

$$\tilde{p}_0 = p_0\mathrm{e}^{j\omega t} \tag{3 - 12}$$

在无限大均匀平板中,沿着 x 轴正负两个方向的位移可以表示为

$$\left.\begin{aligned}\tilde{w}_+ &= A_2\mathrm{e}^{-kx} + A_4\mathrm{e}^{-jkx} \quad (x \geqslant 0)\\[4pt]\tilde{w}_- &= A_1\mathrm{e}^{+kx} + A_3\mathrm{e}^{+jkx} \quad (x < 0)\end{aligned}\right\} \tag{3 - 13}$$

式(3 - 13)中,系数 $A_n(n = 1,2,3,4)$ 可以通过在 $x = 0$ 处的连续性和平衡条件得到,它们满足

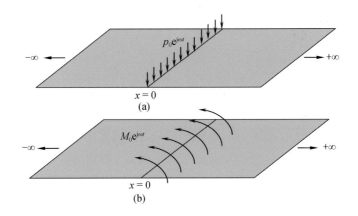

图 3 - 2   无限均匀平板在谐力作用下的受力、响应和符号约定

(a)力激励;(b)力矩激励

$$A_1 = A_2 = -jA_3 = -jA_4 = -\frac{p_0}{4Dk^3} \qquad (3-14)$$

值得注意的是,在 $x=0$ 处,近场波和远场波的振幅相等,但是近场波与激励力的相位相差 π,而远场波与激励力的相位相差 $\pi/2$。

以 $x=0$ 为界线,不同区域板的位移是

$$\left.\begin{array}{l} \tilde{w}_+(x) = -\dfrac{P}{4Dk^3}\{ e^{-kx} + j e^{-jkx} \} \quad (x \geqslant 0) \\[3mm] \tilde{w}_-(x) = -\dfrac{P}{4Dk^3}\{ e^{+kx} + j e^{+jkx} \} \quad (x < 0) \end{array}\right\} \qquad (3-15)$$

从板的波动解表达式中可见,对正向波当 $kx=4.6$(即 $x=0.732\lambda$)时,$\exp(-kx)$ 为 $1/100$,也就是说超过波长 $3/4$ 的距离,近场波已经衰减到 $x=0$ 处初始值的 $1/100$。这表明,距离波源超过 $3\lambda/4$ 的位置,近场波的影响可以忽略不计。

3.3.2   无限平板在谐力矩作用下的响应

类似地,可以推导出无限大、均匀平板在 $x=0$ 处受到分布力矩 $\tilde{M}_0$ 作用时的响应,如图 3 - 2(b)。

$$M_0 = M_0 e^{j\omega t} \quad （单位长度） \qquad (3-16)$$

近场波和远场波从激励作用处,沿着两个方向向外传递。板的位移 w_+ 和 w_- 表达式为

$$\left.\begin{array}{l} w_+(x) = -\dfrac{M_0}{4Dk^2}(e^{-jkx} - e^{-kx}) \quad (x \geqslant 0) \\[3mm] w_-(x) = -\dfrac{M_0}{4Dk^2}(e^{kx} - e^{jkx}) \quad (x < 0) \end{array}\right\} \qquad (3-17)$$

同样地,在 $x=0$ 处,近场波和远场波的振幅相同。

在 $x=0$ 处, 板的位移为 0, 但转角 $w'_+(0)$ 可以表示为

$$w'_+(0) = \frac{M_x}{4Dk}(1-\mathrm{j}) \tag{3-18}$$

3.4　无限平板中弯曲波垂直入射不连续界面时的波传播

在 3.3 节中分析了无限平板在谐力或谐力矩作用下的结构振动响应。本节从结构波的视角, 分析弯曲波在无限大不连续平板中的传播问题。

结构中的波在传播过程中, 遇到不连续的"间断点"或"间断线"时, 将会部分或者全部反射, 同时在反射界面上产生近场波。同时, 波也会向不连续界面的另外一侧传播, 将波动能量"透射"过去。

假设均匀无限大板在 $x=0$ 处不连续, 如图 3-3 所示。在 $x<0$ 区域有入射弯曲波 $\tilde{A}_i$ 为

$$\tilde{A}_i = A_i\mathrm{e}^{\mathrm{j}(\omega t-kx)} \tag{3-19}$$

由于均匀平板在 $x=0$ 处不连续, 导致结构在该处发生结构波的反射和透射。反射波可表述为

$$\tilde{A}_r = A_r\mathrm{e}^{\mathrm{j}(\omega t+kx)} \tag{3-20}$$

式中 A_r 是反射波的波幅。

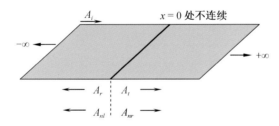

图 3-3　无限不连续平板中波的传递示意图

反射界面产生的近场波为

$$\tilde{A}_{nl} = A_{nl}\mathrm{e}^{\mathrm{j}\omega t+kx} \tag{3-21}$$

式中 A_{nl} 是反射的近场波的波幅。

在 $x>0$ 的区域, 透射的传播波和近场波分别为

$$\tilde{A}_t = A_t\mathrm{e}^{\mathrm{j}(\omega t-kx)} \tag{3-22}$$

$$\tilde{A}_{nr} = A_{nr}\mathrm{e}^{\mathrm{j}\omega t-kx} \tag{3-23}$$

式中 A_t, A_{nr} 分别是透射的传播波和近场波的波幅。

因此平板在 $x = 0$ 左右两边区域的运动可以描述为

$$\left.\begin{array}{l} \tilde{w}_+ = w_+ \, \mathrm{e}^{\mathrm{j}\omega t} = (A_t \mathrm{e}^{-\mathrm{j}kx} + A_{nr} \mathrm{e}^{-kx}) \cdot \mathrm{e}^{\mathrm{j}\omega t} \qquad (x \geqslant 0) \\ \tilde{w}_- = w_- \, \mathrm{e}^{-\mathrm{j}\omega t} = (A_i \mathrm{e}^{-\mathrm{j}kx} + A_r \mathrm{e}^{\mathrm{j}kx} + A_{nl} \mathrm{e}^{kx}) \cdot \mathrm{e}^{\mathrm{j}\omega t} \quad (x < 0) \end{array}\right\} \quad (3-24)$$

以下将板在不连续界面上的波动表达式用于分析不同的支撑界面上进行波动分析。

3.4.1 中间简支板

考虑中间简支的无限大模型,如图 3 - 4 所示,分析有一正向入射弯曲波 $\tilde{A}_i$ 在板中传播时的波动特性。根据连续性条件和平衡性条件,有

$$\left.\begin{array}{l} \tilde{w}_+(0) = \tilde{w}_-(0) = 0 \\ \tilde{M}_+(0) = \tilde{M}_-(0) = 0 \end{array}\right\} \quad (3-25)$$

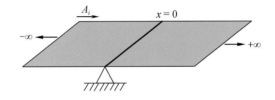

图 3 - 4 中间简支无限平板中波的传递示意

将波的表达式代入连续性条件,可以得到 4 个未知的结构波的波幅 A_r、A_{nl}、A_t 和 A_{nr} 分别为

$$\left.\begin{array}{l} A_r = -\mathrm{j}\dfrac{A_i}{1-\mathrm{j}} \\[2mm] A_t = -\mathrm{j}\dfrac{A_i}{1-\mathrm{j}} \\[2mm] A_{nl} = A_{nr} = -\mathrm{j}A_r \end{array}\right\} \quad (3-26)$$

3.4.2 一端简支板

考虑端部简支,模型如图 3 - 5 所示,分析有一正向入射弯曲波 $\tilde{A}_i$ 在板中传播时的波动特性。同样根据平衡性条件有

$$\left.\begin{array}{l} \tilde{w}(0) = 0 \\ \tilde{M}_+(0) = \tilde{M}_-(0) = 0 \end{array}\right\} \quad (3-27)$$

将式(3 - 24)代入平衡性条件式(3 - 27)中,可以得到两个未知的反射波波幅 A_r 和 A_{nl},他们分别为

$$\left.\begin{array}{l} A_r = -A_i \\ A_{nl} = 0 \end{array}\right\} \quad (3-28)$$

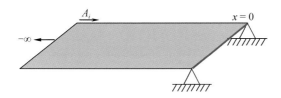

图 3 - 5　一端($x = 0$ 处)简支半无限平板中波的传递示意图

3.4.3　一端固支板

对于端部固支板,模型如图 3 - 6 所示,当有正向入射弯曲波 $\tilde{A}_i$ 在板中传播时,其波动特性也可以按照类似的方法求解。此时会在端部产生反射波。$x = 0$ 处的平衡性条件如下

$$\left.\begin{array}{r}\tilde{w}(0) = 0 \\[2mm] \dfrac{\partial \tilde{w}(0)}{\partial x} = 0\end{array}\right\} \tag{3-29}$$

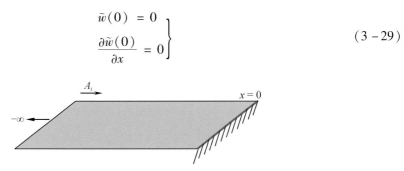

图 3 - 6　一端固支($x = 0$ 处)无限平板中波的传递示意

将式(3 - 24)代入平衡性条件中,可以得到边界固支时两个未知的反射波波幅分别为

$$\left.\begin{array}{r}A_r = - jA_i \\[2mm] A_{nl} = - (1 - j)A_i\end{array}\right\} \tag{3-30}$$

3.4.4　一端自由板

对于端部自由板,如图 3 - 7 所示,波在入射到边界后产生反射的近场波和传播波。根据平衡性条件,有

$$\left.\begin{array}{r}\dfrac{\partial^2 \tilde{w}(0)}{\partial x^2} = 0 \\[3mm] \dfrac{\partial^3 \tilde{w}(0)}{\partial x^3} = 0\end{array}\right\} \tag{3-31}$$

将(3 - 24)代入平衡性条件中,可以得到边界自由时两个未知的反射波波幅分别为

$$\left.\begin{array}{r}A_r = - jA_i \\[2mm] A_{nl} = (1 - j)A_i\end{array}\right\} \tag{3-32}$$

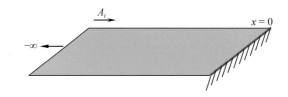

图 3-7　一端自由$(x=0)$无限平板中波的传递示意图

3.5　无限平板中弯曲波任意入射不连续界面时的波传播

在 3.4 节中假定远场的传播波是垂直入射到不连续界面的情况。更一般的情况下,入射弯曲波和不连续界面之间存在夹角。假设结构波的传播方向与 x 轴的夹角为 α,则入射弯曲波可以表示为

$$\tilde{w}_i = w_i \mathrm{e}^{\mathrm{j}\omega t} = A_i \mathrm{e}^{\mathrm{j}[\omega t - (k\cos\alpha)x - (k\sin\alpha)y]} \tag{3-33}$$

式中　k——入射弯曲波的波数;

ω——弯曲波的圆频率。

令 $k_x = k\cos\alpha, k_y = k\sin\alpha$,将式(3-33)代入式(3-4),得到

$$(k_x^2 + k_y^2)^2 = k^4 \quad 或 \quad k_y^2 = k^2 - k_x^2 \tag{3-34}$$

假设弯曲波入射到 $x=0, y$ 从 $-\infty$ 到 $+\infty$ 的固定边界上。定义 $\tilde{w}_r$ 为从边界处反射回来的远场波,其反射角与入射角相等。其 y 向波分量的传播方向与入射波的 y 向分量相同,但其 x 向波分量的传播方向与入射波的 x 向分量方向相反。

因此

$$\tilde{w}_r = w_r \mathrm{e}^{\mathrm{j}\omega t} = A_r \mathrm{e}^{\mathrm{j}[\omega t + (k\cos\alpha)x - (k\sin\alpha)y]} \tag{3-35}$$

除了远场波,同时产生了近场波。近场波与入射波和远场波有相同的 y 向波数 k_y,但衰减率数值上不再像前面一样等于 k_x。近场波可以表示为

$$\tilde{w}_{ne} = w_{ne} \mathrm{e}^{\mathrm{j}\omega t} = A_{ne} \mathrm{e}^{k_d x + \mathrm{j}(\omega t - k_y y)} \tag{3-36}$$

将式(3-36)代入式(3-4)中,得到 $(k_d^2 - k_y^2)^2 = k^4$,因此,$k_d = \pm\sqrt{k_y^2 \pm k^2}$,也可以写为

$$k_d = \pm k \sqrt{1 + \sin^2\alpha} \tag{3-37}$$

因此,由入射波产生的近场波衰减率依赖于入射波与边界的夹角。由入射波产生的总的波位移为

$$\tilde{w} = \tilde{w}_i + \tilde{w}_r + \tilde{w}_{ne} = (A_i \mathrm{e}^{-\mathrm{j}k_x x} + A_r \mathrm{e}^{\mathrm{j}k_x x} + A_{ne} \mathrm{e}^{k_d x}) \mathrm{e}^{\mathrm{j}(\omega t - k_y y)} \tag{3-38}$$

在 $x=0$ 的固定边界处,$\tilde{w}$ 和 $\tilde{w}'$ 均等于 0。根据这两个边界条件,可以得到

$$A_{ne} = -A_i(\cos^2\alpha - j\cos\alpha\sqrt{1 + \sin^2\alpha}) \tag{3-39}$$

$$A_r = -A_i(\sin^2\alpha + j\cos\alpha\sqrt{1 + \sin^2\alpha}) \tag{3-40}$$

式中振幅 A_r 和 A_i 大小相同，但是两者的相位差取决于 α。当 $\alpha = 0$ 时，相位差为 $90°$，这和 3.4.3 中的结论一致。

在简支边界处，不会产生近场波，可以得到 $A_r = -A_i$。不考虑入射角 α，将产生一个相变为 π 的反射波。总的波运动可以表示为

$$\tilde{w} = A_i(e^{-jk_x x} - e^{jk_x x})e^{j(\omega t - k_y y)} = -2jA_i\sin k_x x \cdot e^{j(\omega t - k_y y)} \tag{3-41}$$

现在在 x 轴方向产生一个驻波，波的节线位置为 $m\pi/k_x$。这种波动具有正弦驻波的形式，向 y 轴方向传播，波数为 k_y。

由于波节线平行于简支边界，因此波节线外侧板的运动可以忽略，同时节线本身可以作为简支边界。因此此时讨论的板可以认为是在沿着简支边界内宽度为 b 的范围运动。这时，弯曲波在 x 方向以正弦驻波 $\sin k_x x = \sin(m\pi x/b)$ 的形式、y 方向以波数 $k_y = \pm\sqrt{k^2 - k_x^2}$ 向无穷远传播。这种波运动包括入射角为 α，在 α 方向波数为 k 的远场波和在板中来回反射的波。当 $k^2 = k_x^2 = m^2\pi^2/b^2$，可得 $k_y = 0$，因而 y 方向波长为无限大，沿着板无有效传播。当 $k^2 > m^2\pi^2/b^2$，位移模态为 $\sin(m\pi x/b)$ 的波将不能传播出去。临界频率为

$$f_c = (m^2\pi^2/b^2) \times (D/\rho h)^{1/2}$$

式中　b——长度；

　　　h——厚度；

　　　m——板的第 m 阶模态阶数。

临界模态传播频率也称为截断频率。低于这个频率时，波将不能传播出去。$m = 1$ 时为最小的截断频率，等于以基态振动的板条的自然频率。

如果半无限大板在边界 $x = 0$ 处为弹性转动而不是刚性平动，则可进一步推导反射波和近场波的幅值。如果边界上单位宽度的转动刚度为 k_r，那么

$$A_{ne} = \frac{-2jA_i\cos\alpha}{\sqrt{1 + \sin^2\alpha} - \dfrac{2Dk}{k_r} - j\cos\alpha} \tag{3-42}$$

$$A_r = -\frac{A_i(\sqrt{1 + \sin^2\alpha} - 2Dk/k_r + j\cos\alpha)}{\sqrt{1 + \sin^2\alpha} - \dfrac{2Dk}{k_r} - j\cos\alpha} \tag{3-43}$$

3.6 两端简支矩形板的强迫振动

考虑两端简支矩形板,两条简支边界垂直于 x 轴。假设其表面作用一个压力波载荷

$$\tilde{p}_0(x,y,t) = p_0 e^{j(\omega t - k_p x)} \qquad (3-44)$$

式中 p_0——幅值;

k_p——板表面压力波的波数。

该式表示板的谐振压力波沿 x 方向传播,传播速度为

$$a_p = \frac{\omega}{k_p} \qquad (3-45)$$

在给定时间 t 和位置 x 处,p 为 y 向正弦分量,故有

$$\tilde{p}_0 = \sum_{r=1}^{\infty} p_r \frac{\sin(2r-1)\pi y}{L_y} = \sum_{r=1}^{\infty} p_r \sin(k_{ry} y) \qquad (3-46)$$

为了简化分析,我们将只考虑第一项,即

$$\tilde{p}_0(x,y,t) = p_1 \sin(k_{ry} y) e^{j(\omega t - k_p x)} \qquad (3-47)$$

板的响应 $\tilde{w}(x,y,t)$ 控制方程为

$$D \nabla^4 \tilde{w} + \rho h \omega^2 \tilde{w} = p_1 \sin(k_{1y} y) e^{j(\omega t - k_p x)} \qquad (3-48)$$

通过给板的抗弯刚度赋予复数形式 $D(1+j\beta)$,可以考虑板的内阻尼,其中 β 为阻尼损耗因子。

式(3-48)的解包括两部分:特解和通解。特解等于 x 方向无限长板的响应,表示 x 方向弯曲波的传播,可以表示为

$$w_{p1} = \frac{p_1 \sin(k_{ry} y) e^{j(\omega t - k_p)}}{D(k_{ry}^2 + k_p^2) - \rho h \omega^2} \qquad (3-49)$$

板是有限长度,当结构波传播遇到板的边界时,波会反射,从各边界反射的结构波将产生远场波和近场波。这些波可表示为

$$w_{CF} = (A_1 e^{k_n x} + A_2 e^{-k_n x} + A_3 e^{jk_x x} + A_4 e^{-jk_x x}) \sin(k_{1y} y) e^{j\omega t} \qquad (3-50)$$

式中

$$k_n^2 = k^2 + k_{1y}^2, \quad k_x^2 = k^2 - k_{1y}^2, \quad k^4 = \frac{\rho h \omega^2}{D}$$

故任意位置的总位移表示为

$$\tilde{w}(x,y,t) = \frac{A_1 e^{k_n x} + A_2 e^{-k_n x} + A_3 e^{jk_x x} + A_4 e^{-jk_x x} + p_1 e^{-jk_p x}}{D(k_{1y}^2 + k_p^2) - \rho h \omega^2} \cdot \sin(k_{1y} y) e^{j\omega t} \quad (3-51)$$

解中包括 4 个未知数,通过满足 4 个边界条件就得到这些未知数。在 $x=0$ 和 $x=L_x$ 处需要满足的边界条件为

$$\left.\begin{array}{r} w = 0 \\ \dfrac{\partial^2 w}{\partial x^2} = 0 \end{array}\right\} \qquad (3-52)$$

可以得到下列关于 A_n 的 4 个方程

$$\begin{bmatrix} 1 & 1 & 1 & 1 \\ k_n & -k_n & jk_x & -jk_x \\ e^{k_n l_x} & e^{-k_n l_x} & e^{jk_n l_x} & e^{-jk_n l_x} \\ k_n e^{k_n l_x} & -k_n e^{-k_n l_x} & jk_x e^{jk_n l_x} & jk_x e^{-jk_n l_x} \end{bmatrix} \begin{Bmatrix} A_1 \\ A_2 \\ A_3 \\ A_4 \end{Bmatrix} = \begin{Bmatrix} 1 \\ -jk_p \\ e^{-jk_p l_x} \\ -jk_p e^{-jk_p l_x} \end{Bmatrix} \times \dfrac{p_1}{D(k_{1y}^2 + k_p^2) - \rho h \omega^2}$$

$$(3-53)$$

注意,A 在 2 种不同条件下,会有很大的值:

(1)当右侧分母的实部接近为 0 时,即 $\mathrm{Re}\left[D(k_{1y}^2 + k_p^2) - \rho h \omega^2\right] \to 0$,对第 1 个近似 $k_p \to \sqrt{k^2 - k_{1y}^2} = \mathrm{Re}(k_x)$。故当激励压力场的波数等于自由弯曲波运动的自然波数时,将会产生大的响应。在特定频率下,如果板内压力场的传播速度等于相应弯曲波的自由波速度,这 2 种波的波数相等。

(2)当左侧行列式的秩有最小值,频率等于有限板的任一固有频率时,这种情况就会出现。响应式(3-51)将给出在相应条件下频率的共振类型峰值。情况(1)属于"吻合条件",压力场的传播速度与产生的弯曲波自然传播速度一致。情况(2)是一个简单的共振条件。

对于压力场的 k_{ry} 值,存在与式(3-53)等价形式的方程组。解方程组可以得到这些值和给定的 p_0、k_p 和 ω。

故对于给定的 k_p 和 ω,可以得到板上任意一点的位移。记为

$$\tilde{w}(x,y,t) = Y(x,y,k_p,\omega)p_0 e^{j\omega t} \qquad (3-54)$$

式中 $Y(x,y,k_p,\omega)$ 为波响应函数。

对给定 y 向单位振幅和给定的频率及波数,此为点 (x,y) 的复谐响应。

3.7　WPA 法求解板的振动算例分析

本节采用一个算例来验证 WPA 法计算板结构响应的正确性,所选取的算例为一受到集中力作用的四周简支矩形板,板的厚度为 0.002 m,密度为 7 800 kg/m³,弹性模量 E 为 2.1×10^{11} N/m²,泊松比 μ 为 0.3,矩形板的几何尺寸为长 $L_x = 1$ m、宽 $L_y = 1$ m,点谐力作用于点 $F(0.25\ \mathrm{m}, 0.25\ \mathrm{m})$ 处。

简支矩形板在点谐力作用下的模态叠加法的解为[3]

$$u(x,y) = \sum_{m=0}^{\infty} \sum_{m=0}^{\infty} \frac{\sin\frac{m\pi x_F}{L_x}\sin\frac{n\pi y_F}{L_y}\sin\frac{m\pi x}{L_x}\sin\frac{n\pi y}{L_y}}{D\left\{\left[\left(\frac{m\pi}{L_x}\right)^2 + \left(\frac{n\pi}{L_y}\right)^2\right]^2 - k_b^4\right\}} \qquad (3-55)$$

按式(3-55)进行模态叠加法的响应计算时,选取的模态截断项数为 $m=n=50$,经过分析可知选此组值时计算结果已经收敛。

图 3-8 给出了激励力频率为 150 Hz 时板的法向位移解析解,图 3-9 为 WPA 法计算结果。图 3-10 给出了 WPA 法计算值与按式(3-55)计算值的差值,差值的量级为 10^{-7} m。对比图 3-8 和图 3-9 可知,两种计算方法的位移云图吻合很好,且从图 3-10 中的误差图也看出 WPA 法解和模态叠加的结果吻合得很好。

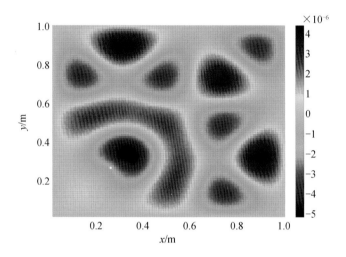

图 3-8　150 Hz 时受集中力作用矩形板位移响应解析解实部云图

(熊济时编程绘制)

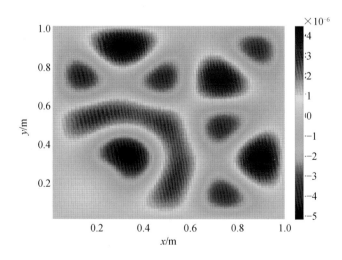

图 3-9　150 Hz 时采用 WPA 法计算的受集中应力作用矩形板位移响应实部云图

(熊济时编程绘制)

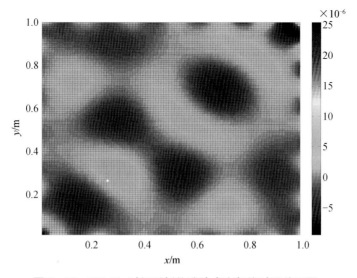

图 3 - 10　150 Hz 时矩形板位移响应实部绝对误差云图

3.8　WPA 法求解板的结构功率流算例

基于 WPA 方法可以对板中的波传播进行解析分析,从而得到板在受迫振动下的波动解和位移响应。同时,也可以对结构中的波所携带的能量进行求解和描述,并利用可视化技术对波所携带的能量进行直观的反映。本节利用板的 WPA 分析,在求解得到板的位移基础上,进一步求解板中结构波的功率流并进行可视化。

对于板壳结构,其中的内力通过对单元的应力在壳体厚度方向上积分得到的,因此其内力为单位宽度的力。对于板的弯曲振动,在 x 方向的单位长度上的结构功率流可以通过面外位移 w 来表述[10]

$$P_x = D\left\{\frac{\partial(\nabla^2 w)}{\partial x}\dot{w} - \left(\frac{\partial^2 w}{\partial x^2} + \nu\frac{\partial^2 w}{\partial y^2}\right)\frac{\partial\dot{w}}{\partial x} - (1-\nu)\frac{\partial^2 w}{\partial x\partial y}\frac{\partial\dot{w}}{\partial y}\right\} \tag{3-56}$$

在 y 方向的功率流可通过互换上式的下标 x,y 得到。

考虑如图 3 - 11 所示的两短边简支、两长边自由的板结构,在板面的中点位置处施加 $F = 1$ N 的谐振激励,利用 WPA 法计算板上各点的响应,然后按照功率流计算式得到结构中传播的功率流,并和文献[11]中的功率流计算结果进行对比。为便于得到功率(能量)在板中的分布特性,将板在两个方向进行离散,得到各个坐标点上的位移,继而计算得到各点的功率流,然后作图得到功率流矢量图和流线图。

图 3 - 12 和图 3 - 13 分别给出了激励频率为 60 Hz 时矩形板的功率流矢量图和功率流流线图。从图中可见功率流矢量分布与文献[11]中的结果吻合很好。无论是矢量图还是流线图,都能很明显地识别出板中能量的输入位置及板中能量的分布和流动特性。

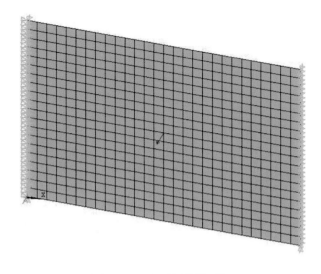

图 3 – 11　矩形板的模型图

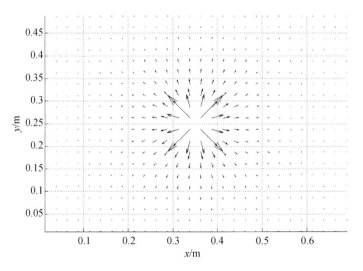

图 3 – 12　60 Hz 谐振激励下板的功率流矢量图

（朱翔编程绘制）

　　图 3 – 14 和图 3 – 15 给出了激励力频率为 480 Hz 时的功率流矢量图和流线图,从图中可见谐力频率变化后,功率的分布特性和能量流动特性也发生了变化,板中出现了能量的漩涡。但是无论能量如何流动,都能从图中清晰地识别出激励源的位置,也即能量的输入位置。

　　因此基于 WPA 法开展板壳结构的功率流分析,既能够清晰地解析板壳中的波传播,也能从能量视角来辨识结构中的振源。

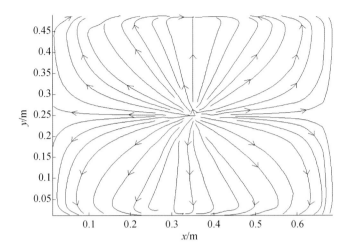

图 3 - 13　60 Hz 谐振激励下板的功率流流线图

（朱翔编程绘制）

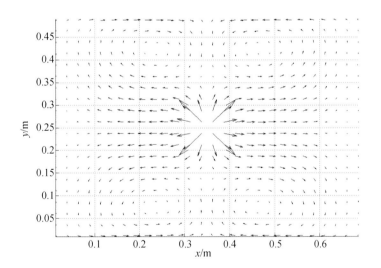

图 3 - 14　480 Hz 谐振激励下板的功率流矢量图

（李天匀编程绘制）

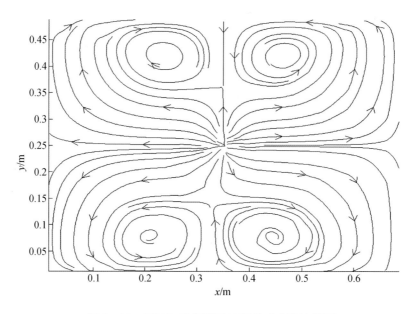

图 3 - 15　480 Hz 谐振激励下板的功率流流线图

3.9　本 章 小 结

本章用 WPA 法解析结构的振动响应。通过与典型边界条件,板结构位移的 WPA 解,与经典解析吻合一致,验证 WPA 法适合板结构振动响应分析。还开展了板结构中功率流的研究,绘制了功率流矢量线。结构中能量流动的描述,可以此识别结构振源及控制路径。

基于 WPA 法,我们既可以描述板中波动特征,也易于进行能量分布的表达。应用 WPA 法估计,可以将各种边界条件下板结构的解析解扩大好几倍。

本章参考文献

[1] WHITE R G,WALKER J G. Noise and Vibration[M]. Toronto:Halsted Press,1982.

[2] THOMPSON W. Acoustic power radiated by an infinite plate excited by a concentrated moment[J]. Journal of the Acoustics Society of America,1963(36):1488 - 1490.

[3] JUNGER M. Vibration Sound and Their Interaction [M]. Massachusetts:The MIT Press,1972.

[4] TIMOSHENKO S,WOINOWSKY K S. Theory of Plates and Shells[M]. 2nd ed. New York: Mcgraw - hill Book Company,1959.

［5］FEIT D. Pressure radiated by a point – excited elastic plate［J］. Journal of the Acoustics Society of America,1966(40):1489 – 1494.

［6］熊济时,吴崇健,徐志云,等. 基于波方法的三维结构 – 声场耦合研究［J］. 计算机工程与应用,2010,46(98):35 – 37.

［7］DESMET W,VAN H B,SAS P,et al. A computationally efficient prediction technique for the steady – state dynamic analysis of coupled vibro – acoustic systems［J］. Advances in Engineering Software,2002(33):527 – 540.

［8］ILKHANI M R, BAHRAMI A, HOSSEINI – HASHEMI S H. Free vibrations of thin rectangular nano – plates using wave propagation approach［J］. Applied Mathematical Modelling,2016,40(2):1287 – 1299.

［9］SARAYI S M M J,BAHRAMI A,BAHRAMI M N. Free vibration and wave power reflection in Mindlin rectangular plates via exact wave propagation approach［J］. Composites Part B: Engineering,2018,144:195 – 205.

［10］朱翔,李天匀,赵耀. 裂纹损伤结构的振动能量流特性与损伤识别［M］. 武汉:华中科技大学出版社,2017.

［11］GAVRIC L,PAVIC G. A Finite element method for computation of structural intensity by the normal mode approach［J］. Journal of Sound and Vibration,1993,164(1):29 – 43.

第 4 章

WPA 法研究复杂系统

研究简化抽象与分析复杂工程结构，看似两个极端，确保两者有效关联对设计师创新非常重要。用 WPA 法简单建模具有一定的独特性，是一门容易掌握的理论解析方法！

——作者

许多工程实际都可抽象出梁结构。对这类结构进行简化、抽象，以获取系统的基本特性，研究梁结构间断点处波的传播和波形转换等，如图 4-1 所示，再考虑动力学边界或协调条件，完成从简单到复杂系统、从理论到工程的归纳和整体理解。

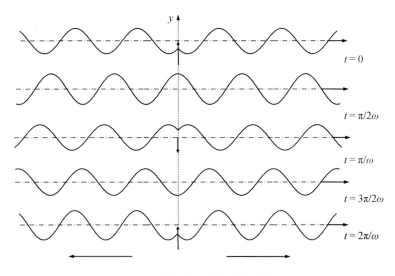

图 4-1　间断点处的波传播及能量交换

复杂梁类结构作为分布参数系统，有许多理论方法解析，近年获得了快速发展。WPA法更注重从结构波视角研究波的传播、反射、衰减和波形转换，力图深入微观层面，建立结构波与目标参数如结构振动，结构声辐射的联系，找出影响因素和规律，这是 WPA 法希望带给读者的。

4.1　复杂梁结构研究与方法

复杂梁是解析法最基本的结构形式，涌现出许多理论方法和计算手段。它们包括导纳法、传递矩阵法、特征量修正法、拉格朗日乘子法、模态分析法、格林函数法、矩阵分析法等等[1-6]。大量理论分析方法的涌现，既体现了动力学的快速发展，也展现了不同理论方法分析问题的不同思路，以及对边界、约束条件不同的适应性和优劣，精度和对边界、约束条件的不同适应性等。

尽管有海量文献对梁类结构开展了广泛、深入的理论研究，但是还存在一些共性问题，值得研究探讨：

第一，传统解析法或多或少受困于严格的边界条件。解析法只在少数情况下可以获得准确的数学解,只得到部分简化或假设边界条件下的系统解[7-8],比如梁在简支、固支、自由条件下的横向弯曲运动方程总是能够获得很好的解析解。但是大约有40%以上的边界条件无法获得解析解。复杂结构系统的边界条件更复杂,要么需要进行烦冗的方程推导,要么存在大量未知难题。例如,用分段假设振形函数法分析多支承桅杆等[9],需要分段建立解析方程。当梁跨数超过3时,方程推导十分烦琐。

第二,需要建立准确的特征函数。解析法严格依赖于特征函数对边界的符合性。复杂分布参数系统,特征函数能够精准"啮合"边界条件的情况总是少数。虽然已经取得很大的进展[10-11],但似乎更复杂梁结构在等待分析。设计师掌握一定的机理分析对产品主动优化设计至关重要。

第三,精确解析需要近似处理。由于特征函数与大多数边界条件难以"吻合",分布参数系统的解析一般限于单个或无分支的弹性连续体,复杂系统解析往往需要近似处理,可以参见 Pestel 和 Leckie[2]、Butkeviskiy[7]等对复杂系统的分析。WPA 法对多分支弹性体通过单/多点和连续线连接的情况,解析无障碍,能给出更多信息。

第四,阻尼参数的若干限定。解析分布参数系统时,常假设其主振形具有正交特性。正交特性用特征函数描述时,需要将结构阻尼约定为比例阻尼。而非比例阻尼会导致质量矩阵、主振形等的非正交特性,对解析结果的影响程度、验证尚缺少统一的结论。

WPA 法[13-17]分析复杂梁类结构有一些特有的优势比如有限准周期结构。由于指数函数表达在时域解耦,正好弥补复杂分布参数系统容易建模、难以解析的不足。本章分析的梁类复杂结构包括弹性耦合梁、有限任意多支承梁、四支承桅杆、管路中嵌入挠性接管等。作为任意多支承梁系统的两种特例,本章还分析了有限周期结构和准周期结构。

4.2　用 WPA 法分析弹性耦合梁

各种耦合梁结构的振动分析,是结构噪声研究的重要内容之一。典型的耦合梁包括直线连接、L 形连接、T 形连接、多点连接,以及弹性耦合等多种形式,如图 4-2 所示。耦合梁中的结构波在传播过程中,存在波形转换,这类问题用 WPA 法解析具有较大的优势。

直线连接、L 形连接、T 形连接等连接方式的振动波传播已经有较多的研究,本节以弹性耦合梁为例开展基于 WPA 法的振动分析。典型系统如图 4-3 所示。

耦合系统由两段有限直梁组成,在间断点 x 和 y 处通过弹簧 K 连接。梁①在 $x=x_0$ 处作用有点谐力 $\bar{p}$。需要计算梁②上任意一点的运动响应或功率流。该模型也可以采用有限元等数值方法求解,如图 4-3(b)所示。采用 FEM 法划分,一旦建立单元的基本结构,就可以将这些简化结构组合起来,则复杂问题的求解变得简单。

这一思路也适合 WPA 法,如图 4-3(c)所示的建模,用"间断点"将梁划分为 5 段梁

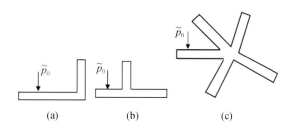

图 4 - 2　典型的耦合梁示意图

（a）L 形耦合梁；（b）T 形耦合梁；（c）多点耦合梁

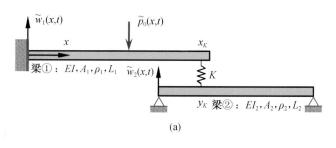

（a）

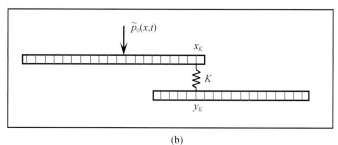

（b）

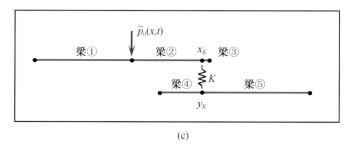

（c）

图 4 - 3　弹性耦合梁示意图

（a）弹性耦合梁；（b）FEM 法；（c）WPA 法

元,每段用 WPA 法描述,显然会出现比 *FEM* 法大许多的"超级单元"。这种划分方式聚焦间断点处的信息,并以此为关联节点,其本质在于一旦建立局部的连接耦合关系,则可通过这种连接关系建立整个模型的分析矩阵。

4.2.1 建立 WPA 表达式

对弹性梁①,假设梁上任意一点的横向位移为 $\tilde{w}_1(x,t)$,可表示为

$$\tilde{w}_1(x,t) = w_1(x) \cdot e^{j\omega t} \tag{4-1}$$

$$w_1(x) = \sum_{n=1}^{4} A_n e^{k_n x} + R'_K \sum_{n=1}^{2} a_n e^{-k'_n |x_K - x|} + p_0 \sum_{n=1}^{2} a_n e^{-k'_n |x_0 - x|} \tag{4-2}$$

$$(k'_n)^4 = \rho_1 S_1 \omega^2 / EI_1 \tag{4-3}$$

$$k'_n = \{k', -k', jk', -jk' \mid n = 1,2,3,4\} \tag{4-4}$$

式中　A_n——4 个待求解的未知数,$n = 1,2,3,4$;

a_n——无限梁的点响应函数系数,$n = 1,2$;

S_1——梁①的横截面积;

EI_1——抗弯刚度;

ρ_1——材料密度;

L_1——梁的长度;

x_0——外力作用点的坐标;

x_K——弹簧连接点的坐标;

k'——梁①中弯曲波的波数;

R'_K——弹簧对梁①的反作用力,是未知数。

对弹性梁②,梁上任意一点的横向位移记为 $\tilde{w}_2(y,t)$,有

$$\tilde{w}_2(y,t) = w_2(y) \cdot e^{j\omega t} \tag{4-5}$$

$$w_2(y) = \sum_{n=1}^{4} B_n e^{k''_n y} + R''_K \sum_{n=1}^{2} a_n e^{-k''_n |y_K - y|} \tag{4-6}$$

$$(k''_n)^4 = \rho_2 S_2 \omega^2 / EI_2 \tag{4-7}$$

$$k''_n = \{k'', -k'', jk'', -jk'' \mid n = 1,2,3,4\} \tag{4-8}$$

式中　S_2——梁②的横截面积;

EI_2——抗弯刚度;

ρ_2——材料密度;

L_2——梁的长度;

y_K——弹簧连接点的坐标;

k''——梁②中弯曲波的波数;

R''_K——弹簧对梁②的反作用力(未知数),有

$$R''_K = -R'_K \tag{4-9}$$

假设系统无外力 $\tilde{p}_0$ 作用时,弹簧 K 处于自由状态,其刚度为 k^∞,那么在加载条件下,施加给梁②上的动反力与位移的关系是

$$R'_K = -K\{w_1(x_K) - w_2(y_K)\} \tag{4-10}$$

式中弹簧刚度为 k^∞。

将式(4 - 10)代入式(4 - 2)和式(4 - 6),并经整理得

$$w_1(x) = \sum_{n=1}^{4} A_n e^{k'_n x} - K \sum_{n=1}^{2} a_n e^{-k'_n |x_K - x|} \cdot [w_1(x_K) - w_2(y_K)] + p_0 \sum_{n=1}^{2} a_n e^{-k'_n |x_0 - x|}$$

$$(4 - 11)$$

$$w_2(y) = \sum_{n=1}^{4} B_n e^{k''_n y} + \sum_{n=1}^{2} a_n e^{-k''_n |y_K - y|} \cdot K[w_1(x_K) - w_2(y_K)] \qquad (4 - 12)$$

4.2.2　边界条件和相容条件

该系统中,梁①在 $x = 0$ 处固支,在 $x = L$ 端自由。分别根据边界条件式(2 - 71),改写如下(详见 2.3.4):

$$\left. \begin{array}{ll} w_1(0) = 0, & \dfrac{\partial w_1(0)}{\partial x} = 0 \\[3mm] \dfrac{\partial^2 w_1(L_1)}{\partial x^2} = 0, & \dfrac{\partial^3 w_1(L_1)}{\partial x^3} = 0 \end{array} \right\}$$

$$(4 - 13)$$

对梁②,两端均简支,由式(2 - 57)有(详见 2.3.2)

$$\left. \begin{array}{c} w_2(0) = w_2(L_2) = 0 \\[3mm] \dfrac{\partial^2 w_2(0)}{\partial x^2} = \dfrac{\partial^2 w_2(L_2)}{\partial x^2} = 0 \end{array} \right\}$$

$$(4 - 14)$$

由 $x = x_K$ 点的相容条件,从式(4 - 10)和式(4 - 12)得到两个条件式

$$w_1(x_K) = \sum_{n=1}^{4} A_n e^{k'_n x_K} - K[w_1(x_K) - w_2(y_K)] \sum_{n=1}^{2} a_n + p_0 \sum_{n=1}^{2} a_n e^{-k'_n |x_0 - x_K|} \quad (4 - 15)$$

$$w_2(y_K) = \sum_{n=1}^{4} B_n e^{k''_n y_K} + K\{w_1(x_K) - w_2(y_K)\} \sum_{n=1}^{2} a_n \qquad (4 - 16)$$

式(4 - 15)和式(4 - 16)整理为

$$\sum_{n=1}^{4} A_n e^{k'_n x_K} - \left\{ 1 + K \sum_{n=1}^{2} a_n \right\} w_1(x_K) + K \sum_{n=1}^{2} a_n w_2(y_K) = - p_0 \sum_{n=1}^{2} a_n e^{-k'_n |x_0 - x_K|}$$

$$(4 - 17)$$

$$\sum_{n=1}^{4} B_n e^{k''_n y_K} + K \sum_{n=1}^{2} a_n \cdot w_1(x_K) - \left\{ 1 + K \sum_{n=1}^{2} a_n \right\} w_2(y_K) = 0 \qquad (4 - 18)$$

4.2.3　弹性耦合梁的振动响应

式(4 - 11)和式(4 - 12)中共含有 10 个未知数。由式(4 - 13)、式(4 - 14)、式(4 - 17)和式(4 - 18)可建立 10 个方程。它们用矩阵方式表达为

$$\boldsymbol{SX} = \boldsymbol{P} \qquad (4 - 19)$$

式中

$$\boldsymbol{X} = \{A_1, \cdots, A_4, B_1, \cdots, B_4, w_1(x_K), w_2(y_K)\}^{\mathrm{T}} \qquad (4 - 20)$$

$$P = \left\{ P_1^{\mathrm{T}}, 0, \cdots, 0, \sum_{n=1}^{2} a_n \mathrm{e}^{-k_n' \mid x_K - x_0 \mid}, 0 \right\}^{\mathrm{T}} \qquad (4-21)$$

其中,式(4-19)中 P 为系统外力矩阵;式(4-21)中 P_1 为梁①外力矩阵,详见式(2-40)。
而矩阵 S 为

$$S = \begin{bmatrix} S_3 & 0 & S_6 & -S_6 \\ 0 & S_1 & S_7 & -S_7 \\ S_4 & 0 & S_{9,9} & S_{9,10} \\ 0 & S_5 & S_{10,9} & S_{10,10} \end{bmatrix} \qquad (4-22)$$

式中 S_1 和 S_3 分别参见式(2-39)和式(2-53)。

对式(4-11)中含 $w_1(x_K)$ 的项求导,可得

$$K \sum_{n=1}^{2} a_n \mathrm{e}^{-k_n' \mid x - x_K \mid} \Big|_{x=0} = k^{\infty} \sum_{n=1}^{2} a_n \mathrm{e}^{-k_n' x_K} \qquad (4-23)$$

$$\frac{\partial}{\partial x} k^{\infty} \sum_{n=1}^{2} a_n \mathrm{e}^{-k_n' \mid x - x_K \mid} \Big|_{x=0} = k^{\infty} \sum_{n=1}^{2} a_n k_n' \mathrm{e}^{-k_n' x_K} \qquad (4-24)$$

$$\frac{\partial^2}{\partial x^2} k^{\infty} \sum_{n=1}^{2} a_n \mathrm{e}^{-k_n' \mid x - x_K \mid} \Big|_{x=L_1} = k^{\infty} \sum_{n=1}^{2} a_n (k_n')^2 \mathrm{e}^{-k_n'(L_1 - x_K)} \qquad (4-25)$$

$$\frac{\partial^3}{\partial x^3} k^{\infty} \sum_{n=1}^{2} a_n \mathrm{e}^{-k_n' \mid x - x_K \mid} \Big|_{x=L_1} = -k^{\infty} \sum_{n=1}^{2} a_n (k_n')^3 \mathrm{e}^{-k_n'(L_1 - x_K)} \qquad (4-26)$$

$$S_6^{\mathrm{T}} = -k^{\infty} \left\{ \sum_{n=1}^{2} a_n \mathrm{e}^{-k_n' x_K}, \sum_{n=1}^{2} a_n k_n \mathrm{e}^{-k_n' x_K}, \sum_{n=1}^{2} a_n (k_n)^2 \mathrm{e}^{-k_n'(L_1 - x_K)}, -\sum_{n=1}^{2} a_n (k_n)^3 \mathrm{e}^{-k_n'(L_1 - x_K)} \right\} \qquad (4-27)$$

$$S_7^{\mathrm{T}} = k^{\infty} \left\{ \sum_{n=1}^{2} a_n \mathrm{e}^{-k_n'' y_K}, \sum_{n=1}^{2} a_n k_n'' \mathrm{e}^{-k_n''(L_2 - y_K)}, \sum_{n=1}^{2} a_n (k_n'')^2 \mathrm{e}^{k_n'' y_K}, \sum_{n=1}^{2} a_n (k_n'')^3 \mathrm{e}^{-k_n''(L_2 - y_K)} \right\} \qquad (4-28)$$

$$S_4^{\mathrm{T}} = \left\{ \mathrm{e}^{k_1' x_K}, \mathrm{e}^{k_2' x_K}, \mathrm{e}^{k_3' x_K}, \mathrm{e}^{k_4' x_K} \right\} \qquad (4-29)$$

$$S_5^{\mathrm{T}} = \left\{ \mathrm{e}^{k_1' y_K}, \mathrm{e}^{k_2' y_K}, \mathrm{e}^{k_3'' y_K}, \mathrm{e}^{k_4'' y_K} \right\} \qquad (4-30)$$

和

$$\left. \begin{aligned} S_{9,9} &= -\left[1 + k^{\infty} \sum_{n=1}^{2} a_n \right], \qquad S_{9,10} = k^{\infty} \sum_{n=1}^{2} a_n \\ S_{10,9} &= k^{\infty} \sum_{n=1}^{2} a_n, \qquad S_{10,10} = -\left[1 + k^{\infty} \sum_{n=1}^{2} a_n \right] \end{aligned} \right\} \qquad (4-31)$$

将结构参数代入式(4-19),即可求得耦合梁结构的位移响应。需要指出的是,在推导该方程的过程中对弹簧的位置、外激励力作用点均无任何限制。梁的阻尼则可分别通过梁①和梁②的复抗弯刚度引入,这里可令复抗弯刚度 $EI_n'' = EI_n(1 + \mathrm{j}\beta_n)$。当 $n = 1,2$ 时,β_1 和 β_2 分别为梁①和梁②的阻尼损耗因子。

4.3　有限任意多支承弹性梁

4.3.1　力学模型及 WPA 表达

考虑均匀弹性直梁,任意支承、边界条件、约束条件和外载荷见图 4 - 4。

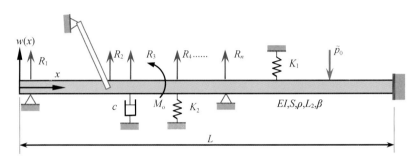

图 4 - 4　任意多支承弹性梁的简化数学模型

谐力 $\tilde{p}_0$ 作用在梁上 $x = x_0$ 处。支承约束对梁产生的横向力为 R_j,幅值未知。由结构位移的线性假设,所有外力 $\tilde{p}_0$ 和 R_j 引起的位移通过线性叠加得到。为了表达方便,边界条件简化为 N 个简支约束。谐力引起梁上任意一点的横向位移可由下式给出

$$\tilde{w}(x,t) = \sum_{n=1}^{4} A_n e^{k_n x} + p_0 \sum_{n=1}^{2} a_n e^{-k_n |x_0 - x|} + \sum_{i=1}^{N} R_i \sum_{n=1}^{2} a_n e^{-k_n |x_i - x|} \qquad (4 - 32)$$

类似地,受谐力矩 M_0 作用引起的横向位移为

$$\tilde{w}(x,t) = \sum_{n=1}^{4} A_n e^{k_n x} + (jm) M_0 \sum_{n=1}^{2} b_n e^{-k_n |x_0 - x|} + \sum_{i=1}^{N} R_i \sum_{n=1}^{2} b_n e^{-k_n |x_i - x|} \qquad (4 - 33)$$

式中,b_n 是点力矩响应函数系数;(jm) 是符号算子

$$(jm) = \begin{cases} -1, & x < x_0 \\ +1, & x \geqslant x_0 \end{cases} \qquad (4 - 34)$$

在式(4 - 32)和式(4 - 33)中,前 4 项由结构中的两个末端反射波产生。4 个 A_n,N 个 R_j,总计有 $N + 4$ 个未知数,它们由结构边界、约束和连续条件联立确定。

4.3.2　多谐力激励下的 WPA 叠加

梁受多个谐力或(和)力矩作用时,式(4 - 32)和式(4 - 33)的左边保持不变,仅需改变方程右边对应条件下的参数。以上述结构为例,假设在梁 $x \in \{x_1, x_2, x_3\}$ 处分别同时作用有两个谐力 $\tilde{p}_{01}$、$\tilde{p}_{02}$ 和外力矩 $\tilde{M}_0$,则式(4 - 32)和式(4 - 33)合并重记为

$$\tilde{w}(x,t) = \sum_{n=1}^{4} A_n e^{k_n x} + \sum_{j=1}^{N} R_j \sum_{n=1}^{2} a_n e^{-k_n |x_j - x|} + (jm) M_0 \sum_{j=1}^{N} R_j \sum_{n=1}^{2} b_n e^{-k_n |y_3 - x|} +$$

$$p_{01} \sum_{n=1}^{2} a_n \mathrm{e}^{-k_n |y_2 - x|} + p_{02} \sum_{n=1}^{2} a_n \mathrm{e}^{-k_n |y_2 - x|} \tag{4-35}$$

更一般地,由 m 个谐力情况导出

$$\tilde{w}(x,t) = \sum_{n=1}^{4} A_n \mathrm{e}^{k_n x} + \sum_{j=1}^{N} R_j \sum_{n=1}^{2} a_n \mathrm{e}^{-k_n |x_j - x|} + (jm) M_0 \sum_{j=1}^{N} R_j \sum_{n=1}^{2} b_n \mathrm{e}^{-k_n |y_3 - x|} + \\ \sum_{i=1}^{m} p_{0i} \sum_{n=1}^{2} a_n \mathrm{e}^{-k_n |y_2 - x|} \tag{4-36}$$

同样地,可推导 n 个力矩作用的情况

$$\tilde{w}(x,t) = \sum_{n=1}^{4} A_n \mathrm{e}^{k_n x} + \sum_{j=1}^{N} R_j \sum_{n=1}^{2} a_n \mathrm{e}^{-k_n |x_j - x|} + (jm) \sum_{i=1}^{n} M_{0i} \sum_{j=1}^{N} R_j \sum_{n=1}^{2} b_n \mathrm{e}^{-k_n |y_3 - x|} + \\ \sum_{i=1}^{m} p_{0i} \sum_{n=1}^{2} a_n \mathrm{e}^{-k_n |y_2 - x|} \tag{4-37}$$

式中 n 为外力矩的数量。

4.4　四支承桅杆的动响应和动应力

4.4.1　力学模型及 WPA 表达

承前节,将有限多支承梁分析结果用于研究多支承桅杆。计算中,将四支承桅杆简化为四支承梁处理,支承点的坐标 $x_j \in [0, L]$ $(j = 1,2,3,4)$,其简化物理模型如图 4-5 所示。

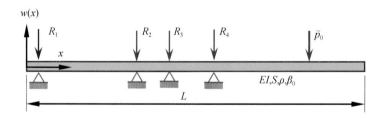

图 4-5　四支承弹性梁的简化数学模型

假设 4 个支承点均为简支,解除约束后,相当于对桅杆梁施加了 4 个未知的支承反力 R_j $(j = 1,2,3,4)$。在结构线性假设条件下,式(4-32)简化为

$$w(x,t) = \sum_{n=1}^{4} A_n \mathrm{e}^{k_n x} + p_0 \sum_{n=1}^{2} a_n \mathrm{e}^{-k_n |x_0 - x|} + \sum_{j=1}^{4} R_j \sum_{n=1}^{2} a_n \mathrm{e}^{-k_n |x_j - x|} \tag{4-38}$$

从式(4-38)可见,式中并未限定支承点 x_j 的位置。另外从方程推导过程来看,只要边界条件和约束条件解除,这些支承对梁的影响就可等效为梁支承点处的一个动反力或动反力矩,梁的动力学特性便可以用 WPA 法进行指数函数表达并求解。分析中,支承位置和支承形式都是不限定的,式(4-38)中共有 8 个未知数,它们可以由边界条件、约束条件确定

瞬值解,可得到如下方程

$$
\left.\begin{array}{l}
\dfrac{\partial^2 w(0)}{\partial x^2} = \dfrac{\partial^2 w(L)}{\partial x^2} = 0 \\[3mm]
\dfrac{\partial^3 w(0)}{\partial x^3} = \dfrac{\partial^3 w(L)}{\partial x^3} = 0 \\[3mm]
w(x_j) = 0 \quad (j = 1,2,3,4)
\end{array}\right\} \tag{4-39}
$$

式(4-39)总共包含 4 个边界和 4 个协调条件,相应的可列出一个 8 阶线性方程组

$$
SX = Q \tag{4-40}
$$

$$
X = \{A_1, A_2, A_3, A_4, R_1, R_2, R_3, R_4\}^{\mathrm{T}} \tag{4-41}
$$

将计算点的坐标值 x_c 和式(4-40)的瞬值解 X 代入式(4-38),即可求得梁上任意点的横向挠度。公式中抗弯刚度用复数表示 $EI_n^* = EI_n(1 + \mathrm{j}\beta_n)$,便可引入梁滞后阻尼对动响应的影响。在式(4-40)中,矩阵 S 的元素如下

$$
S_{1,n} = \mu_n^2, \quad S_{2,n} = \mu_n^2 \cdot \mathrm{e}^{k_n L}, \quad S_{3,n} = \mu_n^3, \quad S_{4,n} = \mu_n^3 \cdot \mathrm{e}^{k_n L}
$$

$$
S_{1,(4+j)} = \sum_{n=1}^{2} a_n \mu_n^2 \mathrm{e}^{-k_n x_j}, \quad S_{2,(4+j)} = \sum_{n=1}^{2} a_n \mu_n^2 \mathrm{e}^{-k_n(L-x_j)}
$$

$$
S_{3,(4+j)} = \sum_{n=1}^{2} a_n \mu_n^3 \mathrm{e}^{-k_n x_j}, \quad S_{4,(4+j)} = \sum_{n=1}^{2} a_n \mu_n^3 \mathrm{e}^{-k_n(L-x_j)}
$$

$$
S_{(4+j),1} = \mathrm{e}^{-k_1 x_j}, \quad S_{(4+j),2} = \mathrm{e}^{-k_2 x_j}, \quad S_{(4+j),3} = \mathrm{e}^{-k_3 x_j}, \quad S_{(4+j),4} = \mathrm{e}^{-k_4 x_j}
$$

$$
S_{(4+m),(4+j)} = \sum_{n=1}^{2} a_n \mathrm{e}^{-k_n |x_{-}x_j|}
$$

矩阵 Q 的元素如下

$$
q_1 = -\sum_{n=1}^{2} a_n \mu_n^2 \mathrm{e}^{-k_n x_0}, \quad q_2 = -\sum_{n=1}^{2} a_n \mu_n^2 \mathrm{e}^{-k_n(L-x_0)}
$$

$$
q_3 = -\sum_{n=1}^{2} a_n \mu_n^3 \mathrm{e}^{-k_n x_0}, \quad q_4 = +\sum_{n=1}^{2} a_n \mu_n^3 \mathrm{e}^{-k_n(L-x_0)}
$$

$$
q_{(4+m)} = -\sum_{n=1}^{2} a_n \mathrm{e}^{-k_n |x_m - x_0|}
$$

$$
\mu_n = \{1, \mathrm{j}-1, -\mathrm{j}\}, \quad (n,j,m = 1,2,3,4)
$$

4.4.2　四支承桅杆中动应力解析

在 WPA 法中动应力的函数表达十分简单。由材料力学的基础知识可知,等截面梁横截面上任意一点 x 在谐力激励下的应力方程式为

$$
\sigma(x) = \frac{M(x)}{W} \tag{4-42}
$$

式中　$M(x)$——弯矩函数;

　　　W——梁的截面剖面模数。

$$M(x) = EI \frac{\partial^2 w(x,t)}{\partial x^2} \tag{4-43}$$

对式(4-32)求二次偏导数,将结果代入式(4-43)并经整理得[17]

$$\sigma(x) = \frac{EI}{W} \left\{ \sum_{n=1}^{4} A_n k_n^2 e^{k_n x} + p_0 \sum_{n=1}^{2} a_n k_n^2 e^{-k_n(x_0-x)} + \sum_{j=1}^{R} R_j \sum_{n=1}^{2} a_n k_n^2 e^{-k_n|x_j-x|} \right\} \tag{4-44}$$

式(4-44)是 WPA 法表示的均直梁动应力方程式。可以看到,由于是二次求导,该式中大括弧内的函数式,与式(4-36)十分相似,仅每个求和项增加 k_n^2。这是 WPA 法貌似繁复,实则简单、有规律的表现。

桅杆的几何物理参数见表4-1,振动特性分析如下。

表4-1 桅杆的几何物理参数

类别	参数
桅杆几何物理参数	梁的外径 $D = 0.18$ m,梁的内径 $d = 0.16$ m 悬臂长度 $L = 3.506$ m, $x_c = L$ $E = 2.02 \times 10^{11}$ N/m, $\rho = 7\,900$ kg/m^3 $\beta_0 = 0.0$, $p_0 = 1\,000$ N
支承点的计算参数	$x_1 = 0.2$ m, $x_2 = 3.726$ m $x_3 = 4.671$ m, $x_4 = 5.971$ m $L = 9.477$ m, $x_c = L - 0.01$ m $\beta_0 = 0.001$(梁的损耗因子)

对于四支承桅杆,$N = 4$。将该值连同表4-1中的相关参数代入式(4-40),经计算得到图4-6所示四支承桅杆在单位外激励力作用下潜望镜对应点的动响应。

同时通过计算得到桅杆的前2阶共振频率和一个反共振点

$$f_{0i} \begin{cases} 11.608\,9 \text{ Hz} \\ 75.832\,2 \text{ Hz} \quad (i=1,2,3) \\ 147.536\,9 \text{ Hz} \end{cases}$$

将计算得到的固有频率代入式(4-36),并逐步改变该式的 x 值,即可求得对应阶次的模态振形。首阶模态频率 $f_{01} = 11.6$ Hz,其模态振形如图4-7。从图4-7(b)局部放大图中可见,第3与第4跨之间动位移较其他跨之间大许多,表明支承点的布置导致结构应力十分不平衡,远离最优值。

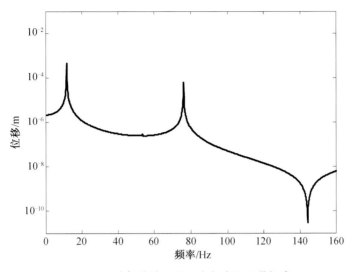

图 4 – 6　桅杆的前 2 阶固有频率和反共振点

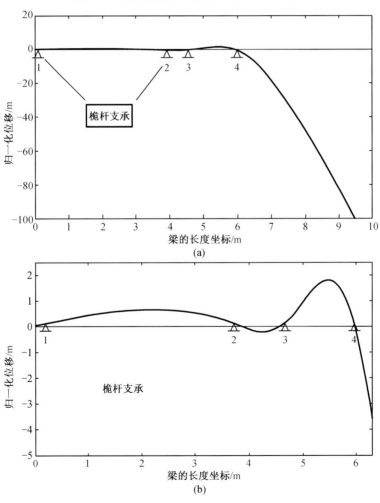

图 4 – 7　桅杆的首阶模态模型

（a）全局图；（b）局部放大图

以桅杆目视镜动态位移为优化目标,当悬臂部分为固支梁时,可视为多支承梁的极值最优状态。对应该极值,悬臂梁的固有频率 $f_{max} = 13.86$ Hz。计算得到首阶固有频率 $f_0 = 11.86$ Hz。两者差值反映了系统理想状态下可改进的极限潜力

$$\Delta = f_{max} - f_{01} \approx 2.25 \text{ Hz}$$

根据式(4-41)求得多支承悬臂梁外力作用下的应力分布,如图4-8所示,其根部应力最大。在其他条件不变的情况下,假设梁的损耗因子是 β_0,桅杆外径 D 和内径 d 分别在 $0.18 \sim 0.36$ m 和 $0.16 \sim 0.32$ m 范围内同步变化,对应抗弯刚度增加16倍,得到频率 f、截面弯曲刚度 EI 和位移响应 $w(x)$ 的三维网线图4-9,等位线图4-10显示,依靠增加桅杆刚度提高系统动响应效果甚微,调整支承位置要稍好一些,最佳办法是采用TMD。动力学分析精度很重要,但有时宏观分析能让我们更好地把握研究方向。本案例建模做了大幅简化,但并不影响分析结论。

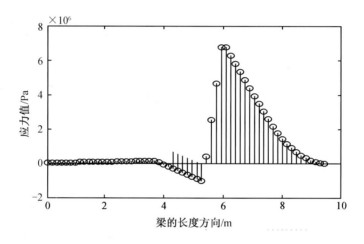

图4-8　沿桅杆长度方向的弯曲正应力

WPA法解析任意多支承梁简单、计算精度高,处理结构阻尼、支承形式和约束条件简便。案例分析说明,潜艇桅杆类细长结构是"静刚度有余,动刚度不足"。提高刚度改善响应,防止桅杆抖动不是最佳办法。WPA法为桅杆类结构优化设计提供了简便理论方法。

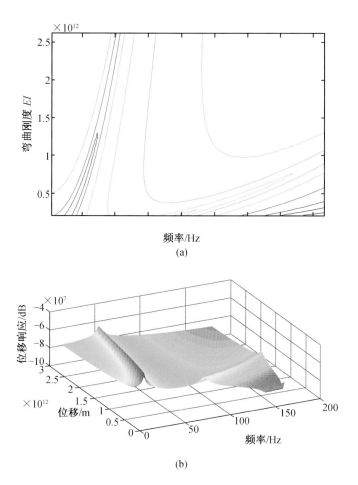

(a)

(b)

图 4 - 9 对应频率和抗弯刚度的等位线和三维网线图

(a)等位线图;(b)三维网线图

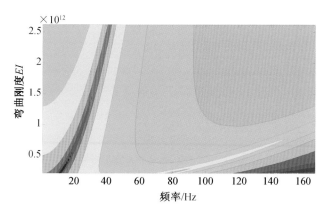

图 4 - 10 对应频率和抗弯刚度的等位线图(雷智洋编程绘制)

4.5 周期结构与准周期结构

火车钢轨是典型的简单周期结构。高铁无缝钢轨简化图如图 4 – 11 所示。飞机圆柱壳、潜艇耐压壳体周期分布着环肋加强筋,呈现出"弱"周期属性。由加强筋引起的能量衰减,在结构噪声中也可以视为质量阻尼,归类统称为"泛阻尼",这说明了它们的衰减属性。一个有趣的话题是,周期性主导的系统中,局部的非周期"摄动"会引起怎样的变化,是否会影响系统的主特征以及影响程度如何?

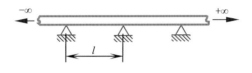

图 4 – 11　无限周期结构

4.5.1　周期结构特性

对无限周期结构分析,采用的是一种降阶方法——将复杂问题降阶为简单问题。其区别是在周期结构的情况下,获得的不是微分方程而是差分方程,从而完成有效的解析分析。对于周期结构,有以下关系[18 – 19]

$$\left.\begin{aligned} F_{n+1} &= F_n \mathrm{e}^{\mu} \\ \dot{w}_{n-1}(x) &= \dot{w}_n(x) \cdot \mathrm{e}^{\mu} \end{aligned}\right\} \tag{4 – 45}$$

式中　μ——结构的周期常数;

　　　F_n, F_{n+1}——结构一个周期跨前后的力。

复数传播常数 μ 可以表示为

$$\cosh \mu = 1 - 2\frac{\omega^2}{\omega_l^2} \tag{4 – 46}$$

在此,引入"极限频率"

$$\omega_l = 2\pi f = \sqrt{\frac{k^{\infty}}{m}} \tag{4 – 47}$$

式中 k^{∞} 为弹簧刚度。当将 μ 写为实部和虚部时,ω_l 的含义就清楚了。

$$\mu = a + \mathrm{j}b \tag{4 – 48}$$

式中 a 是周期结构的衰减常数,体现幅值呈指数衰减;b 是"相位常数"。因而式(4 – 46)可以写作

$$\cosh a \cos b + \mathrm{j}\sinh a \sin b = 1 - 2\omega^2/\omega_l^2 \tag{4 – 49}$$

因为等式右边为纯实数,所以等式左边的虚部必须为零,即衰减常数

$$a = 0 \tag{4-50a}$$

$$b = n\pi \quad (n = 0,1,2,3,\cdots) \tag{4-50b}$$

第一个条件仅适合于极限频率之下,而第二个条件仅适合于极限频率之上。在第一个区域,其称之为"传输区域",相邻单元之间仅产生相位改变,如同将式(4-50a)代入式(4-49)所得到的结果,如图 4-12 所示。

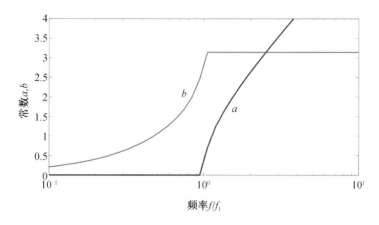

图 4-12　周期结构的衰减常数和相位常数

与此相反,衰减常数 a 在衰减区域随着频率增加而迅速提高,这可以通过将式(4-50b)代入式(4-49)得到式(4-51b)。

$$b = \arccos\left(1 - \frac{2\omega^2}{\omega_l^2}\right) = 2\arcsin\left(\frac{\omega}{\omega_l}\right) \tag{4-51a}$$

$$a = \operatorname{arccos} h\left(\frac{2\omega^2}{\omega_l^2} - 1\right) = 2\operatorname{arcsin} h\left(\frac{\omega}{\omega_l}\right) \tag{4-51b}$$

因为在极限频率之上衰减很大,但在极限频率之下衰减很小,所以无限周期结构就像低通滤波器一样,表现出"低通"特性,如图 4-13 所示。

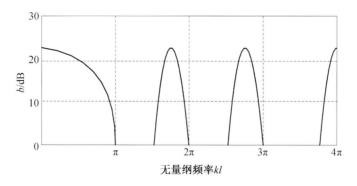

图 4-13　周期弯曲振动的通带和止带

4.5.2 准周期结构特性

对于有限长准周期结构,前面讨论的周期常数方法失效了。过去曾采用摄动方法进行研究,对极个别小幅调整情况是适用的。大幅调整数学解析极其烦琐。与此相反,WPA 法分析有限周期结构和准周期结构并没有太大差别,只需将支承点坐标数值 $x_j (j = 1,2,3,\cdots)$ 代入式(4 – 32)即可。周期梁结构是任意多支承梁的特例。图4 – 14 是 5 等跨周期梁的模态振形。

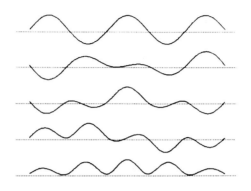

图4 – 14 5 等跨周期支承梁的前 5 阶模态振形

图4 – 15 显示了 TMD 对周期结构功率流的调谐。周期结构有多少跨,对应峰簇就有多少个共振频率,而与循环对称结构对应的称为环周期。线周期结构通过驻波效应发生关联约束,这相对容易理解。而环周期结构类似的约束效应就不那么容易理解了。一个 TMD 必然产生一个间断点。该间断点使波传播产生反射。结构上所有间断点会重新分配传播能量。当该间断点足够强时,它会影响簇中所有共振峰,提供了间断点与峰簇控制的关系。

周期结构当某跨不再保持周期同步,他们对周期性的影响十分有限。跨数越多,周期

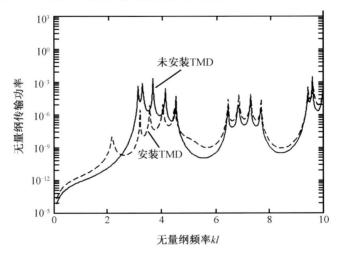

图4 – 15 5 等跨周期支承梁的功率流

约束越强,摄动的影响愈是轻微,如图 4 – 16 所示。犹如速率陀螺,整个系统通带特性基本不变,仅在通带的边缘出现很小的谐波。这些看似微不足道的变化,诊断复杂系统时是很好的判据。有限周期梁没有绝对的通带和止带,与无限周期结构不同。周期支承数越多,传导特性越接近于无限长梁的情况。

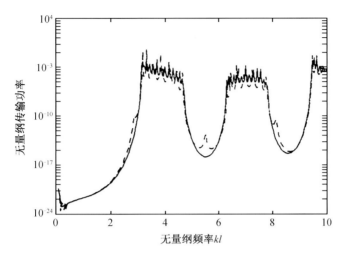

图 4 – 16　15 等跨周期支承梁的功率流

(15 等跨周期梁与准周期梁的比较)

4.6　挠性接管引起的能量传递损失

在管路中插入一段挠性接管,利用波的反射隔离结构波的传播,是控制"第二声通道"振动能量传播的有效措施。通常挠性接管的纵横弯曲刚度远远小于钢质管路。我们把这样一类通过阻抗失配隔离振动传播的方式称为"软措施"。耦合系统模型如图 4 – 17 所示。

它由两段均匀直管和挠性接管组成。它们可以简化为具有不同材料特性的梁段,其中挠性接管梁②的抗弯刚度远小于梁①、③的抗弯刚度,$EI_2 \ll EI_1$。假设梁①在点 $x = x_0$ 处受谐力 $\bar{p}_0$ 作用,分析梁③上点 $x = x_{m2}$ 处梁段的响应和功率流。

4.6.1　建立 WPA 表达式

将梁①视为等截面梁,假设梁上任意一点的横向位移为 $\tilde{w}_1(x,t)$

$$\tilde{w}_1(x,t) = w_1(x) \cdot e^{j\omega t} \tag{4-52}$$

$$w_1(x) = \sum_{n=1}^{4} A_n e^{k_{1n}x} + p_0 \sum_{n=1}^{2} a_n e^{-k_{1n}|x_0-x|} \tag{4-53}$$

$$(k_{1n})^4 = \frac{\rho_1 S_1 \omega^2}{EI_1} \tag{4-54}$$

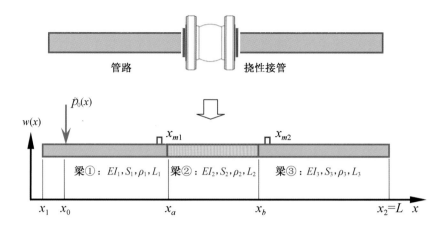

图 4 - 17   挠性接管与弹性梁耦合系统

$$k_{1n} = \{k_1, -k_1, jk_1, -jk_1\} \quad (n = 1,2,3,4) \tag{4-55}$$

式中 S_1——梁①的横截面积;

EI_1——抗弯刚度;

ρ_1——材料密度;

k_{1n}——梁①中弯曲波的波数;

L_1——长度;

x_0——外力作用点的坐标;

A_n——未知数。

梁③材质等同管段①。梁②、梁③同样视为等截面梁,其上任意一点的横向位移分别记为 $\tilde{w}_2$ 和 $\tilde{w}_3$,则有

$$w_2(x) = \sum_{n=1}^{4} B_n \mathrm{e}^{k_{2n}x} \tag{4-56}$$

$$w_3(x) = \sum_{n=1}^{4} C_n \mathrm{e}^{k_{3n}x} \tag{4-57}$$

$$(k_{2n})^4 = \frac{\rho_2 S_2 \omega^2}{EI_2} \tag{4-58}$$

$$(k_{3n})^4 = \frac{\rho_3 S_3 \omega^2}{EI_3} \tag{4-59}$$

$$k_{2n} = \{k_2, -k_2, jk_2, -jk_2\} \quad (n = 1,2,3,4) \tag{4-60}$$

$$k_{3n} = \{k_3, -k_3, jk_3, -jk_3\} \quad (n = 1,2,3,4) \tag{4-61}$$

式中 S_2, S_3——梁②、梁③的横截面积;

EI_1, EI_2——抗弯刚度;

ρ_2, ρ_3——材料密度;

L_2, L_3——长度;

x_{m1}, x_{m2}——梁①、梁③上的测评坐标点；

k_{1n}, k_{2n}, k_{3n}——梁①、梁②和梁③中弯曲波的波数；

B_n, C_n——梁②、梁③的未知系数。

4.6.2　边界条件和协调条件

该系统中,梁①在 $x = x_1$ 处是自由端。根据边界条件,式(2−71)复写如下(详见 2.3.4 节)

$$\frac{\partial^2 w_1(x_1)}{\partial x^2} = 0, \quad \frac{\partial^3 w(x_1)}{\partial x^3} = 0 \tag{4-62}$$

在 $x = x_a$ 处

$$w_1(x_a) = w_2(x_a) \tag{4-63}$$

$$\frac{\partial w_1(x_a)}{\partial x} = \frac{\partial w_2(x_a)}{\partial x} \tag{4-64}$$

$$EI_1 \frac{\partial^2 w_1(x_a)}{\partial x^2} = EI_2 \frac{\partial^2 w_2(x_a)}{\partial x^2} \tag{4-65}$$

$$EI_1 \frac{\partial^3 w_1(x_a)}{\partial x^3} = EI_2 \frac{\partial^3 w_2(x_a)}{\partial x^3} \tag{4-66}$$

在 $x = x_b$ 处

$$w_2(x_b) = w_3(x_b) \tag{4-67}$$

$$\frac{\partial w_2(x_b)}{\partial x} = \frac{\partial w_3(x_b)}{\partial x} \tag{4-68}$$

$$EI_2 \frac{\partial^2 w_2(x_b)}{\partial x^2} = EI_3 \frac{\partial^2 w_3(x_b)}{\partial x^2} \tag{4-69}$$

$$EI_2 \frac{\partial^3 w_2(x_b)}{\partial x^3} = EI_3 \frac{\partial^3 w_3(x_b)}{\partial x^3} \tag{4-70}$$

在 $x = x_2$ 处

$$\frac{\partial^2 w_3(x_2)}{\partial x^2} = 0, \quad \frac{\partial^3 w_3(x_2)}{\partial x^3} = 0 \tag{4-71}$$

式(4−62)至式(4−71)共 12 个方程,可解算出式(4−53)、式(4−56)和式(4−57)中对应的未知数 $A_n, B_n, C_n (n = 1, 2, 3, 4)$。假设

$$u_{21} = \frac{EI_2}{EI_1}, \quad u_{32} = \frac{EI_3}{EI_2} \tag{4-72}$$

在 $x = x_1$ 处方程组为

$$\sum_{n=1}^{4} A_n k_{1n}^2 + p_0 \sum_{n=1}^{2} k_{1n}^2 a_n e^{-k_{1n}x_0} = 0 \tag{4-73}$$

$$\sum_{n=1}^{4} A_n k_{1n}^3 + p_0 \sum_{n=1}^{2} k_{1n}^3 a_n e^{-k_{1n}x_0} = 0 \tag{4-74}$$

在 $x = x_a$ 处方程组为

$$\sum_{n=1}^{4} A_n e^{k_{2n}x_a} - \sum_{n=1}^{4} B_n e^{k_{2n}x_a} = -p_0 \sum_{n=1}^{4} a_n e^{k_{2n}(x_a-x_0)} \qquad (4-75)$$

$$\sum_{n=1}^{4} A_n k_{1n} e^{k_{2n}x_a} - \sum_{n=1}^{4} B_n k_{2n} e^{k_{2n}x_a} = -p_0 \sum_{n=1}^{4} a_n (-k_{1n}) e^{k_{2n}(x_a-x_0)} \qquad (4-76)$$

$$\sum_{n=1}^{4} A_n (k_{1n})^2 e^{k_{2n}x_a} - u_{21} \sum_{n=1}^{4} B_n (k_{2n})^2 e^{k_{2n}x_a} = -p_0 \sum_{n=1}^{4} a_n (-k_{1n})^2 e^{k_{2n}(x_a-x_0)} \qquad (4-77)$$

$$\sum_{n=1}^{4} A_n (k_{1n})^3 e^{k_{2n}x_a} - u_{21} \sum_{n=1}^{4} B_n (k_{2n})^3 e^{k_{2n}x_a} = -p_0 \sum_{n=1}^{4} a_n (-k_{1n})^3 e^{k_{2n}(x_a-x_0)} \qquad (4-78)$$

在 $x = x_b$ 处方程组为

$$\sum_{n=1}^{4} B_n e^{k_{2n}x_b} - \sum_{n=1}^{4} C_n e^{k_{3n}x_b} = 0 \qquad (4-79)$$

$$\sum_{n=1}^{4} B_n k_{2n} e^{k_{2n}x_a} - \sum_{n=1}^{4} C_n k_{3n} e^{k_{3n}x_b} = 0 \qquad (4-80)$$

$$\sum_{n=1}^{4} B_n k_{2n}^2 e^{k_{2n}x_a} - u_{32} \sum_{n=1}^{4} C_n k_{3n}^2 e^{k_{2n}x_b} = 0 \qquad (4-81)$$

$$\sum_{n=1}^{4} B_n k_{2n}^3 e^{k_{2n}x_a} - u_{32} \sum_{n=1}^{4} C_n k_{3n}^3 e^{k_{3n}x_b} = 0 \qquad (4-82)$$

在 $x = x_2$ 处方程组为

$$\sum_{n=1}^{4} C_n k_{3n}^2 e^{k_{3n}x_2} = 0 \qquad (4-83)$$

$$\sum_{n=1}^{4} C_n k_{3n}^3 e^{k_{3n}x_2} = 0 \qquad (4-84)$$

式(4-63)至式(4-84)对应一个 12×12 阶的线性方程组

$$\boldsymbol{SX} = \boldsymbol{P} \qquad (4-85)$$

式中

$$\boldsymbol{X} = \{A_1, A_2, A_3, A_4, B_1, B_2, B_3, B_4, C_1, C_2, C_3, C_4\}^\mathrm{T} \qquad (4-86)$$

在推导上述方程过程中,外激励力作用位置无任何限制。梁和挠性接管的阻尼损耗可以通过梁①、②、③的复抗弯刚度 $EI_n^* = EI_n(1 + \mathrm{j}\beta_n)$ 分别引入 $\beta_n (n = 1, 2, 3)$,其中 β_n 为结构的损耗因子。

4.6.3 带挠性接管的管段动态特性分析

图4-17中,假设管段①、③为无缝钢管,管段②为挠性接管(橡胶或纤维复合材料)。为方便计算,管段参数在表4-2中列出。

表 4 - 2　管段的几何物理参数

类别	参数
几何参数	$L_1 = 500 \text{ mm}, L_2 = 300 \text{ mm}, L_3 = 500 \text{ mm}$ $x_1 = 0.0 \text{ mm}, x_a = L_1, x_b = L_2 + L_2, x_2 = L_3 + L_3 + L_3$ $x_{m1} = x_a - 100 \text{ mm}, x_{m2} = x_a + 100 \text{ mm}$ $D_1 = D_3 = 75 \text{ mm}, D_2 = 80 \text{ mm}, d_1 = d_2 = d_3 = 65 \text{ mm}$
材料参数	$\rho_1 = \rho_3 = 7\,900 \text{ kg/m}^3, \rho_2 = 1\,200 \text{ kg/m}^3$ $\beta_1 = \beta_3 = 0.001, \beta_2 = 0.15$
特性参数	$E_1 = E_3 = 2.20 \times 10^{11} \text{ N/m}^2, E_2 = 6.0 \times 10^6 \text{ N/m}^2$
激励力参数	$p_0 = 10 \text{ N}, x_0 = 0.5 L_1$

　　插入橡胶软管的典型管路系统如图 4 - 17 所示。将表 4 - 2 中的相关参数代入式(4 - 85)，得到激励力作用在不同位置时系统的传递损失，如图 4 - 18 所示。从该图可以看出，在 $f \geqslant 10$ Hz 以上频段，能量传递损失基本呈递增状态。出现的几个极值系反共振点，$IL = 30$ dB。而在 $f \approx 2\,150$ Hz 附近是系统的共振频率，传递损失大幅下降。但由于区域整体衰减水平较高，系统共振点附近并没有出现振动放大现象。

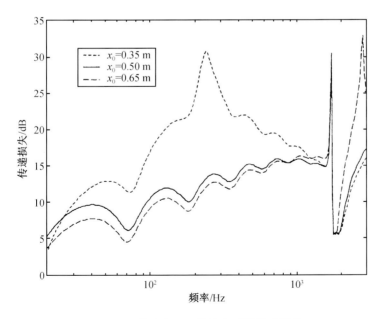

图 4 - 18　谐力在不同作用点时的传递损失

假定其他参数不变,仅改变挠性接管材料弹性模量 E,谐力作用下系统传递损失,见图 4−19。在管路中插入一段挠性接管,能有效衰减弯曲波沿管路的能量传递,在 10 Hz 以上频段呈加速递增,频率越高衰减越显著。10 Hz 时传递损失约为 2 dB,1 000 Hz 附近传递损失达 18 dB。

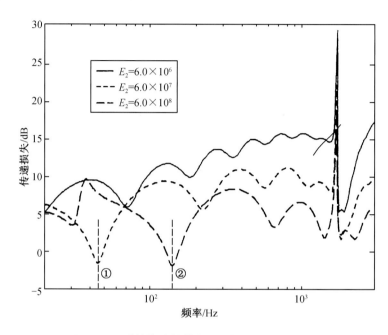

图 4−19　弹性橡胶接管在不同模量时的传递损失

进一步对比分析,当弹性模量由 $E = 6.0 \times 10^6$ Pa 增加到 $E = 6.0 \times 10^7$ Pa 时,即每增大 10 倍,传递损失在 100 Hz 以上频段曲线整体下移约 10 dB,在共振点存在能量泄漏风险,特别在 $f \approx 28$ Hz 附近出现"放大"现象,见图中标注①;当弹性模量再增加一个数量级,达到 $E = 6.0 \times 10^8$ Pa 时,泄漏频率推高到 $f \approx 150$ Hz 对应②约为 3 dB 的放大。

管路系统嵌入挠性接管后,共振频率大幅下移。第二声通道隔振效果需要与浮筏匹配,尤其要认识到,安装挠性接管并不总能保持振动的有效衰减。当刚度较大时,挠性接管在增加衰减的同时,某些频点振动能量泄漏的风险也在增加。模型总是比较简单的,管路有效隔振处理有时需要经验的积累,避免必"放大效应"。

改变挠性接管的外径而其他参数不变,其效果相当于增加了挠性接管的抗弯刚度。得到外力作用下的传递损失曲线如图 4−20 所示,直径越大,即抗弯刚度越大,衰减量总体上越小。

由不同挠性接管长度得到的结果,让设计师可以建立最直观的传递损失量值,如图 4−21 计算取值 $L_2 = \{0.30, 0.15, 0.60\}$。将 WPA 法仿真计算与早期试验对照,两者在工程范围内吻合良好,体现了 WPA 法处理边界和约束条件的简捷。

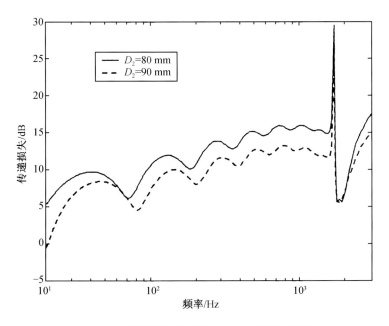

图 4 – 20　弹性橡胶接管外径改变时的传递损失

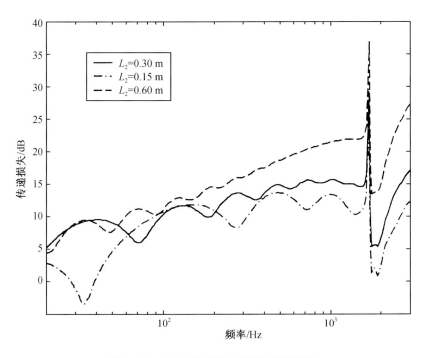

图 4 – 21　不同长度弹性接管的传递损失

　　插入损失 ΔIL 毫无疑问与挠性接管弹性模量成反比。弹性模量越大,传递损失越小。但这个浅显易懂的道理用于一般工程时,还是不宜简单外推。模量的选择不仅受隔振效果和管路安全性制约,有时避开“区间”更为重要,毕竟管路是第二声通道。安装挠性接管后,管系共振频率整体移向低频,反而有可能加重能量泄漏风险。初始设计选择低弹性模量挠性接管还是合适的,但一定要通过简单调试化解应用风险。

机理分析揭示的是基本原理。设计师将这些原理,从简单模型移植到工程,特别是相对复杂系统,需要开展应用研究和试验验证。从简单系统的抽象中,发现复杂系统中概念性、关键性和共同性的一般规律,未必是一件容易的事,要做多因素分析。WPA 法为机理研究提供了便利。

4.7 管路的"双层隔振"装置

工程实际中存在单个挠性接管隔振量不够的情况:一是在较高内压时,管壁刚度急剧增加导;二是有效长度不足以匹配第一声通道隔振挠性接管与高效隔振如浮筏匹配时,这个矛盾会更加凸显。

那么在管路中插入两段挠性接管会是什么结果呢? 这个方法的好处是模量不一定太低,通过沿程损失提高系统隔振效率。仿照单级、双级隔振,我们探索性地提出一个新概念——管路双级隔振。

管路双级隔振不等于简单增加一级挠性接管,需要系统性地设计。挠性接管既有针对纵波传递的衰减机制,也有针对弯曲波的机制,或者两者组合兼而有之。这里聚焦讨论弯曲波的衰减机制。假设

$$\left.\begin{aligned} \rho_1 c_1 &= \rho_5 c_5 \\ \rho_2 c_2 &= \rho_4 c_4 \\ \rho_3 c_3 &\neq \rho_1 c_1 \end{aligned}\right\} \tag{4-87}$$

式中,$c_i (i = 1, 2, 3)$ 为不同结构材料的波速。

性管路中,插入二个挠性接管和一段中间接管的耦合梁结构模型如图 4-22 所示。其中,挠性接管的抗弯刚度远小于管段①、③的抗弯刚度,$EI_2 \ll EI_1$。假设管段①在点 $x = x_0$ 处作用有谐力 $\tilde{p}_0$,求管段③上任意一点通过挠性接管衰减的响应和能量流。

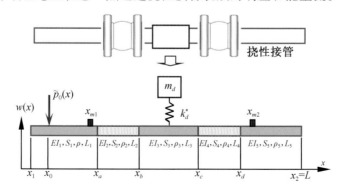

图 4-22 管路的"双级隔振"装置(陈志刚绘制)

4.7.1　建立 WPA 表达式

管段①视为等截面梁。假设梁上任意一点的横向位移为

$$\tilde{w}_1(x,t) = w_1(x) \cdot e^{j\omega t} \tag{4-88}$$

$$w_1(x) = \sum_{n=1}^{4} A_n e^{k_{1n}x} + p_0 \sum_{n=1}^{2} a_n e^{-k_{1n}|x_0-x|} \tag{4-89}$$

$$(k_{1n})^4 = \rho_1 S_1 \omega^2 / EI_1 \tag{4-90}$$

$$k_{1n} = \{k_1, -k_1, jk_1, -jk_1\} \quad (n=1,2,3,4) \tag{4-91}$$

式中　S_1——梁①的横截面积；

$\quad\quad EI_1$——抗弯刚度；

$\quad\quad \rho_1$——材料密度；

$\quad\quad L_1$——长度；

$\quad\quad x_0$——外力作用点的坐标；

$\quad\quad A_n$——未知数。

管段⑤材质等同管段①,管段④材质等同管段②。管段③特殊,同样视为等截面梁,其上任意一点的横向位移分别记为 $\tilde{w}_2(x,t)$、$\tilde{w}_3(x,t)$、$\tilde{w}_4(x,t)$ 和 $\tilde{w}_5(x,t)$,则有

$$\left. \begin{array}{l} \tilde{w}_2(x,t) = w_2(x) \cdot e^{j\omega t} \\ \tilde{w}_3(x,t) = w_3(x) \cdot e^{j\omega t} \\ \tilde{w}_4(x,t) = w_4(x) \cdot e^{j\omega t} \\ \tilde{w}_5(x,t) = w_5(x) \cdot e^{j\omega t} \end{array} \right\} \tag{4-92}$$

$$w_2(x) = \sum_{n=1}^{4} B_n e^{k_{2n}x}, w_3(x) = \sum_{n=1}^{4} C_n e^{k_{3n}x}, w_4(x) = \sum_{n=1}^{4} D_n e^{k_{4n}x}, w_5(x) = \sum_{n=1}^{4} E_n e^{k_{5n}x}$$

$$\tag{4-93}$$

$$\left. \begin{array}{l} (k_{2n})^4 = \rho_2 S_2 w^2 / EI_2 \\ (k_{3n})^4 = \rho_3 S_3 w^2 / EI_3 \\ (k_{4n})^4 = \rho_4 S_4 w^2 / EI_4 \\ (k_{5n})^4 = \rho_5 S_5 w^2 / EI_5 \end{array} \right\} \tag{4-94}$$

$$k_{in} = \{k_i, -k_i, jk_i, -jk_i\} \tag{4-95}$$

$$i = 2,3,4,5$$

$$n = 1,2,3,4$$

式中　S_2, S_3, S_4, S_5——各管段的横截面积；

$\quad\quad (EI_2), (EI_3), (EI_4), (EI_5)$——各管段的抗弯刚度；

$\quad\quad \rho_2, \rho_3, \rho_4, \rho_5$——各管段的材料密度；

L_2,L_3,L_4,L_5——各管段的长度；

x_{m1} 和 x_{m2}——管段①、④上测点的坐标；

$k_{1n},k_{2n},\cdots,k_{5n}$——各管段中弯曲波的波数；

B_n,C_n,D_n,E_n——各管段的未知系数。

4.7.2 边界条件和协调条件

该系统中,梁①在 $x=x_1$ 处是自由端。根据边界条件,式(2-71)可写为(详见2.3.4节)

$$\frac{\partial^2 w_1(x_1)}{\partial x^2}=0,\qquad \frac{\partial^3 w_1(x_1)}{\partial x^3}=0 \tag{4-96}$$

在 $x=x_a$ 处

$$w_1(x_a)=w_2(x_a) \tag{4-97}$$

$$\frac{\partial w_1(x_a)}{\partial x}=\frac{\partial w_2(x_a)}{\partial x} \tag{4-98}$$

$$EI_1\frac{\partial^2 w_1(x_a)}{\partial x^2}=EI_2\frac{\partial^2 w_2(x_a)}{\partial x^2} \tag{4-99}$$

$$EI_1\frac{\partial^3 w_1(x_a)}{\partial x^3}=EI_2\frac{\partial^3 w_2(x_a)}{\partial x^3} \tag{4-100}$$

在 $x=x_b$ 处

$$w_2(x_b)=w_3(x_b) \tag{4-101}$$

$$\frac{\partial w_2(x_b)}{\partial x}=\frac{\partial w_3(x_b)}{\partial x} \tag{4-102}$$

$$EI_2\frac{\partial^2 w_2(x_a)}{\partial x^2}=EI_3\frac{\partial^2 w_3(x_a)}{\partial x^2} \tag{4-103}$$

$$EI_2\frac{\partial^3 w_2(x_a)}{\partial x^3}=EI_3\frac{\partial^3 w_3(x_a)}{\partial x^3} \tag{4-103}$$

在 $x=x_c$ 处

$$w_3(x_c)=w_4(x_c) \tag{4-105}$$

$$\frac{\partial w_3(x_c)}{\partial x}=\frac{\partial w_4(x_c)}{\partial x} \tag{4-106}$$

$$EI_3\frac{\partial^2 w_3(x_c)}{\partial x^3}=EI_4\frac{\partial^2 w_4(x_c)}{\partial x^2} \tag{4-107}$$

$$EI_3\frac{\partial^3 w_3(x_c)}{\partial x^3}=EI_4\frac{\partial^3 w_4(x_c)}{\partial x^3} \tag{4-108}$$

在 $x=x_d$ 处

$$w_4(x_d)=w_5(x_d) \tag{4-109}$$

$$\frac{\partial w_4(x_d)}{\partial x}=\frac{\partial w_5(x_d)}{\partial x} \tag{4-110}$$

$$EI_4 \frac{\partial^2 w_4(x_d)}{\partial x^2} = EI_5 \frac{\partial^2 w_5(x_d)}{\partial x^2} \tag{4-111}$$

$$EI_4 \frac{\partial^3 w_4(x_d)}{\partial x^3} = EI_5 \frac{\partial^3 w_5(x_d)}{\partial x^3} \tag{4-112}$$

的 $x = x_2$ 处

$$\frac{\partial^2 w_5(x_2)}{\partial x^2} = 0, \quad \frac{\partial^3 w_5(x_2)}{\partial x^3} = 0 \tag{4-113}$$

式(4-96)至式(4-113)共 20 个方程,可解算出式(4-89)、式(4-93)中对应的未知数 $(A_n, B_n, C_n, D_n, E_n)(n = 1,2,3,4)$。

假设

$$u_{(i+1)i} = \frac{EI_{i+1}}{EI_i}, \quad (i = 1,2,3,4) \tag{4-114}$$

在 $x = x_1$ 处,方程组为

$$\sum_{n=1}^{4} A_n k_{1n}^2 + p_0 \sum_{n=1}^{2} k_{1n}^2 a_n e^{-k_{1n}x_0} = 0 \tag{4-115}$$

$$\sum_{n=1}^{4} A_n k_{1n}^3 + p_0 \sum_{n=1}^{2} k_{1n}^3 a_n e^{-k_{1n}x_0} = 0 \tag{4-116}$$

在 $x = x_a$ 处,方程组为

$$\sum_{n=1}^{4} A_n e^{k_{2n}x_a} - \sum_{n=1}^{4} B_n e^{k_{2n}x_a} = -p_0 \sum_{n=1}^{4} a_n e^{k_{2n}(x_a-x_0)} \tag{4-117}$$

$$\sum_{n=1}^{4} A_n e^{k_{2n}x_a} - \sum_{n=1}^{4} B_n e^{k_{2n}x_a} = -p_0 \sum_{n=1}^{4} a_n(-k_{1n}) e^{k_{2n}(x_a-x_0)} \tag{4-118}$$

$$\sum_{n=1}^{4} A_n (k_{1n})^2 e^{k_{2n}x_a} - u_{21} \sum_{n=1}^{4} B_n (k_{2n})^2 e^{k_{2n}x_a} = -p_0 \sum_{n=1}^{4} a_n(-k_{1n}) e^{k_{2n}(x_a-x_0)} \tag{4-119}$$

$$\sum_{n=1}^{4} A_n (k_{1n})^3 e^{k_{2n}x_a} - u_{21} \sum_{n=1}^{4} B_n (k_{2n})^3 e^{k_{2n}x_a} = -p_0 \sum_{n=1}^{4} a_n(-k_{1n})^2 e^{k_{2n}(x_a-x_0)} \tag{4-120}$$

在 $x = x_b$ 处,方程组为

$$\sum_{n=1}^{4} B_n e^{k_{2n}x_b} - \sum_{n=1}^{4} C_n e^{k_{3n}x_b} = 0 \tag{4-121}$$

$$\sum_{n=1}^{4} B_n k_{2n} e^{k_{2n}x_b} - \sum_{n=1}^{4} C_n k_{3n} e^{k_{3n}x_b} = 0 \tag{4-122}$$

$$\sum_{n=1}^{4} B_n k_{2n}^2 e^{k_{2n}x_b} - u_{32} \sum_{n=1}^{4} C_n k_{3n}^2 e^{k_{2n}x_b} = 0 \tag{4-123}$$

$$\sum_{n=1}^{4} B_n k_{2n}^3 e^{k_{2n}x_b} - u_{32} \sum_{n=1}^{4} C_n k_{3n}^3 e^{k_{3n}x_b} = 0 \tag{4-124}$$

在 $x = x_c$ 处,方程组为

$$\sum_{n=1}^{4} C_n e^{k_{3n}x_c} - \sum_{n=1}^{4} D_n e^{k_{4n}x_c} = 0 \tag{4-125}$$

$$\sum_{n=1}^{4} C_n k_{3n} e^{k_{2n}x_c} - \sum_{n=1}^{4} D_n k_{4n} e^{k_{4n}x_c} = 0 \tag{4-126}$$

$$\sum_{n=1}^{4} C_n k_{3n}^2 e^{k_{3n}x_c} - u_{43} \sum_{n=1}^{4} D_n k_{4n}^2 e^{k_{4n}x_c} = 0 \tag{4-127}$$

$$\sum_{n=1}^{4} C_n k_{3n}^3 e^{k_{3n}x_c} - u_{43} \sum_{n=1}^{4} D_n k_{4n}^3 e^{k_{4n}x_c} = 0 \tag{4-128}$$

在 $x = x_d$ 处，方程组为

$$\sum_{n=1}^{4} D_n e^{k_{4n}x_d} - \sum_{n=1}^{4} E_n e^{k_{5n}x_d} = 0 \tag{4-129}$$

$$\sum_{n=1}^{4} D_n k_{4n} e^{k_{4n}x_d} - \sum_{n=1}^{4} E_n k_{5n} e^{k_{5n}x_d} = 0 \tag{4-130}$$

$$\sum_{n=1}^{4} D_n k_{4n}^2 e^{k_{4n}x_d} - u_{54} \sum_{n=1}^{4} E_n k_{5n}^2 e^{k_{5n}x_d} = 0 \tag{4-131}$$

$$\sum_{n=1}^{4} D_n k_{4n}^3 e^{k_{4n}x_d} - u_{54} \sum_{n=1}^{4} E_n k_{5n}^3 e^{k_{5n}x_d} = 0 \tag{4-132}$$

在 $x = x_5$ 处，方程组为

$$\sum_{n=1}^{4} E_n k_{5n}^2 e^{k_{5n}x_5} = 0 \tag{4-133}$$

$$\sum_{n=1}^{4} E_n k_{5n}^{3} {}^{k_{5n}x_5} = 0 \tag{4-134}$$

式(4-115)至式(4-134)对应一个 20×20 阶的线性方程组

$$\boldsymbol{SX} = \boldsymbol{Q} \tag{4-135}$$

式中

$$\left.\begin{aligned} \boldsymbol{A} &= \{A_1, A_2, A_3, A_4\}^{\mathrm{T}} \\ \boldsymbol{B} &= \{B_1, B_2, B_3, B_4\}^{\mathrm{T}} \\ \boldsymbol{C} &= \{C_1, C_2, C_3, C_4\}^{\mathrm{T}} \\ \boldsymbol{D} &= \{D_1, D_2, D_3, D_4\}^{\mathrm{T}} \\ \boldsymbol{E} &= \{E_1, E_2, E_3, E_4\}^{\mathrm{T}} \end{aligned}\right\} \tag{4-136}$$

$$\boldsymbol{X} = \{\boldsymbol{A}, \boldsymbol{B}, \boldsymbol{C}, \boldsymbol{D}, \boldsymbol{E}\}^{\mathrm{T}} \tag{4-137}$$

在推导上述方程的过程中，外激励力作用位置无任何限制。梁和挠性接管的阻尼损耗可以通过梁①至⑤的复抗弯刚度 $EI_n^* = EI_n(1 + \mathrm{j}\beta_n)$ 分别引入 $\beta_n (n = 1, 2, 3, 4, 5)$。这里 β_n 为结构材料的损耗因子。由此可以得到梁的响应和振动传递特性。

4.8　本章小结

复杂梁结构在工程中广泛存在。他们是结构动力学中较为典型且在工程中常见的分布参数系统。本章用WPA法分析了弹性耦合梁、有限任意多支承梁、四支承桅杆系统、周期梁和准周期、管路中嵌入挠性接管和"管路双级隔振",等等。

复杂梁结构工程中广泛存在。它们是结构动力学中较为典型,且工程实际中较为常见的分布参数系统。

潜艇桅杆类"细长梁结构",往往"静刚度有余,而动刚度不足"。依赖提高桅杆自身刚度、支承点位置、结构形式等优化办法,对改善桅杆低频动响应,防止高航速抖动而出现"画面模糊"现象效果甚微。TMD 是控制桅杆动刚度不足的最佳方案,调谐效果好,质量比低。这与啄木鸟脑结构 TMD 构造效果相似。

挠性接管传递损失与其弹性模量成反比。弹性模量越大,传递损失越小。理论分析不宜简单外推到一般工程应用。设计选择不仅受制于隔振效果和安全性,有时避开"低频区间"更重要,第二声通道的关键是匹配。安装挠性接管后,管系共振频率整体移向低频,低频能量泄漏风险增加,一定要通过简单调试化解应用风险。相应的沿程损失方式更安全。

周期结构存在的"通带(Pass Band)"和"止带(Stop Band)"特性。有限准周期结构与无限周期结构对照分析非常有意义,帮助我们理解动力学中的耦合。单跨改变是否破坏系统的整体周期性能? 15 等跨梁已经表现出"顽固"的周期性。当仅改变其中一跨的几何参数或材料特性时,系统周期特性基本不变,仅改变频响曲线中的"旁瓣"。强周期系统只是较小"摄动"时,整体周期特性改变甚微。

最后总结一下 WPA 法分析复杂梁结构的特点:

(1)用 WPA 法研究复杂梁结构,方程推导、编程十分有规律性和规整性,更容易完成数学建模且物理概念清晰。

(2)WPA 法分析有限梁结构是其独特优势。该特点拓展分析梁类结构,可以对许多复杂工程问题,直接开展动力学分析。

本章参考文献

[1] GLANDWELL G M L, BISHOP R E D. Interior receptances of beams[J]. Journal of Mechanical Engineering Science,1960,2:1 – 15.

[2] PESTEL E C,LECKIE F A. Matrix Methods in Elasto – mechanics[M]. New York:McGraw-Hill,1963.

[3] LIN Y K. Dynamics of beam-type periodic structures[J]. Journal of Engineering for Industry,1969,91(4):1133 – 1141.

[4] JACQUOT R G,SOEDEL W. Vibration of elastic surface systems carrying dynamic elements [J]. Journal of the Acoustical Society of America,1970,47(5B):1354 – 1358.

[5] DOWELL E H. Free vibrations of a linear structure with arbitrary support conditions[J].

Journal of Applied Mechanics,1971,38(3):595 – 600.

［6］ HALLQUIST J,SNEYDER V W. Linear damped vibratory structures with arbitrary support conditions［J］. ASME Journal of Applied Mechanics,1973,40:312 – 313.

［7］ BUTKOVISKIY A G. Structural Theory of Distributed System［M］. New York:Halsted Press, John Wiley and Sons,1983.

［8］ YANG B. Eigenvalue inclusion principles for distributed gyroscopic systems［J］. ASME DE – Vol. 37,7 ~ 12. Also,Journal of Applied Mechanics,1992,59(3):650 – 656.

［9］ YANG B. Transfer function of constrained/combined one – dimensional continuous dynamic systems［J］. J Sound &Vib. ,1992,156(3):425 – 443.

［10］ NICHOLSON J M,BERGMAN L A. Free vibration of combined dynamical systems［J］. ASME Journal of Applied Mechanics,1986,112:1 – 13.

［11］ BERGMAN L A, MCFARLAND D M. On the vibration of a point supported linear distributed system. ASME Journal of Vibration［J］. ASME Journal of Vibration,Acoustics, Stress and Reliability in Design,1988,110:485 – 492.

［12］ WU CHONGJIAN,WHITE R G. Vibrational power transmission in a multi – supported beam ［J］. J. Sound &Vib. ,1995,181(1):99 – 114.

［13］ WU CHONGJIAN,WHITE R G. Reduction of Vibrational power in periodically supported beams by use of a neutralizer［J］. J Sound &Vib. ,1995,187(2):329 – 338.

［14］ 李天匀,张小铭. 周期简支曲梁的振动波和功率流［J］. 华中理工大学学报,1995,23(9):112 – 115.

［15］ 吴崇健,杨叔子,骆东平,等. 用 WPA 法计算多支承弹性梁的动响应和动应力［J］. 华中理工大学学报,1998,27(1):69 – 71.

［16］ 吴崇健. 结构振动的 WPA 分析方法及其应用［D］. 武汉:华中科技大学,2002.

［17］ MEAD D J. A general theory of harmonic wave propagation in linear periodic system with multiple coupling［J］. J Sound &Vib. ,1973,27(3):253 – 260.

［18］ MEAD D J, YAMAN Y. The harmonic response of uniform beams on multiple linear supports:a flexural wave analysis［J］. J Sound & Vib. ,1990,141(3):465 – 484.

第 5 章

WPA 法分析混合动力系统

一个国家,没有先进的科技,一打就垮;没有民族精神,不打就垮。

——杨叔子

5.1 混合动力系统

由连续弹性体和离散集中质量构成的系统,在动力学中称为混合动力系统。混合动力系统在工程中常见,比如军用车的车桥与油箱、舰船上的重载火炮、飞机上的重载机关枪等,均可视为弹性结构上的集中质量。飞机机舱环向布置动力吸振器(简称 TMD),主结构也可抽象为混合动力系统。

两种简单混合动力系统如图 5-1 所示。图 5-1(a)为弹性耦合梁系统,通过简化抽象模型,研究振动功率流在系统中的传递与耦合变化,探讨一些基础机理问题。图 5-1(b)为多支承弹性梁系统,分析集中质量或 TMD 对系统的影响,他们来源于工程应用。

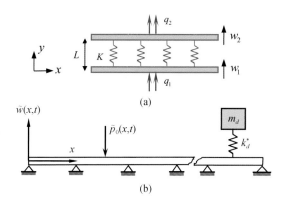

图 5-1 混合动力系统示意图(闫肖杰绘制)

(a)耦合梁结构;(b)混合动力系统

从简单系统到混合动力系统,必须联立求解偏微分方程和常微分方程。早期的有关弹性系统安装 TMD 文献较少,理论解析一直面临数学挑战。直到 1952 年,Young[1]推导出了均直悬臂梁加装 TMD 问题的解,但安装点须限定在悬臂梁末端。1964 年,Neubert[2]给出了直杆加 TMD 方程。Snowdon[3]对均直梁末端或者中点加装 TMD 开展了研究,后期挑战多支承($N \geqslant 3$)均直梁。然而由于数学解析过于繁复,实际再复杂一些就难以求解。Jones[4]利用假设振形函数法,得到有限直梁混合动力系统的近似解。Jacquot[5]则采用模态截断和模态综合法,将解析法拓展到一般弹性结构安装 TMD 的情况。

1992—1993 年,吴崇建和 White 等[6-8],将 WPA 法拓展到混合动力系统,发现梁支承数较多时其优势尤其明显。1993—1996 年,应用 WPA 法解析潜艇桅杆动特性[9],后来进一步研究 TMD 抑振。1994 年,吴崇建和伏同先[10]用 WPA 法开展浮筏机理研究,建模中嵌入含幅值和初始相位的多扰动源,分析结构波的抵消机制。1998 年吴崇键[11],2005 年陈志刚[12]提出了浮筏的"质量效应"和"调谐效应",并持续用 WPA 法开展研究。

5.2 带集中质量连续弹性梁系统

5.2.1 力学模型及 WPA 公式推导

安装集中质量的任意多支承梁是典型的混合动力系统,其简化的力学模型如图 5 - 2 所示。假设位移响应的时间相关量具有形式 $\exp(\mathrm{j}\omega t)$,这将在下面的表达中省略。

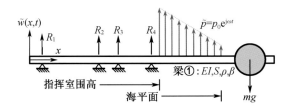

图 5 - 2 带集中质量任意多支承弹性桅杆的简化数学模型

我们在第 4 章推导出梁上未安装集中质量,任意点 $x = x_0$ 受谐力 $\tilde{p}$ 时,梁的谐响应,这里将式(4 - 32)复写如下并改记为 $\tilde{w}_b(x,t)$

$$\tilde{w}_b(x,t) = \sum_{n=1}^{4} A_n \mathrm{e}^{k_n x} + p_0 \sum_{n=1}^{2} a_n \mathrm{e}^{-k_n|x_0-x|} + \sum_{j=1}^{N} R_j \sum_{n=1}^{2} a_n \mathrm{e}^{-k_n|x_j-x|} \qquad (5-1)$$

式中 a_n 见第 2 章。波数 k_n 中的抗弯刚度用复数 $EI^* = EI(1+\mathrm{j}\beta_0)$ 表示,则可计及梁的内阻尼 β_0 的影响。

式(5 - 1)的第 1 项是反射波在梁的两个末端产生的位移,4 个 A_n 是未知数;第 2 项是外激励力产生的位移项;第 3 项由支承反力 R_j 产生,N 个支反力 R_j 也是待定未知数。

再考虑梁的末端安装集中质量对系统的影响。解除约束,集中质量视同对梁施加了一个作用反力 F_m(未知内力)。在结构线性假设下,根据弯曲波的叠加原理,任意多支承梁安装集中质量时梁的横向位移为

$$\tilde{w}(x,t) = \tilde{w}_b(x,t) + F_m \sum_{n=1}^{2} a_n \mathrm{e}^{-k_n|x_m-x|} \qquad (5-2)$$

梁做谐运动时,集中质量施加在梁的内力 F_m 是梁谐位移响应函数

$$F_m(\omega) = m_d \omega^2 w(x_m) \qquad (5-3)$$

式中 x_m 为集中质量的坐标。

将式(5 - 3)代入式(5 - 2),得到一个重要方程式

$$\tilde{w}(x,t) = \tilde{w}_b(x,t) + w(x_m) \sum_{n=1}^{2} a_n m_d \omega^2 \cdot \mathrm{e}^{-k_n|x_m-x|} \qquad (5-4)$$

式(5-4)右边的最后一项是集中质量施加给梁的动反力;用 $w(x_m)$ 表示梁上一点 $x = x_m$ 的动位移响应(未知数)。为了便于后面的计算,列出了式(5-4)对 x 的偏导数

$$\frac{\partial^2 \tilde{w}(x,t)}{\partial x^2} = \frac{\partial^2 \tilde{w}_b(x,t)}{\partial x^2} + w(x_d) \sum_{n=1}^{2} a_n m_d \omega^2 k_n^2 e^{-k_n |x_m-x|} \tag{5-5}$$

$$\frac{\partial^3 \tilde{w}(x,t)}{\partial x^3} = \frac{\partial^3 \tilde{w}_b(x,t)}{\partial x^3} - w(x_d) \sum_{n=1}^{2} a_n m_d \omega^2 k_n^3 (jm) e^{-k_n |x_m-x|} \tag{5-6}$$

式中 (jm) 为符号算子。

$$(jm) = \begin{cases} +1, & x \geqslant x_m \\ -1, & x < x_m \end{cases} \tag{5-7}$$

方程推导中,集中质量的坐标 x_m 没有任何限制。这就意味着集中质量可以位于梁上任意点。式(5-1)中共有 $N+4$ 个未知数[1],则式(5-4)中总计有 $N+5$ 个未知数,它们可以由边界条件、约束条件和连续条件联立求解。这里考虑了一种较简单的情况,当 N 个支承均为简支时,以上3种条件等价于

$$\left.\begin{array}{l} \dfrac{\partial^2 \tilde{w}(0,t)}{\partial x^2} = \dfrac{\partial^2 \tilde{w}(L,t)}{\partial x^2} = 0 \\[3mm] \dfrac{\partial^3 \tilde{w}(L,t)}{\partial x^3} = \dfrac{\partial^3 \tilde{w}(L,t)}{\partial x^3} = 0 \\[3mm] w(x_j) = 0 \quad (j = 1,2,3,\cdots,N) \\[3mm] \tilde{w}_b(x_m) + w(x_m) \cdot \left\{ \sum_{n=1}^{2} a_n m_d \omega^2 - 1 \right\} = 0 \end{array}\right\} \tag{5-8}$$

式(5-8)对应于 $(N+4)$ 个未知数的线性方程组

$$\left.\begin{array}{l} \boldsymbol{SX} = \boldsymbol{Q} \\ \boldsymbol{X} = \{A_1,A_2,A_3,A_4,R_1,R_2,R_3,\cdots,R_N,w(x_m)\}^{\mathrm{T}} \end{array}\right\} \tag{5-9}$$

将式(5-9)的瞬值解 $\boldsymbol{X}$ 代入式(5-4),即可求得梁上任意一点的位移导纳,即单位动载荷下的位移响应。具体推导过程从略,这里将矩阵 $\boldsymbol{S}$ 和 $\boldsymbol{Q}$ 的元素列出

$$S_{1,n} = \mu_n^2, \quad S_{2,n} = \mu_n^2 e^{k_n L}, \quad S_{3,n} = \mu_n^3, \quad S_{4,n} = \mu_n^3 e^{k_n L}$$

$$S_{1,(4+j)} = \sum_{n=1}^{2} a_n \mu_n^2 e^{-k_n x_j}, \quad S_{1,(5+N)} = \sum_{n=1}^{2} a_n \mu_n^2 m_c \omega^2 e^{-k_n x_m}$$

$$S_{2,(4+j)} = \sum_{n=1}^{2} a_n \mu_n^2 e^{-k_n(L-x_j)}, \quad S_{2,(5+N)} = \sum_{n=1}^{2} a_n m_c \omega^2 \mu_n^2 e^{-k_n(L-x_m)}$$

$$S_{3,(4+j)} = \sum_{n=1}^{2} a_n \mu_n^3 e^{-k_n x_j}, \quad S_{3,(5+N)} = \sum_{n=1}^{2} a_n m_c \omega^2 \mu_n^3 e^{-k_n x_m}$$

$$S_{4,(4+j)} = \sum_{n=1}^{2} a_n \mu_n^3 e^{-k_n(L-x_j)}, \quad S_{4,(5+N)} = \sum_{n=1}^{2} a_n m_c \omega^2 \mu_n^3 e^{-k_n(L-x_m)}$$

$$S_{(4+j),1} = e^{k_1 x_j}, \quad S_{(4+j),2} = e^{k_2 x_j}, \quad S_{(4+j),3} = e^{k_3 x_j}, \quad S_{(4+j),4} = e^{k_4 x_j}$$

$$S_{(5+N),1} = \mathrm{e}^{k_1 x_m}, \quad S_{(5+N),2} = \mathrm{e}^{k_2 x_m}, \quad S_{(5+N),3} = \mathrm{e}^{k_3 x_m}, \quad S_{(5+N),4} = \mathrm{e}^{k_4 x_m}$$

$$S_{(4+m),(4+j)} = \sum_{n=1}^{2} a_n \mathrm{e}^{-k_n |x_m - x_j|}, \quad S_{(5+N),(4+j)} = \sum_{n=1}^{2} a_n \mathrm{e}^{-k_n |x_m - x_j|}$$

$$S_{(5+N),(5+N)} = \sum_{n=1}^{2} a_n m_c \omega^2 - 1$$

$$q_1 = -\sum_{n=1}^{2} a_n \mu_n^2 \mathrm{e}^{-k_n x_0}, \quad q_2 = -\sum_{n=1}^{2} a_n \mu_n^2 \mathrm{e}^{-k_n (L-x_0)}$$

$$q_3 = -\sum_{n=1}^{2} a_n \mu_n^3 \mathrm{e}^{-k_n x_0}, \quad q_4 = +\sum_{n=1}^{2} a_n \mu_n^3 \mathrm{e}^{-k_n (L-x_0)}$$

$$q_{4+m} = -\sum_{n=1}^{2} a_n \mathrm{e}^{-k_n |x_j - x_0|}, \quad q_{5+N} = -\sum_{n=1}^{2} a_n \mathrm{e}^{-k_n |x_m - x_0|}$$

$$\mu_n = \{1, j, -1, -j\}, (n = 1,2,3,4), (j = 1,2,3,\cdots,N), (m = 1,2,3,\cdots,N)$$

5.2.2 端部带重物多支承桅杆动特性

带集中质量的四支承桅杆是工程实际的简化。通过实物抽象，设计师能够得到关于工程的一些规律性结论。计算参数见表 5 - 1。

表 5 - 1 带集中质量 4 支承桅杆的输入参数

材料性能参数	$E = 2.02 \times 10^{11} \ \mathrm{N/m^2}$, $\rho = 7\ 900 \ \mathrm{kg/m^3}$
桅杆几何参数	杆外径 $D = 0.18 \ \mathrm{m}$, 杆内径 $d = 0.16 \ \mathrm{m}$, $L = 9.477 \ \mathrm{m}$, $\beta = 0.005$
支承的坐标参数	$x_1 = 0.2 \ \mathrm{m}$, $x_2 = 3.726 \ \mathrm{m}$, $x_3 = 4.671 \ \mathrm{m}$, $x_4 = 5.971 \ \mathrm{m}$
集中质量参数	$m_d = 25 \ \mathrm{kg}$, $x_m = L$(标准取值)
外力参数	$p_0 = 1 \ \mathrm{N}$, $x_0 = L - 1.5 \ \mathrm{m}$, $x_c = L$(响应点的坐标)

将表 5 - 1 中的输入参数代入 MATLAB 计算程序，结果见图 5 - 3。图中，虚线表示四支承桅杆未加集中质量时桅杆末端的位移导纳，实线则是加装了集中质量（$m_d = 25 \ \mathrm{kg}$）后的位移导纳。在 $x_m = L$ 处安装集中质量后，系统首阶固有频率峰值得到了有效抑制，与没有安装集中质量时相比，末端位移幅值降低到了原值的 1.012%。

当集中质量在梁坐标 $x_m = 5.971 \sim 9.477 \ \mathrm{m}$ 范围内变化时，得到桅杆末端最大位移响应，计算值列入表 5 - 2。表中，w 和 w_0 分别表示安装和未安装集中质量时桅杆末端的位移响应，它们是频率 f 的函数。由表 5 - 2 可见，集中质量安装位置对桅杆动响应有显著影响。三维变化如图 5 - 3 所示，集中质量越靠近支承点，抑制效果越差。

表 5-2　不同坐标对应的桅杆末端响应比值　　　　　　　单位:m

序号	x_m	$\max(w)$	$\dfrac{\max(w)}{\max(w_0)} \times 100\%$
1	5.971 0	185.368 4 × 10⁻⁵	100.00
2	6.289 7	36.124 8 × 10⁻⁵	25.823 2
3	6.608 5	14.560 5 × 10⁻⁵	7.854 9
4	6.927 2	7.770 2 × 10⁻⁵	4.191 8
5	7.245 9	4.899 6 × 10⁻⁵	2.643 2
6	7.564 6	3.470 9 × 10⁻⁵	1.872 4
7	7.883 4	2.689 4 × 10⁻⁵	1.450 8
8	8.202 1	2.242 5 × 10⁻⁵	1.209 7
9	8.520 8	1.988 7 × 10⁻⁵	1.072 8
10	8.839 5	1.861 0 × 10⁻⁵	1.003 9
11	9.158 3	1.829 2 × 10⁻⁵	0.986 8
12	9.477 0	1.887 0 × 10⁻⁵	1.018 0

　　再分析集中质量大小对多支承梁动态响应的影响。其他条件不变,假设集中质量在 $m_d = 0 \sim 10$ kg 内变化,计算位移响应 $\tilde{w}(x,t)$,如图 5-4 所示。图 5-5 是三维图,展示了不同集中质量、频率下桅杆动响应的变化全貌。

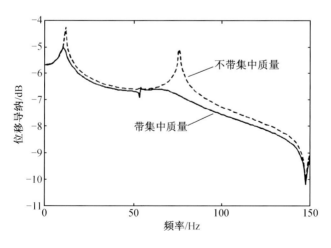

图 5-3　桅杆末端的位移响应

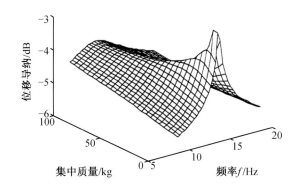

图5-4　对应频率和不同集中质量桅杆末端的位移响应

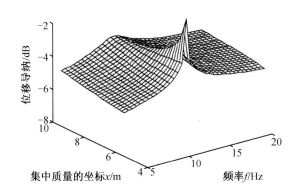

图5-5　对应频率和不同坐标桅杆末端的位移响应

从以上分析可见,WPA法分析带集中质量多支承桅杆梁类混合动力系统,既适用于任意支承和边界条件,又能计及梁的阻尼和任意点集中质量,与模态综合法、假设振形函数法相比,表现出数学处理上的便捷性:

(1)边界约束和附加质量等解除约束后,集中质量可以等效为梁上连接点的一个动反力/力矩,因而就可以采用WPA法进行表述、求解,这是该方法的独特优点。

(2)分析结果表明,集中质量对多支承桅杆——潜望镜的动态特性有显著影响。当其位于 $x_m = L$ 时,多支承桅杆一阶共振频率对应的位移响应将降低90%以上,是非常有效的工程控制方法。

5.3　带动力吸振器多支承梁动态特性分析

本节将采用WPA法,分析多支承梁加装TMD的动态特性分析,它们与集中质量的二自由度系统加装TMD表现出不同的动力学特性。

5.3.1　WPA 的通用方程

TMD 与多支承弹性梁的动态耦合关系,可以分解为质量弹簧系统对梁施加的一个动态力,如图 5 – 6 所示,TMD 和结构间的作用力 F_d。

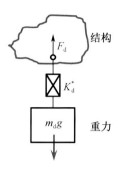

图 5 – 6　TMD 等效于结构上的一个动反力

随梁被动地做简谐运动,TMD 施加到梁上的动反力(内力)为 F_d[3],其阻尼通过 TMD 的复刚度 K_d^* 引入

$$F_d(\omega) = K_{tot} \cdot w(x_d) \tag{5-10}$$

对于滞后阻尼

$$\left.\begin{array}{l} K_{tot} = \dfrac{\omega^2 m_d K_d^*}{K_d^* - \omega^2 m_d} \\[3mm] K_d^* = (1 + j\beta)K_d \end{array}\right\} \tag{5-11}$$

对于黏性阻尼

$$K_{tot} = \frac{\omega^2 m_d (K_d + j\zeta\omega)}{K_d - \omega^2 m_d + j\zeta k\omega} \tag{5-12}$$

式中　K_{tot}——TMD 的等效刚度;

K_d^*——TMD 的复刚度;

β——TMD 的滞后阻尼损耗因子;

ζ——黏性阻尼;

$w(x_d)$——安装 TMD 部位结构的动位移响应,为待定未知数。

当多支承梁受点谐力 $\tilde{p}_0$、N 个简支反力 R_j(待定未知数),以及由 TMD 耦合振动施加给梁的内力 F_d 时,如图 5 – 1 所示,梁上任意一点$(0 \leqslant x \leqslant L)$随时间变化的横向位移响应函数为[1,3]

$$\tilde{w}(x,t) = w(x) \cdot e^{j\omega t} \tag{5-13}$$

$$\tilde{w}(x,t) = \sum_{n=1}^{4} A_n e^{k_n x} + F_d \sum_{n=1}^{2} a_n e^{-k_n|x_d-x|} + F_0 \sum_{n=1}^{2} a_n e^{-k_n|x_0-x|} + \sum_{j=1}^{N} R_j \sum_{n=1}^{2} a_n e^{-k_n|x_j-x|}$$

$$\tag{5-14}$$

式(5-14)中第 1 项是由弯曲波在梁的两末端因反射波而产生；第 2 项对应 TMD，见式(5-10)；第 3 项与外激励力相关；最后一项则由简支反力贡献。现在总计有 $N+5$ 个未知数，4 个 A_n，N 个 R_j 和一个 $w(x_d)$，它们由结构的边界、约束和连续条件确定。

不难看出，梁的支承数量、外力作用位置，以及 TMD 的安装位置在通用方程式(5-14)中无任何限制，比文献[4]介绍的方法有很大的改进。同样的，梁的内阻尼可通过复抗弯刚度引入，不再赘述。

5.3.2 功率流表达式

由功率流的基本概念，作用在结构上的点谐力输入结构的振动能量为[7]

$$P_S = \frac{1}{2}|p_0|\text{Re}\{\vartheta_0\} \tag{5-15}$$

式中 ϑ_0 为结构上谐力处的原点导纳。

设激励力幅值 $p_0 = 1$，式(5-15)中的实数项如下[6-7]

$$\text{Re}\{\vartheta_0\} = \text{Re}\{-j\omega w^*(x_0)\} = -\text{Im}\{\omega w^*(x_0)\} \tag{5-16}$$

式中，上标 * 是该复数的共轭。

将 $x = x_0$ 代入式(5-14)，可以得到激励点的位移为

$$w(x_0) = \sum_{n=1}^{4} A_n e^{k_n x_0} + \sum_{n=1}^{2} a_n + F_d \sum_{n=1}^{2} a_n e^{-k_n|x_d - x_0|} + \sum_{j=1}^{N-1} R_j \sum_{n=1}^{2} a_n e^{-k_n|x_j - x_0|} \tag{5-17}$$

梁上任意一点（$0 \leqslant x \leqslant L$）对应的剪切力和弯矩的传递的功率，分别见式(9-16)和式(9-17)，可写为

$$P_u(x) = \frac{1}{2}\text{Re}\{S(-j\omega) \cdot w^*\} = \frac{1}{2}\text{Re}\{S^* \cdot j\omega w\} \tag{5-18}$$

$$P_m(x) = \frac{1}{2}\text{Re}\{M(-j\omega) \cdot \theta^*\} = \frac{1}{2}\text{Re}\{M^* \cdot j\omega\theta\} \tag{5-19}$$

其中

$$w = A_1 E_1 + A_2 E_2 + A_3 E_3 + A_4 E_4 + a_1(E_5 + jE_6) + F_d a_1(E_7 + jE_8) + L_1$$

$$M = EIk^3\{A_1 E_1 - A_2 E_2 + A_3 E_3 - A_4 E_4 + a_1(E_5 - jE_6) +$$
$$F_d a_1(E_7 - jE_8) + L_2\}$$

$$\theta = k\{A_1 E_1 + jA_2 E_2 - A_3 E_3 - jA_4 E_4 - a_1(jf)(E_5 - E_6) -$$
$$F_d a_1(jd)(E_7 - E_8) - L_3\}$$

$$S = EIk^3\{A_1 E_1 - jA_2 E_2 - A_3 E_3 + jA_4 E_4 - a_1(jf)(E_5 + E_6) +$$
$$F_d a_1(jd)(E_7 + E_8) - L_4\}$$

需注意上述表达式与本书第 9 章中式(9-18)至式(9-21)的区别。而 L_1、L_2、L_3 和 L_4 分别为

$$L_1 = \sum_{i=1}^{N-1} R_i a_1(E_{1i} + jE_{2i})$$

$$L_2 = \sum_{i=1}^{N-1} R_i a_1 (E_{1i} - j E_{2i})$$

$$L_3 = \sum_{i=1}^{N-1} R_i a_1 (jr) (E_{1i} - E_{2i})$$

$$L_4 = \sum_{i=1}^{N-1} R_i a_1 (jr) (E_{1i} + E_{2i})$$

$$E_1 = e^{kx}, \; E_2 = e^{jkx}, \; E_3 = e^{-kx}$$

$$E_4 = e^{-jkx}, \; E_5 = e^{-k|x_0-x|}, \; E_6 = e^{-jk|x_0-x|}$$

$$E_7 = e^{-k|x_d-x|}, \; E_8 = e^{-jk|x_d-x|}, \; E_{1i} = e^{-k|x_i-x|}, \; E_{2i} = e^{-jk|x_i-x|}$$

在这里,(jd)、(jf) 和 (jr) 为符号算子

$$(jd) = \begin{cases} -1, & x < x_d \\ +1, & x > x_d \end{cases} \tag{5-20}$$

$$(jf) = \begin{cases} -1, & x < x_0 \\ +1 & x > x_0 \end{cases} \tag{5-21}$$

$$(jr) = \begin{cases} -1 & x < x_j \\ +1 & x > x_j \end{cases} \tag{5-22}$$

利用式(5-18)和式(5-19),可得到沿梁传递的振动功率流。振动功率流为剪力功率与弯矩功率分量之和,亦即

$$P_a(x) = P_u(x) + P_m(x) \tag{5-23}$$

5.3.3　计算与讨论

分析讨论 3 等跨梁($N=3$,$l=L/N$,见图 5-1(b))安装 TMD 后,简支状态下梁的前 3 阶模态振形见图 5-7。设点谐力坐标 $x=x_0$,TMD 坐标 $x=x_d$。输入结构的功率流和传递功率流如图 5-8 所示。

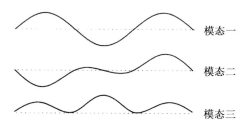

模态一

模态二

模态三

图 5-7　3 等跨简支梁前 3 阶位移模态图

分析点谐力输入结构的功率流和沿梁传递的功率流。在图 5-8、图 5-9、图 5-12 和图 5-13 的计算中,采用无量纲频率 kl,滞后阻尼。质量比 μ 和 kl 分别为

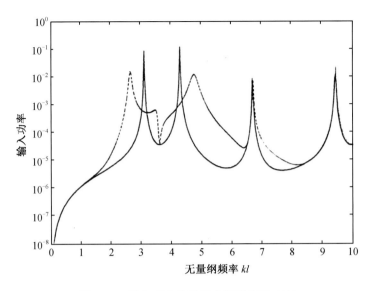

图 5 - 8　输入到 3 等跨简支梁的振动功率

$(\mu = 0.2, \beta = 0.005, \beta_d = 0.25, x_0 = x_d = 1.5l, \Omega = 1.15)$

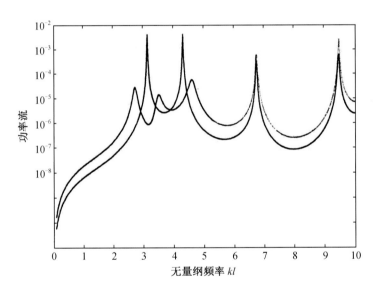

图 5 - 9　3 等跨简支梁中功率流

$(\mu = 0.2, \beta = 0.005, \beta_d = 0.25, x_0 = x_d = 1.5l, \Omega = 1.15)$

$$\left.\begin{array}{l} kl = \omega\rho bhl/EI \\ \mu = m_d/M \end{array}\right\} \tag{5-24}$$

式中 $M = \rho bhL$，为梁的总质量。

调谐频率比定义为

$$\Omega = \frac{\omega_d}{\omega_m} \tag{5-25}$$

式中　ω_d——动力吸振器的固有频率；

　　ω_m——梁的模态固有频率；

　　Ω——调谐频率比。

当 $m=1$ 时，ω_1 对应该系统第 1 阶共振频率。

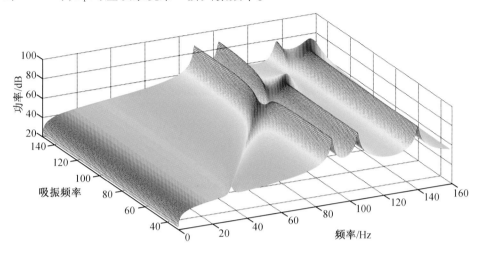

图 5 - 10　改变吸振频率对功率流的影响(吸振质量比 5%)（雷智洋编程绘制）

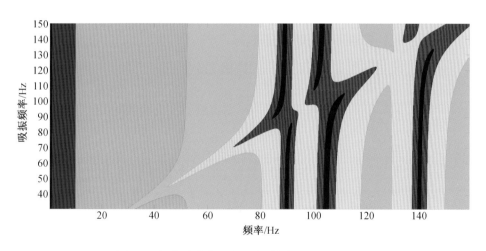

图 5 - 11　改变吸振频率对功率流的影响(等高线云图)（雷智洋编程绘制）

（$\mu=0.05$, $\beta=0.005$, $\beta_d=0.25$, $x_0=x_d=1.5l$, $z=2.5l$, $\Omega=1.15$）

优化目标是传递频带内，对应调谐的最大共振峰 $\max P_a$ 最小。行之有效的办法是直接对式(5 - 23)定义的功率流采用非线性数学规划寻找最小最大值，记为

$$\min_{f\in B}\ \max_{\Omega\in(0,2)} \boldsymbol{P}_a(\Omega\,|\,\beta,\Delta f) \tag{5 - 26}$$

式中　B——与等跨距对应的频带簇；

　　β——TMD 的阻尼损耗因子；

　　Δf——非线性数字规则频范围。

　　TMD 位于 3 等跨梁第 2 跨的中心点,跨对应调谐到第一频率簇的第一个共振频率,输入结构和沿结构传递的振动功率流分别见图 5 - 8 和图 5 - 9,其中实线指没有 TMD 时输入结构和沿结构传递的振动功率流,虚线指加 TMD 后的功率流。图 5 - 10 和图 5 - 11 则分别为改变吸振频率对功率流影响的三维分布图和等高线图。

　　从图 5 - 8 至图 5 - 13 中可见,多个共振峰被 1 个 TMD 调谐且抑制效果显著。这种"一调多"现象十分有趣,是等跨周期梁的普遍规律,由驻波效应产生。在图 5 - 13 所示的 5 跨梁中,与第一跨对应的频带簇有 5 个共振峰,均被一次性抑制。分析算例表明:一般地有限等跨梁,当 TMD 调谐至任意共振峰簇第一个固有频率时,对应频带簇的所有共振峰均被抑制。

　　有限周期结构,因为结构波的驻波效应,表现出的周期特性缘于强耦合关联,共振频率被强调制。因此,共振峰成簇出现,被一次调谐。在每个共振峰簇,共振峰的个数总是小于或者等于有限周期梁的跨数。在图 5 - 7 和图 5 - 8 中,第 2 阶共振峰被隐去,因为外激励力正好作用在结构 2 阶模态振形节点上,$xx_0 = 1.5l$。

　　带 TMD 周期梁的另一个特点是,它的优化调谐频率比 Ω_{opt} 不像离散质量系统那样总是小于 1。当 TMD 与谐力位于梁上同一点时,$\Omega_{opt} \geqslant 1$,否则 $\Omega_{opt} < 1$,见文献 [2,5]。但是,当周期性改变较大时,由耦合产生约束被弱化,详见图 5 - 12 和图 5 - 13,它们分别为 3 等跨简支梁和 5 等跨简支梁的输入和传递功率流。图 5 - 14 是 5 等跨、简支、有限周期梁结构能量传递计算值和试验值测量结果的比较,吻合良好。

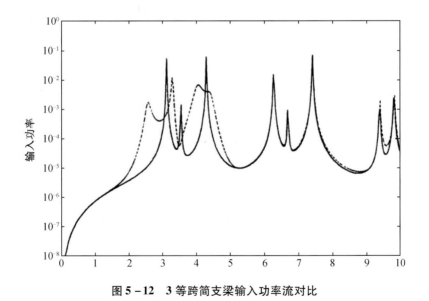

图 5 - 12　3 等跨简支梁输入功率流对比

(质量比 $\mu = 0.2$, $\beta = 0.005$, $\beta_d = 0.40$, $x_0 = 1.3l$, $x_d = 0.5l$, $\Omega = 0.99$)

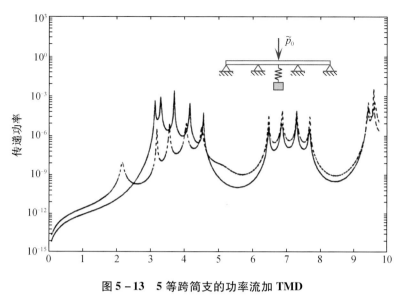

图 5 - 13　5 等跨简支的功率流加 TMD

（质量比 $\mu = 0.2$，$\beta = 0.005$，$\beta_d = 0.40$，$x_0 = 1.3l$，$x_d = 0.5l$，$z = 45l$，$\Omega = 1.04$）

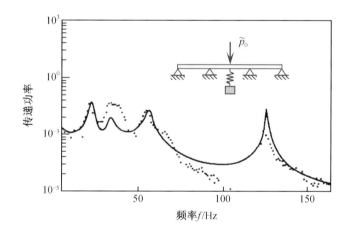

图 5 - 14　5 等跨简支梁加 TMD 功率流的理论值

（质量比 $\mu = 0.095$，$\beta = 0.005$，$\beta_d = 0.40$，$x_0 = 1.3l$，$x_d = 0.5l$，$z = 45l$，$\Omega = 1.04$）

5.3.4　分析小结

本节给出的 WPA 方程式可以分析一般多支承梁。有限周期梁结构是多支承梁的特殊形式。采用的分析算例均为动力吸振器周期梁，这是因为它们的特性更加鲜明。研究输入结构的振动功率和传递振动功率，特别是有限周期结构，得到一些新发现综合如下：

（1）仅用一个 TMD，便可抑制有限周期结构对应传播域内的一簇共振峰。调谐共振峰的数量等于等跨梁的跨数，当点谐力和 TMD 正好安装在梁的节点上时，则减少一个共振峰。调谐频率应设计成对应传播域共振峰簇的第一个共振频率。

（2）在二自由度刚体系统中，TMD 调谐频率比总是单向趋优而且恒小于 1，即 $\Omega = 1$。而周期结构中，TMD 的最佳调谐频率比可能大于 1，也可能小于 1，它是双向趋优的。当 TMD 与梁上外载荷作用在同一点时，最佳调谐频率比 Ω 总是大于等于 1，即有 $\Omega_{opt} \geqslant 1$，否则 $\Omega_{opt} \leqslant 1$。

（3）在众多桅杆动态特性控制措施中，加装 TMD 最有效。

5.4　用 WPA 法分析桅杆加装 TMD

本节分析内容是 5.3 节理论研究的延伸，聚焦某工程实际应用，分析桅杆加装 TMD 后，对动力特性的改变，探索桅杆振动控制的一般方法和最佳方案。桅杆加装 TMD 示意如图 5－15 所示。

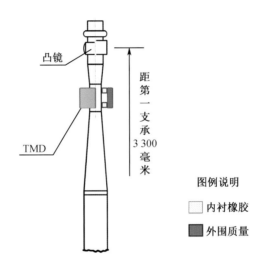

凸镜

TMD

距第一支承 3 300 毫米

图例说明

□ 内衬橡胶

■ 外围质量

图 5－15　桅杆上加装 TMD

（TMD 质量 $m < 4$ kg，实际内嵌设计）

5.4.1　物理模型

桅杆加装 TMD 物理模型如图 5－16 所示，实际是实为直立形式。弹性桅杆假设为均直梁，4 个简支承在后端配重，构成典型的混合动力系统。图 5－17 是 TMD 的结构原理图。为了表叙的完整性，关键的方程推导仍予保留。

假设桅杆上任意一点 $x = x_0$ 受谐力 $\tilde{p}_0$，且没有安装 TMD，桅杆振动的谐位移响应为

$$\tilde{w}_b(x,t) = \sum_{n=1}^{4} A_n \mathrm{e}^{k_n x} + p_0 \sum_{n=1}^{2} a_n \mathrm{e}^{-k_n |x_0 - x|} + \sum_{j=1}^{4} R_j \sum_{n=1}^{2} a_n \mathrm{e}^{-k_n |x_j - x|} \qquad (5-27)$$

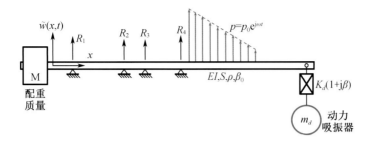

图 5 – 16　带 TMD 多支承弹性桅杆的简化数学模型

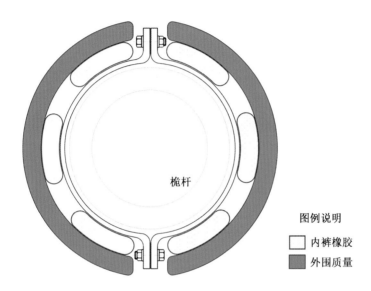

图 5 – 17　复合式 TMD 结构剖面示意图

（外置式方案，实际采用内置式设计，李哲然制作）

　　然后，再考虑加装 TMD 后对系统的影响。解除 TMD 约束，视 TMD 同对桅杆施加了一个作用反力 F_d（未知数）。线性假设下，根据弯曲波的叠加原理，得到多支承桅杆加装 TMD 时的横向位移

$$\tilde{w}(x,t) = \tilde{w}_b(x,t) + F_d \sum_{n=1}^{2} a_n e^{-k_n |x_d - x|} \tag{5-28}$$

　　随桅杆做谐运动时，TMD 施加到桅杆上的反力 F_d（见式（2 – 86）），是桅杆连接点谐位移的函数

$$F_d(\omega) = K_{tot}^* \cdot w(x_d) \tag{5-29}$$

式中　K_{tot}^*——TMD 与滞后阻尼对应的等效刚度；

　　　　k_d^*——TMD 的复刚度，$k_d^* = k_d(1+j\beta)$，β 是滞后阻尼损耗因子；

　　　　m_d——TMD 的质量；

　　　　x_d——TMD 的安装坐标。

将式(5-29)代入式(5-28),得到

$$\tilde{w}(x,t) = \tilde{w}_b(x,t) + w(x_d)\sum_{n=1}^{2}a_nK_{tot}(\omega)e^{-k_n|x_d-x|} \qquad (5-30)$$

式(5-30)右边的最后一项是由 TMD 引入的动反力,$w(x_d)$ 则是桅杆上点 $x=x_d$ 的动位移(未知量)。为便于计算,列出了式(5-30)对 x 的偏导数

$$\frac{\partial^2 w(x,t)}{\partial x^2} = \frac{\partial^2 w_b(x,t)}{\partial x^2} + w(x_d)\sum_{n=1}^{2}a_nK_{tot}k_n^2e^{-k_n|x_d-x|} \qquad (5-31)$$

$$\frac{\partial^3 w(x,t)}{\partial x^3} = \frac{\partial^3 w_b(x,t)}{\partial x^3} - w(x_d)\sum_{n=1}^{2}a_nK_{tot}k_n^3(jd)\cdot e^{-k_n|x_d-x|} \qquad (5-32)$$

式中 (jd) 为符号算子

$$(jd) = \begin{cases} +1, & x \geqslant x_d \\ -1, & x < x_d \end{cases} \qquad (5-33)$$

已知式(5-27)总共有 $N+4$ 个未知数,式(5-30)则总共有 $N+5$ 个未知数,其中 $N=4$。它们分别由边界条件、约束条件和连续条件联立求解。当 N 个支承均为简支时,这 3 个边界条件等效于

$$\left.\begin{aligned} &\frac{\partial^2\tilde{w}(0,t)}{\partial x^2} = \frac{\partial^2\tilde{w}(L,t)}{\partial x^2} = 0 \\ &\frac{\partial^3\tilde{w}(0,t)}{\partial x^3} = \frac{\partial^3\tilde{w}(L,t)}{\partial x^3} = 0 \\ &w(x_i) = 0 \quad (i=1,2,3,4) \\ &w_b(x_d) + w(x_d)\cdot\left(\sum_{n=1}^{2}a_nK_{tot}-1\right) = 0 \end{aligned}\right\} \qquad (5-34)$$

式(5-34)对应一个 $(N+5)$ 个未知数的线性方程组

$$SX = Q \qquad (5-35)$$

式中 $X = \{A_1,A_2,A_3,A_4,R_1,R_2,R_3,\cdots,R_N,w(x_d)\}^T$;矩阵 S 和 Q 中的元素如下

$$S_{1,(5+N)} = \sum_{n=1}^{2}a_n\mu_n^2K_{tot}e^{-k_nx_d}, \quad S_{2,(5+N)} = \sum_{n=1}^{2}a_nK_{tot}\mu_n^2e^{-k_n(L-x_d)}$$

$$S_{3,(5+N)} = \sum_{n=1}^{2}a_nK_{tot}\mu_n^3e^{-k_nx_d}, \quad S_{4,(5+N)} = \sum_{n=1}^{2}a_nK_{tot}\mu_n^3e^{-k_n(L-x_d)}$$

$$S_{(5+N),1} = e^{k_1x_d}, \quad S_{(5+N),2} = e^{k_2x_d}, \quad S_{(5+N),3} = e^{k_3x_d}, \quad S_{(5+N),4} = e^{k_4x_d}$$

$$S_{(5+N),(4+j)} = \sum_{n=1}^{2}a_ne^{-k_n|x_d-x_j|}, \quad S_{(5+N),(5+N)} = \sum_{n=1}^{2}a_nK_{tot}-1$$

$$q_1 = -\sum_{n=1}^{2}a_n\mu_n^2e^{-k_nx_0}, \quad q_2 = -\sum_{n=1}^{2}a_n\mu_n^2e^{-k_n(L-x_0)}$$

$$q_3 = -\sum_{n=1}^{2}a_n\mu_n^3e^{-k_nx_0}, \quad q_4 = +\sum_{n=1}^{2}a_n\mu_n^3e^{-k_n(L-x_0)}$$

$$q_{4+m} = -\sum_{n=1}^{2} a_n e^{-k_n |x_j-x_0|}, \quad q_{5+N} = -\sum_{n=1}^{2} a_n e^{-k_n |x_d-x_0|}$$

$$\mu_n = \{1, j, -1, -j\}, \quad (j, n, m = 1, 2, 3, 4)$$

将式(5 – 35)的瞬值解 X 代入式(5 – 30),即可求得桅杆上任意一点的位移导纳,也即单位动载荷下的位移响应。

5.4.2　计算举例

调谐频率比定义为: $\Omega = f_d/f_{0n}$,其中 f_d 为 TMD 设计的调谐频率; f_{0n} 为 4 支承桅杆对应的第 n 阶固有频率,首阶固有频率 $f_{01} = 11.61(\text{Hz})$,详见第 4 章 4.4 节。

表 5 – 3　带动力吸振器的四支承桅杆的计算参数

材料性能参数	$E = 2.02 \times 10^{11}$ N/m^2, $\rho = 7\,900$ kg/m^3
桅杆几何参数和性能参数	杆外径 $D = 0.18$ m,杆内径 d $= 0.16$ m,$L = 9.477$ m,$\beta = 0.001$
支承点坐标参数	$x_1 = 0.2$ m,$x_2 = 3.725$ m,$x_3 = 4.671$ m,$x_4 = 5.971$ m
动力吸振器参数	$m_d = 3.99$ kg,$x_d = L - 0.001$ m,$\beta_d = 0.15$,f_d(设计参数)
外力参数	$p_0 = 1$ N,$x_0 = L - 1.5$ m,$x_c = L$(响应点的坐标)

经编程计算,由表 5 – 3 中的输入参数得到结果如图 5 – 18 至图 5 – 21 所示。未安装 TMD 时,桅杆的前 2 阶固有频率、反共振频率和基频的模态振形见 4.4 节的图 4 – 7。图 5 – 18 和图 5 – 19 分别为欠调谐和过调谐的情况。而图 5 – 20 则是优化后系统的响应,最高峰值曲线是 4 支承桅杆末端的位移响应。加装 TMD 后,二种调谐比时系统响应均大幅降低。

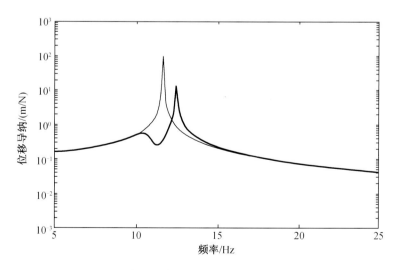

图 5 – 18　TMD 抑制桅杆末端的位移响应,欠调谐,$\Omega = 0.994$

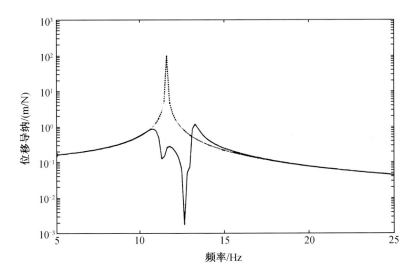

图 5 – 19   TMD 抑制桅杆末端的位移响应,过调谐,$\Omega = 1.08$

TMD 调谐到频率比 $\Omega_{opt} = 1.06$ 时,峰值位移得到有效抑制:原共振峰分裂为两个近似相等的小峰。桅杆末端位移幅值从原来没有 TMD 的 10^{-3} 降至有 TMD 时的 10^{-5},即约相当于原位移量的 1%,对应 TMD 质量不到 4 kg。图 5 – 20 中虚线对应 $\Omega = 1.0$ 欠调谐时的情况。

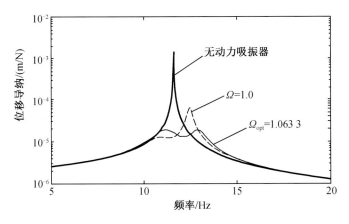

图 5 – 20   动力吸振器抑制桅杆末端的位移响应

(优化调谐频率比 $\Omega_{opt} = 1.06$)

考察调谐频率比 Ω 与抑振效果的关系。在其他条件不变的情况下,假设 TMD 以 $f = 12.34$ Hz 为中心调谐频率,12.5% 的峰簇频率带宽范围,即 TMD 对应调谐频率 $f_d = 10.80 \sim 13.89$ Hz 时,位移响应的 3D 曲线如图 5 – 21 所示。从该图可见,TMD 的调谐频率对桅杆的动响应有显著的影响。

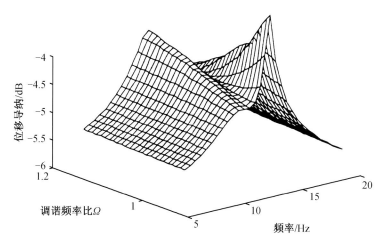

图 5 – 21　对应频率和调谐频率比桅杆末端的 **3D** 位移响应

控制桅杆的技术措施包括：增加直径,提高刚度；增加支承数量,缩短支承跨距；调整支承形式和组合；加装流线型导流罩和增加结构阻尼等。桅杆作为细长悬臂结构,加装 TMD 抑制动向应效果最为显著。理论分析表明,TMD 可以将桅杆末端位移幅值降低 95% 以上,解决水下高速航行时桅杆"抖动",图像模糊问题。

通过比较研究,我们得到如下重要结论：

(1)潜艇桅杆"静刚度有余、动刚度不足"是其在高航速时抖动的根本原因。动刚度不足决定了系统特征,因此即使建模简单也能准确计算系统特性；

(2)TMD 是控制桅杆高航速动向应的最佳办法；

(3)将桅杆支承点与围壳结构"捆绑",利用其刚度要素,既提高支承点高度,又能降低系统总质量。

5.5　本章小结

连续弹性体加装集中质量或 TMD 构成混合动力系统。本章用 WPA 法对多种混合动力系统,如端部带重物的多支承桅杆,TMD 与任意多支承梁、周期结构等,开展了理论分析,显示了 WPA 法的解析特点并得到若干结论：

(1)仅用一个 TMD,便可抑制周期结构传播域内一组共振峰簇,每组共振峰数等于跨数,除非 TMD 恰好位于节点上。调谐频率应针对峰族中第一个共振频率。该结论揭示了周期结构的强耦合关系,整体周期性对子系统固有特性具有强约束与调制。

(2)在二自由度刚体系统中,TMD 最佳调谐频率比总是单向趋优,即 $\Omega_{opt} \leqslant 1$。而在周期结构中,TMD 最佳调谐频率比是双向趋优,当 TMD 与梁上外载荷作用在同一点时,最佳

调谐频率比 Ω 总是大于等于 1，即 $\Omega_{opt} \geqslant 1$，否则 $\Omega_{opt} \leqslant 1$。

（3）TMD 是控制细长梁类结构动态响应的有效措施之一，通常比其他方法更有效。潜艇桅杆作为典型细长梁类结构，高航速抖动，图像模糊的根本原因是"静刚度有余，而动刚度不足"。

（4）有限、周期和准周期梁的解析一直是个难题。WPA 法解析该类系统具有独特的优势，并且对结构阻尼、支承形式和边界条件无任何限制。有限准周期结构的理论解析具有理论和工程价值，揭示的小幅"摄动"变化，可作为周期结构的诊断判据。

本章参考文献

［1］YOUNG. Proceedings of the first US National Congress of Applied Mechanics［C］. 1952：91 − 96.

［2］NEUBERT V H. Dynamic absorbers applied to a bar that has solid damping［J］. The Journal of the Acoustical Society of America, 1964, 36（4）：673 − 680.

［3］SNOWDON J C. Vibration and damped mechanical systems［M］. New York：John Wiley & Sons, 1968.

［4］JONES D I G. Response and damping of a simple beam with tuned dampers［J］. The Journal of the Acoustical Society of America, 1967, 42（1）：50 − 53.

［5］JACQUOT R G. Optimal dynamic vibration absorbers for general beam systems［J］. Journal of Sound and Vibration, 1978, 60（4）：535 − 542.

［6］WU CHONGJIAN. A new method of reduction of beam vibration by use of neutralisers［R］. University of Southampton, England, 1992.

［7］WU CHONGJIAN, WHITE R G. Reduction of vibrational power in periodic beams by use of a neutralizer［C］. Proceedings of the Institute of Acoustics, 1993, 15：263 − 270.

［8］郑国群. 用 WPA 法研究混合动力系统［D］. 武汉：武汉船舶设计研究所, 2002.

［9］吴崇健. 动力吸振器抑制桅杆振动的理论分析与设计［J］. 舰船工程研究, 1995（2）：36 − 40.

［10］吴崇健, 伏同先. 具有弹性特性中间筏体双层隔振系统的研究与设计［J］. 舰船工程研究, 1994（4）：20 − 24.

［11］吴崇健. 浮筏隔振与双层隔振比较研究综述［J］. 舰船工程研究, 1998（1）：29 − 33.

［12］陈志刚. 浮筏隔振系统中的"质量效应"研究［M］. 武汉：中国舰船研究设计中心, 2005.

第6章

WPA 法计算分布力激励下的结构响应

唯一的就是勤于思考、勤动脑子。进行声学研究是我的兴趣所致，解决科学难题，攻破声学研究障碍，这就是我生活中最大的快乐。

——马大猷

6.1 引　　言

工程中常见结构承受分布力或激励成分中包含分布力。例如,消望状态下潜望镜受到的流体激励便是分布力[1-2]。高层建筑、大跨度桥梁、高压输电结构的风力载荷,舰船壳板、各类桅杆所承受的波浪载荷等,都是或包含分布力激励,它们是设计中不可忽视的场景。

我们用 WPA 法分析了点谐力结构响应问题[3-4]、它同样适合于分布力激励下的结构动态分析[5]。本章根据弯曲波的叠加原理,对悬臂梁结构在任意分布力作用下的动响应和动态特性开展了理论研究,推导出求解的一般表达式。经与经典算法比较,该方法的正确性供得到验证。引用前面导出的方程,还能轻易扩展到任意支承和边界条件,受瞬态力激励的梁类结构。

6.2　力学模型与方程推导

为了表述的连续性,将第 4 章中任意 N 个支承梁单点激励的方程式(4-32)引入,并省略时间项 $\exp(\mathrm{j}\omega t)$,有

$$\tilde{w}(x,t) = \sum_{n=1}^{4} A_n \mathrm{e}^{k_n x} + \sum_{i=1}^{N} R_i \sum_{n=1}^{2} a_n \mathrm{e}^{-k_n|x_i-x|} + p_0 \sum_{n=1}^{2} a_n \mathrm{e}^{-k_n|x_0-x|} \tag{6-1}$$

式中 k_n 为波数,详见式(2-3);a_1 和 a_2 为第 2 章给出的无限长梁原点弯曲波的响应函数系数。式(6-1)中第 1 项为反射波在梁的两个末端产生的波位移,4 个 A_n 为未知数;第 2 项由支承反力 R_i 产生;第 3 项是外激励力产生的波位移项;N 个支承反力 R_i 的大小也是待定未知数,共有 $N+4$ 个。为便于后续讨论,将式(6-1)简写为

$$\tilde{w}(x,t) = w_h(x) + p_0 \sum_{n=1}^{2} a_n \mathrm{e}^{-k_n|x_0-x|} \tag{6-2}$$

其中

$$w_h(x) = \sum_{n=1}^{4} A_n \mathrm{e}^{k_n x} + \sum_{i=1}^{N} R_i \sum_{n=1}^{2} a_n \mathrm{e}^{-k_n|x_i-x|} \tag{6-3}$$

分布力激励下复杂梁结构示意图如图 6-1 所示。假设 z_1 和 z_2 分别为分布力 $\tilde{q}(x)$ 作用区域的上、下限坐标值,且 $0 \leqslant z_1 \leqslant z_2 \leqslant L$。可以将分布力离散为 m 等份,间距为 Δx。

求解位于坐标 $x_i(z \leqslant x_i \leqslant z_2)$ 和 $x_i + \Delta x$ 区间的激励力 p_{0i},则有

$$p_{0i} = q(x_i)\Delta x \tag{6-4}$$

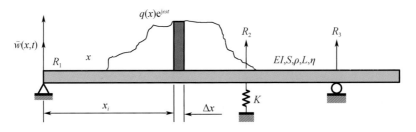

图 6-1 分布力作用下的复杂梁结构

式(6-2)重新写为

$$\tilde{w}(x,t) = w_h(x) + q(x_i)\Delta x \sum_{n=1}^{2} a_n e^{-k_n|x_i-x|} \tag{6-5}$$

根据弯曲波的叠加原理,式(6-5)中 $q(x_i)\Delta x$ 等效为点力 p_{0i},梁受分布力的横向位移方程等效为 m 个外载荷求和,即

$$\tilde{w}(x,t) = w_h(x) + \sum_{i=1}^{m} q(x_i)\Delta x \sum_{n=1}^{2} a_n e^{-k_n|x-x_i|} \tag{6-6}$$

在式(6-6)中对 Δx 求极限,利用积分原理,可得到梁在任意支承、分布力激励下结构横向位移的一般表达式如下

$$\tilde{w}(x,t) = w_h(x) + \int_{z_1}^{z_2} q(z) \sum_{n=1}^{2} a_n e^{-k_n|x-z|} \mathrm{d}z \tag{6-7}$$

其完整的方程如下

$$\tilde{w}(x,t) = \sum_{n=1}^{4} A_n e^{k_n x} + \sum_{i=1}^{N} R_i \sum_{n=1}^{2} a_n e^{-k_n|x-x_i|} + \int_{z_1}^{z_2} q(z) \sum_{n=1}^{2} a_n e^{-k_n|x-z|} \mathrm{d}z \tag{6-8}$$

与式(6-1)相同,式(6-7)和式(6-8)中也仅有 $N+4$ 个未知数,故两式同样也可通过梁的边界条件和约束条件求得。在上述推导中,未限定梁的边界条件和约束条件,也未规定分布力的作用形式、作用位置和大小。

对于梁上同时受到分布力和集中载荷同时作用的情况,此时,根据弯曲波的叠加原理,不难推导出 WPA 法求解的表达式,即

$$\tilde{w}(x,t) = w_h(x) + \sum_{i=1}^{k} p_{0i} \sum_{n=1}^{2} a_n e^{-k_n|x-x_i|} + \int_{z_1}^{z_2} q(z) \sum_{n=1}^{2} e^{-k_n|x-z|} \mathrm{d}z \tag{6-9}$$

式中第 2 项是与集中动载荷相关的量;p_{0j} 是第 j 个集中外载荷,$j=1,2,\cdots,k$。

对于各种非周期性的瞬态激励力,对其进行泰勒变换可得到相应的幂函数。例如:令

$$p_0(x) = g(x) \tag{6-10}$$

经过泰勒变换则有

$$g(x) = g(x_0) + g'(x_0)(x-x_0) + \frac{1}{2!}g''(x_0)(x-x_0)^2 + \cdots +$$

$$\frac{1}{n!}g^{(n)}(x_0)(x-x_0)^n + \cdots + o(|x-x_0|^n) \tag{6-11}$$

式中末项 $o(|x-x_0|^n)$ 表示可以忽略不计的无穷小量。

将式(6-11)代入式(6-6)中得到式(6-12),以此可分析瞬态激励力作用下的结构响应。

$$\tilde{w}(x,t) = w_h(x) + \int_{z_2}^{z_1} q(z) \sum_{n=1}^{2} a_n e^{-k_n |x-z|} dz \qquad (6-12)$$

假设 N 个支承均为简支,梁的两个末端也为简支,则可得到相应的边界条件如下:

$$w(0) = w(L) = 0$$

$$\frac{\partial^2 \tilde{w}(0,t)}{\partial x^2} = \frac{\partial^2 \tilde{w}(L,t)}{\partial x^2} = 0 \qquad (6-13)$$

$$w(x_i) = 0$$

$$i = 1, 2, \cdots, N$$

根据上述条件,可求出对应的 $N+4$ 个未知数的线性方程组如下:

$$SX = Q \qquad (6-14)$$

$$X = \{A_1, A_2, A_3, A_4, R_1, R_2, R_3, \cdots, R_N\}^T \qquad (6-15)$$

式中　S——参数矩阵;

　　　X——未知变量;

　　　Q——外激励力向量。

根据式(6-14),可求解出 $N+4$ 个未知数,将其代入式(6-6)中即可得到结构的振动波传播和位移响应。

6.3　简单悬臂梁结构

本节所述均直悬臂梁,一端固定,另一端为自由端。梁上受到均布力 $q(x) = c$ 作用,其中 c 为常数。该结构的边界条件不同于式(6-13),而为

$$w(0) = 0 \qquad (6-16)$$

$$\frac{\partial \tilde{w}(0,t)}{\partial x} = 0 \qquad (6-17)$$

$$\frac{\partial^2 \tilde{w}(0,t)}{\partial x^2} = 0 \qquad (6-18)$$

$$\frac{\partial^3 \tilde{w}(0,t)}{\partial x^3} = 0 \qquad (6-19)$$

对应式(6-16)至式(6-19)的边界条件,由式(6-7)可得到如下方程组

$$\sum_{n=1}^{4} A_n + c \int_0^L \sum_{n=1}^{2} a_n e^{-k_n z} dz = 0 \qquad (6-20)$$

$$\sum_{n=1}^{4} k_n A_n + c \int_0^L \sum_{n=1}^{2} a_n (-k_n) e^{-k_n z} dz = 0 \qquad (6-21)$$

$$\sum_{n=1}^{4} k_n^2 A_n \mathrm{e}^{k_n L} + c \int_0^L \sum_{n=1}^{2} a_n (-k_n)^2 \mathrm{e}^{-k_n(L-z)} \mathrm{d}z = 0 \qquad (6-22)$$

$$\sum_{n=1}^{4} k_n^3 A_n \mathrm{e}^{k_n L} + c \int_0^L \sum_{n=1}^{2} a_n (-k_n)^3 \mathrm{e}^{-k_n(L-z)} \mathrm{d}z = 0 \qquad (6-23)$$

其中

$$c \int_0^L \sum_{n=1}^{2} a_n \mathrm{e}^{-k_n z} \mathrm{d}z = c \int_0^L \sum_{n=1}^{2} a_n \mathrm{e}^{-k_n(L-z)} \mathrm{d}z = -c \int_0^L \sum_{n=1}^{2} \frac{a_n}{k_n} (\mathrm{e}^{-k_n L} - 1) \mathrm{d}z \qquad (6-24)$$

假设

$$(jn)_n = k_n / k_1 \qquad (6-25)$$

则有

$$(jn)_n = \{1, \mathrm{j}, -1, -\mathrm{j} \mid n = 1, 2, 3, 4\} \qquad (6-26)$$

将式(6-26)代入式(6-20)至式(6-23)有

$$\sum_{n=1}^{4} A_n - c \sum_{n=1}^{2} \frac{a_n}{k_n} (\mathrm{e}^{-k_n L} - 1) = 0 \qquad (6-27)$$

$$\sum_{n=1}^{4} (jn)_n A_n - c \sum_{n=1}^{2} \frac{a_n (jn)_n}{k_n} (\mathrm{e}^{-k_n L} - 1) = 0 \qquad (6-28)$$

$$\sum_{n=1}^{4} (jn)_n^2 A_n \mathrm{e}^{k_n L} - c \sum_{n=1}^{2} \frac{a_n (jn)_n^2}{k_n} (\mathrm{e}^{-k_n L} - 1) = 0 \qquad (6-29)$$

$$\sum_{n=1}^{4} (jn)_n^3 A_n \mathrm{e}^{k_n L} - c \sum_{n=1}^{2} \frac{a_n (jn)_n^3}{k_n} (\mathrm{e}^{-k_n L} - 1) = 0 \qquad (6-30)$$

将式(6-27)至式(6-30)写成矩阵形式,可得式(6-31)所示的矩阵方程

$$\boldsymbol{S}\boldsymbol{X} = \boldsymbol{Q} \qquad (6-31)$$

矩阵方程的系数矩阵如下:

$$\boldsymbol{S} = \begin{bmatrix} 1 & 1 & 1 & 1 \\ (jn)_1 & (jn)_2 & (jn)_3 & (jn)_4 \\ (jn)_1^2 \mathrm{e}^{k_1 L} & (jn)_2^2 \mathrm{e}^{k_2 L} & (jn)_3^2 \mathrm{e}^{k_3 L} & (jn)_4^2 \mathrm{e}^{k_4 L} \\ (jn)_1^3 \mathrm{e}^{k_1 L} & (jn)_2^3 \mathrm{e}^{k_2 L} & (jn)_3^3 \mathrm{e}^{k_4 L} & (jn)_4^3 \mathrm{e}^{k_4 L} \end{bmatrix} \qquad (6-32)$$

$$\boldsymbol{Q} = +c \left\{ \begin{array}{l} \displaystyle\sum_{n=1}^{2} \frac{a_n}{k_n} (\mathrm{e}^{-k_n L} - 1) \\[2mm] \displaystyle\sum_{n=1}^{2} \frac{a_n (jn)_n}{k_n} (\mathrm{e}^{-k_n L} - 1) \\[2mm] \displaystyle\sum_{n=1}^{2} \frac{a_n (jn)_n^2}{k_n} (\mathrm{e}^{-k_n L} - 1) \\[2mm] \displaystyle\sum_{n=1}^{2} \frac{a_n (jn)_n^3}{k_n} (\mathrm{e}^{-k_n L} - 1) \end{array} \right\} \qquad (6-33)$$

6.4　WPA 法与经典解析法的算例比较

以上节中的悬臂梁结构为例,此时在其一端 $x = 0$ 处固定,另一端为自由端,梁上受到均布力为 $q = 1.0$ N/m。梁的材料性能参数如下:$E = 2.02 \times 10^{11}$ N/m^2;$\rho = 7\,900$ kg/m^3。圆形截面梁的几何参数如下:外径 $D = 0.1$ m;内径 $d = 0.06$ m;长度 $L = 5$ m。梁的结构阻尼损耗因子 $\beta = 0.001$,即 $EI^* = EI(1 + \mathrm{j}\beta)$,$EI$ 是梁的弯曲截面刚度。

根据经典解析法,梁的前 5 阶固有频率解析式为

$$\left. \begin{aligned} \omega_1 &= 1.875^2 a/L^2 \\ \omega_2 &= 4.694^2 a/L^2 \\ \omega_3 &= 7.855^2 a/L^2 \\ \omega_4 &= 10.966^2 a/L^2 \\ \omega_5 &= 14.137^2 a/L^2 \\ a &= EI/\rho S \end{aligned} \right\} \tag{6-34}$$

式中　ω_j——梁的前 5 阶固有频率($j = 1,2,3,4,5$);

　　　EI——梁的弯曲截面刚度;

　　　S——梁的横截面积;

　　　ρ——材料密度。

将梁结构的参数代入式(6-34)中,可计算悬臂梁的前 5 阶固有频率,同时采用 WPA 法解析式(6-31),得到响应值便可以开展各种分析计算。

将经典解析法与 WPA 法计算得到的固有频率结果列入表 6-1 进行对比,从该表可见,WPA 法的计算结果与经典解析法的计算值精确吻合。由此可见 WPA 法为一种精确解法,适应范围也比较广泛。

表 6-1　WPA 法与经典解析法计算结果比较　　　　　　　　　　单位:Hz

阶数	经典法	WPA 法
1 阶	20.731	20.731
2 阶	129.932	129.932
3 阶	363.851	363.851
4 阶	713.018	713.018
5 阶	1 178.500	1 178.500

经过编程计算,得到梁的振形、固有频率和位移响应分别如图 6-2 和图 6-3 所示。图 6-2 为悬臂梁的前 3 阶模态振形,横坐标表示悬臂梁长 x 方向坐标,纵坐标表示梁上各点的模态位移;图 6-3 为梁末端 $x = L$ 处在 $0 \sim 250$ Hz 频率范围内的频率响应曲线,图中可见该梁前 2 阶共振频率(含 1 个反共振点)分别为 20.7 Hz 和 129.9 Hz,与经典解吻合很好。

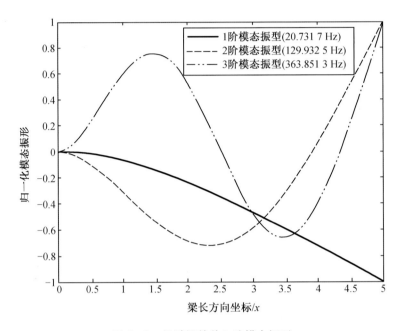

图 6-2　悬臂梁的前 3 阶模态振形

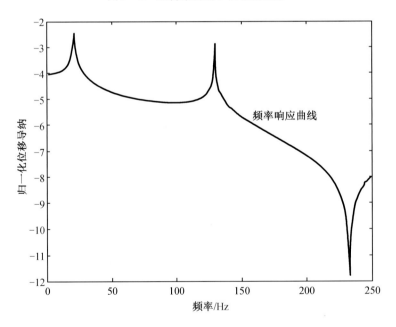

图 6-3　悬臂梁的位移响应曲线

6.5　本章小结

根据结构线性假设和叠加原理,通过泰勒变换,对多力作用下位移函数求极限,并利用积分原理,推导出分布力激励下的结构动力学方程。对分布力函数进行泰勒变换,得出相应的幂函数,即可处理非均匀分布外载荷一般问题。

本章给出了 WPA 法处理分布力响应的思路,并推导了多支承梁位移振动方程。研究表明,WPA 法不仅分析点谐力响应便利高效,对分布力激励下的解析也十分简约,该方法值得信赖,其均布力作用下悬臂梁的理论计算与经典计算结果完全一致。同时不难看出,WPA 法可以如前几章讨论的,任意拓展并延伸其内在优势。

本章参考文献

[1] 吴崇健,杨叔子,骆东平,等.WPA 法计算多支承弹性梁的动响应和动应力[J].华中理工大学学报,1999,27(1):69-71.

[2] 吴崇健,骆东平,杨叔子,等.WPA 法分析带动力吸振器多支承桅杆动态特性[J].华中理工大学学报,1999,27(2):22-24.

[3] WU CHONGJIAN,WHITE R G. Vibrational power transmission in a multi-supported beam [J]. J. Sound and Vibration,1995,181(1):99-114.

[4] WU CHONGJIAN,WHITE R G. Reduction of vibrational power in periodically supported beams by use of a neutralizer[J]. J. Sound and Vibration,1995,187(2):329-338.

[5] 吴崇健.结构振动的 WPA 方法及其应用[D].武汉:华中科技大学,2002.

[6] 吴崇健.动力吸振器抑制桅杆振动的理论分析与设计[J].舰船工程研究,1995,69(2):36-40.

[7] 吴崇健,WHITE R G.有限周期梁用动力吸振器抑振的特性[J].振动与冲击,1996,15(4):27-31.

[8] 吴崇健,梁向东,陈越澎.头部有重物升降桅杆动特性的 WPA 分析方法[J].噪声与振动控制,1998(6):6-9.

第 7 章
离散分布式动力吸振器

WPA 法是解析法的一种补充。它既是一种新理论方法，更是一种新思维。

——作者

7.1 引　言

动力吸振器 TMD 是一种被动、无源装置[1-3]，通过调谐完成振动能量交换，用于控制主振动体的振动，应用场合包括控制桥梁的低周振动、舰船桅杆抖动、辅机振动数量传递和浮筏结构声泄漏，等等，对调谐点有显著效果。

工程应用中通常要求质量比 $\mu \geqslant 0.3$。显然，即使民用船舶、飞机布置一个大型 TMD 也是一件棘手的问题，更不用说对空间有更严苛限制的坦克、军用飞机和潜艇。假若将一个较大的 TMD 拆分成若干个较小的，构造"离散分布式"动力吸振器 MTMD（multiple tuned mass damper），既能更好地适应运载器空间，也能拓展调谐频带宽度。使系统具有更好的工程适应性。

目前，拓展 TMD 的调谐带宽主要有 4 种方法：

（1）增加 TMD 弹性元件的阻尼损耗因子；

（2）使用软弹簧；

（3）使用复合式 TMD；

（4）采用调谐频率错开的离散 MTMD。

早在 20 世纪 60 年代初，Snowdon[2] 就研究了把质量为 m 的 TMD 拆分成三个质量均等的小 TMD。计算结果表明，这种方式可以稍许扩展 MTMD 的调谐频率宽度。那么，如何设计 MTMD 系统才能获得最宽调谐频率和更高工程价值呢？

Sun 和 Fujino 等[4] 针对具有相同调谐频率的多个液体 TMD 开展了理论分析与实验研究。文献[5]给出了主质量为刚体时的一种类似的工程应用实例，能更好地适应空间限制。Igusa 和 Xu[6] 研究指出 MTMD 的最优分布为非线性分布。顾明等[7] 将等间距线性分布的 MTMD 用于斜拉桥，抑制桥梁抖振。吴崇健、骆东平、杨叔子和朱英富[8-9] 对某特种船用大型电机应用 MTMD 开展了研究，指出抑振带宽可以超过 3 Hz。

本章研究了如何用 32 个小 TMD 构造 MTMD 并在舰船工程中应用的案例。理论分析表明，MTMD 的调谐频率宽度达到 $\Delta \approx 5 \sim 14$ Hz，不仅能更好地适应工程空间限制，而且具有更高的综合性能。

7.2 MTMD 的速度阻抗

图 7-1 所示为大型电机，用隔振器隔离齿频以上的振动成分，MTMD 调谐能量相对较

小的齿轭振动分量,其简化数学模型如图 7-2 所示。第 i 个 TMD 的固有频率记为 ω_i,阻尼系数为 ζ_i,质量为 m_i,其中 $i=0,1,2,\cdots,n$。则 $i=0$ 对应调谐主振动体(电机)。进一步假设 TMD 的调谐频率各不相同,其符合序列特性 $\omega_1 < \omega_2 < \cdots < \omega_n$。

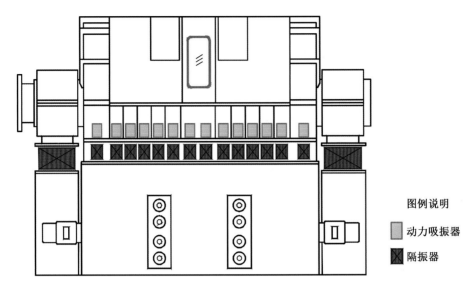

图 7-1　特种船用大型电机上的 MTMD(范永江、李哲然制作)

速度阻抗定义为 TMD 基脚处产生单位简谐速度所需的力幅,则在第 i 个 TMD 基脚处,对应频率 ω 作用谐力的阻抗为

$$Z_i(\omega) = -j\omega m_i \frac{\omega_i^2 - j2\omega_i\xi_i}{\omega_i^2 - \omega^2 - j2\omega_i\omega\xi_i} \quad (7-1)$$

因此 n 个 TMD 基脚处的总阻抗为

$$Z(\omega) = \sum_{i=1}^{n} Z_i(\omega) = -j\omega \sum_{i=1}^{n} \frac{m_i(\omega_i^2 - j2\omega_i\xi_i)}{\omega_i^2 - \omega^2 - j2\omega_i\omega\xi_i} \quad (7-2)$$

定义一个无量纲频率间隔参数,即

$$\beta_i = \frac{\omega_{i+1} - \omega_i}{\omega_i} \quad (7-3)$$

式中 $\omega_1 < \omega_2 < \cdots < \omega_n$。

定义函数 $D(\omega)$ 和 $\xi(\omega)$,其满足

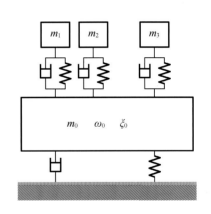

图 7-2　分布式动力吸振器
模型示意图

$$\left.\begin{array}{l} D(\omega_i) = m_i/\beta_i \\ \xi(\omega_i) = \xi_i \\ i = 1,2,\cdots,n \end{array}\right\} \quad (7-4)$$

式中 $D(\omega)$ 为与正规化固有频率对应的分布式动力吸振器的质量密度函数,即 MTMD 在频

率坐标下的质量分布。

重新整理式(7－2),得

$$Z(\omega) = -\mathrm{j}\omega \sum_{i=1}^{n} \frac{D(\omega_i)\Delta\omega_i[\omega_i - \mathrm{j}2\omega\xi(\omega_i)]}{\omega_i^2 - \omega^2 - \mathrm{j}2\omega_i\omega\xi(\omega_i)} \tag{7-5}$$

式中 $\Delta\omega_i = \omega_{i+1} - \omega_i$。

MTMD 的优化设计条件为 $D(\omega)$ 和 $\xi(\omega)$ 对应的固有频率值缓慢变化。

7.3　MTMD 的吸振特性

MTMD 由多个 TMD 组成,主振动体的运动方程为

$$m_0\ddot{x}(t) + 2m_0\omega_0\xi_0\dot{x}(t) + m_0\omega_0^2 x(t) = F(t) + F_{\mathrm{TMD}}(t) \tag{7-6}$$

式中　$x(t)$——主振动体的位移响应;

$\quad F(t)$——作用在主振动体上的外力;

$\quad F_{\mathrm{TMD}}(t)$——MTMD 的作用反力。

当外激励为单位谐力 $F(t) = \mathrm{e}^{\mathrm{j}\omega t}$,则稳态响应具有 $x(t) = x(\omega)\mathrm{e}^{\mathrm{j}\omega t}$ 的形式。同样地,根据速度阻抗的定义,TMD 的反作用力为

$$F_{\mathrm{TMD}}(t) = \mathrm{j}\omega x(\omega) Z(\omega)\mathrm{e}^{\mathrm{j}\omega t} \tag{7-7}$$

将式(7－7)代入式(7－6),得到谐响应的复数幅值,即

$$x(\omega) = \frac{1}{m_0(\omega_0^2 - \omega^2 - \mathrm{j}2\omega\omega_0\xi_0) - \mathrm{j}\omega Z(\omega)} \tag{7-8}$$

当外力函数 $F(t)$ 是具有单边功率谱密度的平稳过程 $G(\omega)$,则主振动体响应的均方值为

$$\sigma_x^2 = \int_0^{\infty} G(\omega)|x(\omega)|^2 \mathrm{d}\omega \tag{7-9}$$

外力函数 $F(t)$ 近似用白噪声表示,输入的功率谱密度函数用常数,设 $G(\omega) = G_0$ 代入式(7－9)。对于平稳变化的功率谱密度宽带输入,这种假设是合理的。根据多变量质量密度函数 $D(\omega)$,可推导得到

$$D(\omega) = \frac{4m_0}{\sqrt{3}\pi}\left[\gamma_1 + (2^{4/3} - 1)\sqrt{\gamma_1^2 - (f/f_0 - 1)^2} - \sqrt{3}\xi_0\right] \tag{7-10}$$

式中 $f_0(1 - \gamma_1) \leqslant f \leqslant f_0(1 + \gamma_1)$。其中

$$\gamma_1 = \frac{\pi m}{4m_0\xi_0}\left\{\sqrt{1 + \left[1 + (2^{4/3} - 1)\frac{\pi}{4}\right]\cdot\frac{\pi m}{2\sqrt{3}m_0\xi_0^2}} - 1\right\}^{-1} \tag{7-11}$$

式(7－10)和式(7－11)的简化结果为

$$D(\omega) = \sqrt{m_0 m}\left\{0.409 + 0.621\sqrt{1 - \frac{3.23m_0}{m}\cdot\left(\frac{f}{f_0} - 1\right)^2}\right\} \tag{7-12}$$

$$\gamma_1 \approx 0.556 \sqrt{\frac{m}{m_0}} \tag{7-13}$$

式中 $f_0(1 - 0.556 \sqrt{m/m_0}) \leqslant f \leqslant f_0(1 + 0.556 \sqrt{m/m_0})$。

由式(7-12)可知,质量密度函数 $D(\omega)$ 是一个半椭圆形曲线,其主轴点为 $(f_0(1 \pm 0.556 \sqrt{m/m_0}), 0.409 \sqrt{mm_0})$,另一个短轴点为 $(f_0, 1.03 \sqrt{mm_0})$。该椭圆曲线包络的总面积即 MTMD 的总质量,其中 TMD 的调谐频率带宽为

$$\Delta f = 1.112 f_0 \sqrt{\frac{m}{m_0}} \qquad (\text{Hz}) \tag{7-14}$$

7.4 分析计算及讨论

7.4.1 基本参数分析

特种船用大型电机主要存在三类电磁振动:电机槽路引起的振动;磁轭振动;齿和齿极引起的振动。根据相关理论分析和实测数据验证,由齿和齿极引起的振动幅值比齿轭振动相差数十倍甚至数百倍。庄国华、伏同先[5]研究指出,电机的电磁振动基本上由电机的齿轭振动和槽路振动决定,它们占主要成分,如图 7-3 所示。

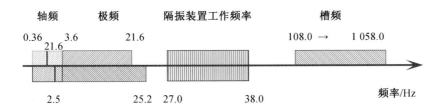

图 7-3 内、外干扰力频率分布

由槽路引起的振动频率为

$$f_c = n \cdot Z / 60 \tag{7-15}$$

式中 n——电机转速,r/min;

Z——电机的槽路数。

齿轭振动是电机定子的固有振动,其频率的计算公式为

$$f_e^0 = \frac{1}{2\pi} \sqrt{\frac{Eh}{m_m R_c^2}} \tag{7-16}$$

$$f_e^1 = \frac{1}{2\pi} \sqrt{\frac{k^\infty}{m_m}} \tag{7-17}$$

$$f_e^p = \frac{1}{2\pi} \cdot \frac{p(p^2 - 1)}{\sqrt{p^2 + 1}} \cdot \sqrt{\frac{Eh^3}{12m_m R_c^4}} \quad (p \geqslant 2) \tag{7-18}$$

式中 p——阶次；

m_m——轭的面密度，即轭的平均圆柱形表面的质量；

h——定子轭部的高度；

E——定子轭组成材料的弹性模量；

R_c——定子轭的平均半径；

k^∞——隔振器的总刚度。

将电机参数代入上述公式，求得电机的槽路振动频率大于 100 Hz，而齿轭振动的前 3 阶固有频率分别为 14.5 Hz，38.8 Hz，110 Hz。齿轭振动中 2 阶振动的占比最大，所以将电机的 2 阶磁轭频率 $f_e^2 = 38.8$ Hz 作为 TMD 的主调谐频率。MTMD 安装在电机中部，共计 32 只，每只质量为 30 kg，在结构设计上保证弹簧刚度可以做小范围的调整，调定后封死固定。

电机的主要参数如下：质量 $m_0 = 92\,000$ kg，阻尼比 $\xi = 0.007$，MTMD 的总质量 $m = 960$ kg，质量比 $\mu = 0.010\,4$。将上述参数代入式（7-12）和式（7-13），得到优化后的质量密度函数，计算结果如图 7-4 所示。

$$D(f) = 3\,843.73 + 5\,836.08 \sqrt{1 - 309.54 \left(\frac{f}{f_0} - 1\right)^2} \tag{7-19}$$

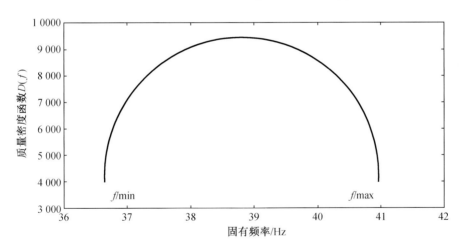

图 7-4 MTMD 的质量密度函数 $D(f)$

每个 TMD 的调谐频率不是连续而是间断分布的，其最低固有频率为

$$f_{min} = f_0 \left(1 - 0.556 \sqrt{\frac{m}{m_0}}\right) = 36.598\,3 \tag{7-20}$$

其他调谐频率按下式取值

$$f_{i+1} = f_i (1 + \beta_i) = f_i \left[1 + \frac{m_i}{D(f_i)}\right] \tag{7-21}$$

将 f_i 代入式(7-19)求得 $D(f_i)$,再将该值代入式(7-21),即可求得 f_{i+1}。依此类推,即可求得 MTMD 的优化调谐频率和相关参数。计算结果如表7-1所示。按式(7-14)计算,MTMD 的分布调谐频率宽度为 4.407 Hz。

表7-1 MTMD 的分布特性参数

i	f_i/Hz	D_i/kg	β_i	i	f_i/Hz	D_i/kg	β_i
1	36.642 7	3762.8	0.008 0	17	38.920 0	9 467.2	0.003 2
2	36.934 9	6 640.0	0.004 5	18	38.043 4	9 439.6	0.003 2
3	37.101 7	7 290.2	0.004 1	19	39.167 4	9 392.6	0.003 2
4	37.254 4	7 751.7	0.003 9	20	39.292 5	9 325.3	0.003 2
5	37.398 6	8 108.7	0.003 7	21	39.419 0	9 236.2	0.003 2
6	37.537 0	8 396.2	0.003 6	22	39.547 0	9 123.1	0.003 3
7	37.671 1	8 632.6	0.003 5	23	39.677 0	8 983.3	0.003 3
8	37.802 0	8 828.9	0.003 4	24	39.809 5	8 812.9	0.003 4
9	37.930 4	8 992.1	0.003 3	25	39.945 1	8 606.2	0.003 5
10	38.057 0	9 127.0	0.003 3	26	40.084 3	8 355.1	0.003 6
11	38.182 1	9 237.0	0.003 2	27	40.228 2	8 047.1	0.003 7
12	38.306 1	9 324.5	0.003 2	28	40.378 2	7 661.2	0.003 9
13	38.429 3	9 391.2	0.003 2	29	40.536 3	7 158.0	0.004 2
14	38.552 1	9 438.2	0.003 2	30	40.706 2	6 444.9	0.004 7
15	38.674 6	9 466.4	0.003 2	31	40.895 7	5 135.2	0.005 8
16	38.797 2	9 476.0	0.003 2	32	40.957 3	3 762.8	

根据式(7-2)计算总阻抗。总质量相同,MTMD 与 TMD 的阻抗曲线对比如图7-5所示。显然,MTMD 具有更宽的频率特性,虽然最大阻抗值明显小于 TMD,但是这种差异对系统的抑振效果整体上却是正面的,如图7-6所示。

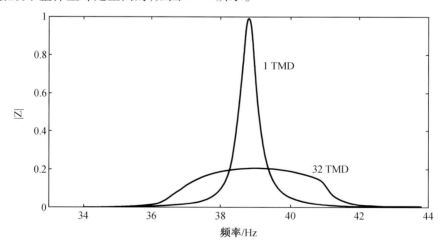

图7-5 优化的 MTMD 与 TMD 的阻抗特性(归一化处理)

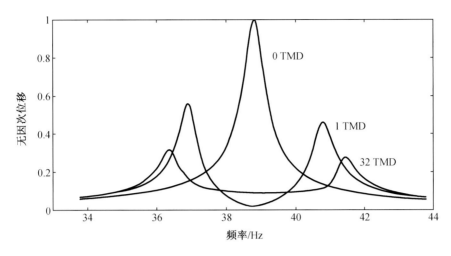

图 7-6　主振动体的谐响应

7.4.2　MTMD 与 TMD 的比较

用式(7-8)计算系统响应,与不带 TMD 时主振体频响值进行对比。为便于对比,正则化处理计算结果,图 7-5 给出了主振体只带单个集中质量 TMD 的谐响应曲线。由该图可见,MTMD 比总质量相同的单个 TMD 抑振频带更宽,达到 $\Delta f \approx 5$ Hz,调谐效果也更好,其最大值仅为 TMD 的 56%。

7.4.3　欠/过调谐状态下的比较

TMD 调谐频率低于系统最佳工作频率点,我们称之为欠调谐,反之则称为过调谐。MTMD 用系统的中心调谐频率表示。分析 MTMD 和 TMD 对欠/过调谐状态下的适应性,是工程应用的重要考量。调谐频率会因元器件长期使用导致的橡胶老化、外部载荷变化、工程结构新缺陷或修改等诸多因素而改变,并逐渐偏离最佳工作点。

这里假设调谐频率 $f_d = 39.8$ Hz,即偏离调谐点 +1 Hz 处于过调谐状态,虽然抑振性能如预期的有所下降,但 MTMD 的抑振性能远优于 TMD,如图 7-7 所示。

7.4.4　质量比的影响

总质量比 $\mu = 0.010\ 4$ 时,由式(7-14)计算带宽 4.32 Hz;当质量比提高到 0.104 3 时,对应带宽提高到 13.94 Hz。增加 MTMD 的总质量比,将显著提高系统的有效消振带宽和消振效果,如图 7-8 所示。

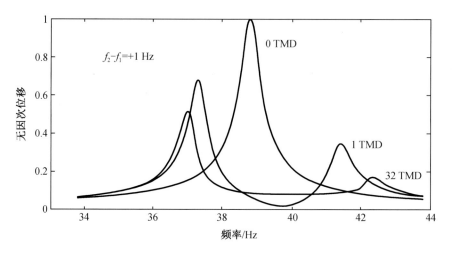

图 7 - 7 过调谐状态下(Δf = 1.0 Hz)主振动体的响应对比

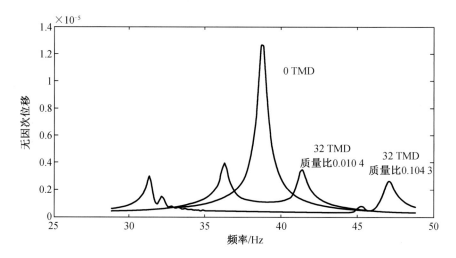

图 7 - 8 不同质量比条件下的消振带宽和消振效果

7.5 实测系统的抑振效果

为了评估调谐效果,推进电机上布置了 7 个测点,分别是左侧中部横截面布置 3 个测点,斜机脚前部、后部各布置 1 个测点,在艏端、艉端平机脚上各布置 1 个测点。四个转速工况为 45 r/min、67 r/min、100 r/min 和 200 r/min,测量加装 MTMD 前后推进电机基脚处的振动加速度。各测点加装 MTMD 前、后的振动加速度平均抑振效果随转速的变化如图 7 - 9 所示,推进电机的振动加速度在 4 种主要工况下平均降低了 53.7%。

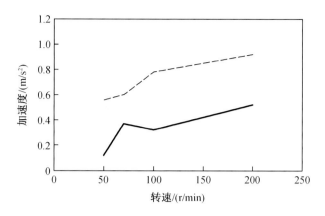

图 7 - 9　消振效果特性曲线

7.6　本 章 小 结

　　本章展示了 MTMD 的理论研究和工程试验结果。当 MTMD 的调谐频率按特定优化设计分布时,既能更好地适应运载器空间限制,还表现出更优异的动力特性和系统稳定性,在各类运载器、大型桥梁结构中具有广泛的工程应用价值。主要特点如下:

　　(1) 系统调谐频率更宽。理论分析表明,当 MTMD 按特定椭圆质量分布时,调谐频率宽度正比于总质量比的平方根,是 TMD 的数倍不等。

　　(2) 欠/过调谐状态的适应性更强。当调谐系统偏离最佳工作频率,处于欠/过调谐状态时,MTMD 对主振动体的抑振效果都明显优于 TMD。对单个 TMD,当调谐频率偏离最佳工作点时,等于整个系统偏离 10%,是致命性的。本案例 MTMD 由 32 个 TMD 构成,当其中某个甚至全部 TMD 都偏差 10% 时,表现出统计意义上的高斯概率分布,从面保持系统自身的抑振和稳定性,且数量越多,抑振效果系统稳定性越好。

　　(3) 调谐控制振动只需要很小的质量比。本案中质量比 $\mu = 0.010\,4$,对照双级隔振,通常要求 $\mu \geqslant 203$,两者相差 20 倍以上。

　　MTMD 的分布特性是内生的,其耦合产生的约束机制值得进一步研究。

本章参考文献

[1] 胡海岩. 机械振动基础[M]. 北京:北京航空航天大学出版社,2005.

[2] SNOWDON J C. Vibration and damped mechanical systems[M]. New York:John Wiley & Sons, 1968.

［3］吴崇健. 动力吸振器抑制桅杆振动的理论分析与设计［J］. 舰船工程研究,1995,69（2）, 36－40.

［4］SUN L M,FUJINO Y,PACHECO B,et al. Modeling of tuned liquid damper（TLD）［J］. Journal of Wind Engineering and Industrial Aerodynamics,1992,41:1883－1894

［5］伏同先,庄国华. 某潜艇推进电机隔振装置的研制［J］. 舰船科学技术,1996,1:44－49,65.

［6］IGUSA T,XU K. Vibration control using multiple tuned mass dampers［J］. Journal of Sound and Vibration,1994,175(4):491－503.

［7］顾明,陈更人,伍杰明,等. 用于斜拉桥振动控制的多重调质阻尼器性能研究［J］. 振动与冲击,1997,16(1):1－5.

［8］吴崇健. 分布式动力吸振器的抑制特性及其设计实例［J］. 舰船工程研究,1995,71(4): 22－27.

［9］吴崇健,骆东平,杨叔子,朱英富,马运义. 离散分布式动力吸振器的设计及在船舶工程中的应用［J］. 振动工程学报,1999,12(4):584－588.

第 8 章
用 WPA 法分析浮筏

美国情报部门长期跟踪苏联潜艇,20世纪80年代中期发现苏联潜艇辐射噪声陡然下降了许多。这一反常现象被迅速反馈到美国国防部。经技术部门分析,美国得出的一致结论是:"看来,苏联人已经掌握了浮筏技术"。

——美国海军司令员　小·约翰森

浮筏被誉为潜艇机械噪声控制的革命性技术。厘清隔振系统的架构演变,我们不仅能从动力学视角分析浮筏的传递特性,还能从系统科学角度研究浮筏功能/性能"涌现"的原因,实现高效隔振和运载器总体资源节省。为了保证分析的系统性,本章的讨论从单级隔振和双级隔振开始。

8.1　单级隔振与双级隔振

8.1.1　隔振系统模型与基本传递特性

回顾一下单/双级隔振的基本特性十分必要。图 8 − 1 和图 8 − 2 所示是单/双级隔振的物理模型——源设备 m 和中间质量 m' 均被简化为单自由度刚体。也可以采用复杂模型,它们的基本传递特性不变。

图 8 − 1　单级隔振物理模型　　　　8 − 2　双级隔振物理模型

工程设计可参考严济宽教授[1]的《机械振动隔离技术》。单级隔振的力传递率曲线如图 8 − 3 所示,系统共振频率将频率坐标划分为三个区域,依次为刚度控制区、阻尼控制区和质量控制区。隔振器阻尼决定共振峰的幅值和半带宽。单/双级隔振物理模型虽然简单,但包含了系统核心要素,描述了系统的本质传递特性。

单级隔振系统的共振频率 f_r 在工程上习惯称之为安装频率(mounted frequency)

$$f_r = \frac{1}{2\pi} \sqrt{\frac{K}{m}} \qquad (8-1)$$

式中　K——弹簧刚度;

　　　m——源设备质量。

在频率 $f \leqslant f_r/\sqrt{2}$ 区域,系统传递特性按照每倍频程 0 dB/Oct 衰减,即渐近线 AB;而在 $f \geqslant \sqrt{2} f_r$ 区域,按照 12 dB/Oct 衰减,即渐近线 BC。力传递率可简化为一条折线,折线的交

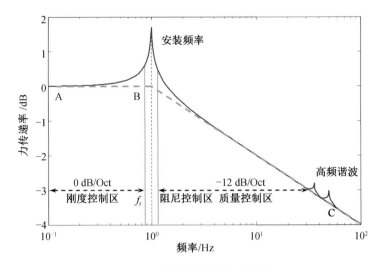

图 8 - 3 单级隔振的传递特性

叉点是安装频率。如果源设备按多自由度刚体或弹性体处理,力传递率曲线将叠加一些谐波成分。

双级隔振中,源设备和中间质量同样假设为单自由度刚体。图 8 - 4 展示了其传递率特性,将增加一条曲线及相应的渐近线 CD。三段式渐近线的交叉点,对应两个系统安装频率 f_{r1} 和 f_{r2}[2]

$$
\left.
\begin{aligned}
f_{r1} &= \frac{1}{2\pi}\sqrt{K_1/m_1} \\
f_{r2} &= \frac{1}{2\pi}\sqrt{K_2/m_2}
\end{aligned}
\right\}
\tag{8-2}
$$

式中 K_1——上弹簧刚度;

  m_1——源设备质量;

  K_2——下隔振器刚度;

  m_2——中间质量。

当然,图中 CD 线段是理想状态,对应质量比 $\mu \to \infty$ 时,力传递率按 24 B/Oct 衰减(Snowdon 1962,1968,1971,1979)。其它质量比时,双级隔振的传递率曲线将上抬,但以单级隔振渐近线(延长线 CC′)为上限。一般地任意参数下,双级隔振力传递率介于 BC 和 CC′之间,它们是上下两个数值边界。

隔振器阻尼抑制共振峰并决定半带宽。工程上阻尼的作用有些夸大,设计中常处于"过设计"状态。隔振器的驻波效应,中间质量的模态频率等都会导致系统高次谐波泄漏风险,对振级落差总级影响不显著,但对特定频率能量泄漏产生复杂影响。

双级隔振 AB 段,传递特性按照 0 dB/Oct 衰减;在 CD 段即 $f \geqslant \xi_1 f_{r2}$ 区域,传递特性遵循 24 dB/Oct 衰减规律($\xi_1 \approx 1.3$ 为设定常数)。而在 f_{r1} 和 f_{r2} 之间,则按照 12 dB/Oct 衰减,与

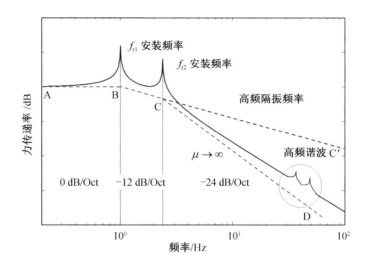

图 8 – 4 双级隔振的传递特性

单级隔振传递特性中的 BC 段相同但又有所恶化。若源设备的低阶振动能量集中在该范围,则双级隔振可能不如单级隔振。

作者研究发现,用力、加速度或功率流描述隔振系统传递特性具有一致的形态,不同的只是纵坐标的平移。前两者都是相对量表达,功率流是绝对值表达。插入损失(Insertion Loss)作为相对量描述

$$\Delta IL = \begin{cases} 0 & \text{dB/Oct}, \quad (f \le f_{r1}/\sqrt{2}) \\ -12 & \text{dB/Oct}, \quad (f_{r1} \le f \le f_{r2}) \\ -24 & \text{dB/Oct}, \quad (f \ge \xi_1 f_{r2}) \end{cases} \tag{8 – 3}$$

可见,双级隔振比单级隔振性能好,这得益于系统在 CD 区域的最大化应用。在该频段敏感区域,双级隔振要精心设计,避免出现如下几种隔振性能恶化的情况[3]:

(1)BC 段存在整体抬高且被放大的风险。因为 $f_{r2} > f_r$ 和 $f_{r2} \to f_{r1}$,共振峰 f_{r2} 附近可能被放大。这里 f_r 是单级隔振的共振频率,f_{r1} 下限值受设备振动烈度指标约束,所以 f_{r2} 频域存在谐波恶化的可能。

(2)BC 段会叠加各种谐波成分(俗称"毛刺")。源设备实际是多自由度刚体甚至弹性体,系统传递特性会进一步打折扣。要根据源设备和系统特点,准确选择系统参数以避免双级隔振性能下降。

(3)上层、下层隔振器的阻尼 β_1 和 β_2 分别与 f_{r1}、f_{r2} 共振峰的半带宽和峰值构成直接关联,记为 $\beta_1 \Rightarrow f_{r1}$ 和 $\beta_2 \Rightarrow f_{r2}$。筏架阻尼则控制 CD 段高次谐波。基座阻尼有类似情况,它们在传递曲线中得到系统性的表现。

(4)增加质量比 $\mu = m_2/m_1$,可压缩 BC 段而扩大 CD 段,这有利于提高系统的隔振效率。

基本传递曲线是单级隔振和双级隔振系统最基础的描述。设计师要娴熟地掌握核心要点并理解其中的原理,才能更好地帮助设计,并有助于解读浮筏。

8.1.2　质量比的影响

增加中间筏体质量可以提高质量比,扩大 CD 区域,但是中间筏体对运载器没有其他功效,是资源消耗。为了保证隔振效果,质量比一般要求取 0.3 ~ 0.8。假设源设备为 8.0 t,质量比为 $\mu = 0.5$,那么筏体质量为 4.0 t。这是运载器质量和空间的总体资源的巨大消耗。不难想象,假设所有的源设备全部采用双级隔振,那么总体资源消耗将更大。

如果源设备、筏体是弹性的,采用更复杂的建模方式会带来哪些变化呢? 首先,它们不会影响系统的基本传递特性,除非一个完全不着边际的隔振方案。其次,物理模型每释放一个自由度,传递率曲线会在特征频率附近叠加一个旁瓣谐波成分。它们都是浮筏振动能量可能的泄漏频率点,破坏隔振性能。

8.2　浮筏隔振系统

浮筏是浮筏隔振系统的简称,英文为 Raft,由美国人发明,率先在某攻击型核潜艇应用,其辐射噪声显著降低。图 8 - 5 是典型浮筏示意图,其中包含了其主要构成要素。

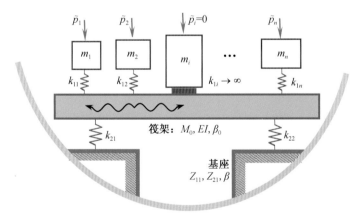

图 8 - 5　典型浮筏示意图(陈志刚制作)

如果将单级隔振、双级隔振视为简单系统,浮筏通常要复杂得多。设计师既要分析浮筏的动力学特性,也要研究系统的功能属性;研究浮筏的一般属性,要根据不同应用场景,通过多视角顶层优化,挖掘浮筏潜力。

8.2.1　浮筏的研究历程

国外应用概况

浮筏是运载器机械噪声控制的核心技术之一。

早期浮筏最主要的应用于军用舰艇,后民用船舶也开始采用。潜艇、扫雷舰等军用舰艇是浮筏的重要应用平台。国外军用舰艇应用浮筏技术极少有公开报告的,但从有限资料中仍可窥见其重要价值。据资料显示,浮筏最早应用在美国核潜艇上。苏联在 20 世纪 80 年代初期掌握并应用浮筏技术后,潜艇水下噪声大幅度降低。K 级潜艇应用了多种结构形式的浮筏,对辅机进行集中振动隔离,日本的"亲潮"级、"苍龙"级常规动力潜艇的动力装置,也采用减振筏座等措施,控制其振动传递。

在民用船舶领域,苏格兰 GLASGOW 造船厂在 20 世纪 80 年代建造的渔业调查船,为解决振动噪声问题,采用了浮筏,这是民用工业上应用浮筏的早期案例[4],反映了欧美国家当时船舶振动噪声控制方面的技术水平。

国内研究和应用概况

国内浮筏的研究起步较晚。严济宽[5]教授在"隔振降噪技术的新进展"中首次推介了浮筏[5],是国内公开文献中最早提及的。在双层隔振的基础上,该文对浮筏的技术特性、设计要点及工程应用做了简要介绍。沈密群、严济宽[6-8]对国外一些典型浮筏工程实例进行了介绍和分析。海军工程大学施引教授等[9]发表了"豪华游艇用双层减振(浮筏式)装置研究",对漓江豪华游艇上两台柴油发电机组应用浮筏,是我国第一套浮筏隔振装置。吴崇建等实现浮筏首次装艇应用。

国内早期浮筏基础理论研究方面,主要围绕浮筏的动力学建模和动力特性分析,采用的理论方法主要有刚体动力学、有限元法、机械阻抗法、传递矩阵等。祝华[10]提出用模态阻抗综合法研究浮筏,克服了阻抗综合法的不足。吴崇健、伏同先[2]研究了弹性筏体双级隔振系统,确定黏弹阻尼的影响区域;还开展了浮筏与双级隔振的比较研究[3],开展参数和结构关联与类比分析陈先进、齐欢、吴崇健等[11]基于极大熵法,给出了双级隔振的 3D 优化解,获得与传统 2D 条件下单项趋优的不同结论。刘永明、沈荣瀛、严济宽[12]研究了多层隔振系统冲击响应。吴崇健、杜堃、张京伟等[13]提出了浮筏的"质量、调谐和混抵"三大效应机理,对带有公共筏体——涌现的早期雏形的双级隔振开展研究。王成刚、张智勇、沈荣瀛[14]用状态空间法分析浮筏隔振系统响应。陈先进、齐欢、吴崇健[15]基于状态方程,开展浮筏计算机仿真研究。林立[16]论述了浮筏在舰船的应用与发展,展望了浮筏的应用前景。尚国清[17]分析了舰船浮筏系统特征演化,剖析变化趋势和变化原因。盛美萍、王敏庆、孙进才[18]建立了浮筏隔振系统的振子力学统计分析模型,研究了稳态随机力激励下浮筏隔振系统的振动响应和振动功率流统计特性。俞微等[19]研究了浮筏隔振系统的参数优化,该文献从频率优化的角度,以隔振器刚度参数为例探讨多层隔振系统的系统参数选择方案,提出可变容差多面体优化方法和摄动优化方法,研究频率选择这样一个隐参数问题。冯德振、宋孔杰等[20]研究了筏架和基础弹性对复杂隔振系统振动传递的影响,从子结构导纳入手,用功率流计算方法,对非对称多点支撑的弹性浮筏——柔性基础系统振动的传递过程和特点进行了分析。俞微、沈荣瀛等[21]对浮筏隔振系统功率流进行了试验研究,给出了一套试验方法。孙玲玲、宋孔杰[22]在建立柔性基础多支承弹性浮筏耦合隔振系统动力学模型的基础上,用子系统动态特性综合分析法,给出了耦合系统动态传递方程及功率流表达式,并探讨了安装频率与支承结构柔性耦合作用及其对隔振效果的影响。张华良、傅志方[23]分析浮筏系统各主要参数对系统隔振性能的影响。李新德、宋孔杰、孙玉国[24]研究了复杂激励下平置板式浮筏功率流传递特性,导出了弹性浮筏传递功率流的表达式,并从振动能量传输的角度评价浮筏系统隔振效果,分析了机组的布置、筏架刚度等结构参数对功率流传递的影响,给出了浮筏设计中结构参数选择的一般准则。陈志刚[25]用 WPA 法研究浮筏的"质量效应",并完成了理论与试验的对比。

　　早期的研究非常广泛,极富创新性。到 20 世纪 90 年代末,浮筏理论研究的完备能够支撑指导工程设计。在 FEM 法基础上,开展"完整工程模型"的分析案例越来越多,推动了浮筏耦合概念的研究和应用。

系统涌现——面对浮筏复杂化要求

　　进入 21 世纪,浮筏理论方法和工程实践认知逐渐增加,设计师更多地将浮筏视为运载器复杂巨系统下的一个子系统。一段时期,多级浮筏或组合式浮筏成为研究的热门。但是,浮筏技术发展已经处于新十字路口:一是多级浮筏为什么鲜见国外运载器应用,仅因所见太少还是另有深层原因? 二是浮筏这么好,为什么一般工业较少采用? 这就是所谓的"浮筏悖论"。

　　随着理论解惑[13,25,28],我们可能又前进了一步。我们用系统思维研究浮筏,与动力学两个交叉学科的合并研究,进一步揭示了现象背后的疑惑——浮筏保持高效隔振与总体资源有限之间的突出矛盾。这是运载器的共性需求,促成了两项重要研究课题:运载器浮筏的顶层优化——像舰船这类开放的复杂巨系统;深入结构波的分析探讨——研究力源输入筏架结构波的抵消机制,结构间断点对波的传递和衰减,结构的储能和波型转换,最终这些参数改变对运载器目标控制参数的体系贡献率,持续挖掘工程应用潜力。

　　理论上宽泛与工程有限边界下浮筏的讨论,可能一时难有争辩结果,但厘清了一个道理:如果探讨的边界过于宽泛,什么样的浮筏最好一定没有答案。既然工程是有边界的,那么受工程约束的二级浮筏能够满足工程近期和未来长期规划。作为集成创新,浮筏与体系贡献率匹配的研究更有现实工程价值。

8.2.2　浮筏的定义、建模和基本特性

像双级隔振一样,浮筏的理论研究也经历了简单、复杂、再简单的迭代发展历程,从结构动力分析增加系统思维研究,从一般定义到特殊定义,这种逐渐交叉融合与研究细分,对运载器浮筏的优化往往事半功倍。

浮筏的一般定义

对 $N(N \geq 2)$ 个独立源设备进行的集中 $G(G \geq 2)$ 级隔振的系统。

定义中 N 代表源设备数量, G 代表隔振层级。该定义可以理解为浮筏的一般定义,如称"G 级浮筏"。当 $G \geq 3$ 时,要对浮筏质量体积、隔振效率、谐波泄露以及源设备的振动烈度等纳入运载器的体系贡献率中综合平衡。综观国内外几十年研究,浮筏有许多不同的定义和解释,大家可以进一步参考相关文献,但与时俱进是重要的。

潜艇浮筏的定义

对 $N(N \geq 2)$ 个独立源设备进行的集中二级隔振的系统[13]。

$G = 2$ 就是"二级浮筏"。为什么要细分潜用浮筏呢? 显然不是为了体现独有的精细化价值,二级浮筏正在成为一种应用趋势。

实践中浮筏性能不理想,事后应该都能够证实不是因为没有采用多级隔振,而是理论预报、设计、能量泄漏或调试出了问题。以上浮筏的两个定义传递了系统的如下信息:

(1)建议采用二级浮筏。浮筏有各种类型和组合形式,作者不建议采用 $G \geq 3$ 级浮筏,这不仅是理论分析的结论,也有各国运载器已有应用的间接证明。

(2)双级隔振是 $N = 1$ 和 $G = 2$ 时浮筏的特例。与双级隔振比较,浮筏是多源系统——源设备既是力源要素,也可能是时间秩序上某航速不工作的质量要素。这样,设计者可以主动利用要素关联的涌现特性,为运载器节省质量和空间资源,并保证良好隔振效率。

(3)源设备的独立性。这个定义是排它的,避免将部分双级隔振与浮筏混同。比如柴油发电机组,它们是两个动力源但却是同频率联动的,因而是非典型性浮筏。

运载器浮筏可以有很多种选择,但作者推荐二级浮筏,这并不是折中与妥协的结果。长期实践证明,二级浮筏与当前源设备振动水平基本相符,未来会越来越好,能满足潜艇最严苛的声学设计要求。伴随着源设备振动水平不断降低,二级浮筏能兼顾设备振动烈度、抗冲性和更小的总体资源负担,是运载器主流应用框架和趋势。

8.2.3　物理建模及协调条件

如图 8 - 6 所示,是二级浮筏的物理模型[25]。这里 $N = G = 2$ 源设备视作刚体。筏架用梁①表示——不是双级隔振中的名称筏体。基础用梁②和梁③模拟。梁①隔振器安装点

按次序是 x_{21}、x_{11}、x_{12}、x_{22}，梁②和梁③是 y_{21}、y_{22}。

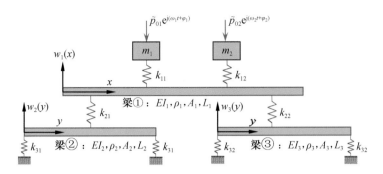

图 8 - 6　浮筏的物理模型

源设备是刚体,筏架和基础用弹性梁模拟,它们构成混合动力系统。一个自然的疑问是这样简单建模的合理性。简单建模与复杂建模各有利弊,关键是它们能否正确表达系统的主特性。尽管复杂物理模型通常容易获得认同,但我们认为上述建模方式却能反映浮筏的本质机理:

(1)浮筏的主要特征都保留了下来。该模型包含浮筏主要特性,忽略了部分次要特性,系统的整体特征明晰。进一步的分析计算揭示,假如将源设备全部6个自由度释放,系统传递曲线仅在安装频率峰簇处叠加小的谐波分量。

(2)突显了系统的本质传递特性。简化抽象后,系统保留了最核心的参数,如与梁模态频率、系统安装频率、结构"间断点"以及粘弹阻尼影响等,厘清它们的影响区域、耦合属性和影响方式;反过来,复杂建模也不总是正面的,过多的局部信息常会掩盖主特征,以致难以区分甚至辨识错误。

(3)简约建模并不等于简单分析。单/双级隔振写进教科书,物理模型都非常简单,但能揭示本质规律。我们之所以能抽象、归纳本质规律,同样离不开迭代过程中,不同复杂度模型的特点和启示。归纳是研究新发现和已有研究成果的总结。

浮筏简单、复杂建模的循环是深化认识的过程。认识的次要因素,被分层剥离的可能又成为主要因素了,这是螺旋上升。这样的发展历程反而对工程更有保障。

8.2.4　基本传递特性分析

早期我们将浮筏与双级隔振开展比较研究。双级隔振研究更成熟,使浮筏的研究有了相对较高的起点,也有利于归纳两者的异同和关联属性,强化了浮筏系统属性的整体认知[13,1]。比较研究以成熟理论为基础,我们能更好地探索浮筏最本质的动力学特性,归纳其演变规律。

也注意使用力传递率和功率流描述,两者之间以及浮筏与双级隔振之间,系统属性中最本质的渐进关系保持不变,只是传递曲线整体平移和共振峰成为共振峰簇,如图8-7所示。当传递率特性用渐近线的极简方式表达,如图 8 – 8 所示,浮筏与双级隔振具有完全相同的系统本质属性。

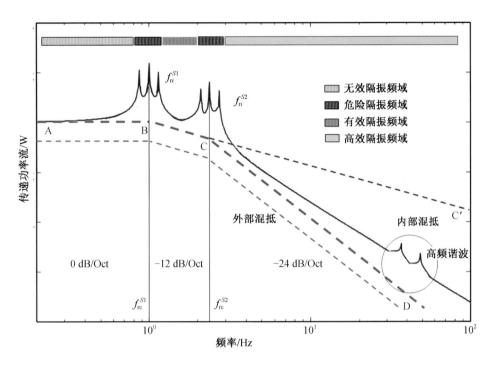

图 8 – 7　浮筏的基本传递特性

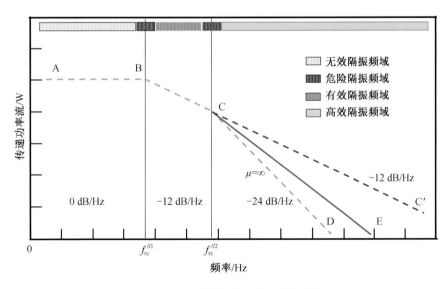

图 8 – 8　浮筏的传递功率流基本特性

（1）传递率特性与双级隔振一样,由二个系统共振峰演变为二组共振峰簇,记为 $(f_{r1}, f_{r2}) \Rightarrow (f^{S1}_{rj}, f^{S2}_{rj})$,其中 f^{Si}_{rc} 对应峰簇的中心频率,$j = 1, 2, \cdots, N$。

（2）每组共振峰簇中，峰值数量等于$(N+1)$，其中N为源设备数量（按单自由度计）。但是当设备刚性安装时，由于$K \to \infty \Rightarrow f_r \to \infty$，由此消减一个共振峰值。

（3）浮筏遵循三段线划分规律。与双级隔振相同，AB 段是 0 dB/Oct 衰减，BC 段 12 dB/Oct 衰减，CD 段 24 dB/Oct 衰减。由源设备输入筏架的结构波能产生"混抵效应"。它们是"外部混抵"，能增加系统附加衰减，用虚线表示传递功率流整体向下平移。

（4）上隔振器阻尼与第一组共振峰簇构成关联，记为$\beta_{1j} \Rightarrow f_{rj}^{S1}$；下隔振器阻尼与第二组共振峰簇构成关联，记为$\beta_{2j} \Rightarrow f_{rj}^{S2}$；筏架阻尼则控制传递曲线中由结构高次谐波产生的共振峰半带宽，记为$\beta_{0j} \Rightarrow f_{rj}^{h}$，其中$f_{rj}^{h}$为高次谐波幅值。由阻尼产生的衰减也称为"内部混抵"。

浮筏基础理论研究中，我们采用了复杂精确建模和简单抽象建模两种方式，恰恰揭示了系统的本质属性。这时的简单抽象，阐述了理念上合乎逻辑的简约建模理念，带给我们的并不总是简单：

（1）浮筏与双级隔振类同。浮筏的共振峰簇数量更多，意味着传递率性能恶化或谐波泄漏的可能性在上升。这也说明浮筏并不总是比双级隔振具有更高的隔振效率。

（2）浮筏选择层级$G \geqslant 3$的必要性在减弱。源设备振动量值不断降低是必然趋势，与技术俱进，它们与浮筏层级的选择是相向而行，二级浮筏不仅与国内外运载器实际应用一致，也代表了发展的主流方向。

（3）当源设备m_1释放全部 6 个自由度，以图 8 - 6 物理模型为基础，传递率曲线将从 1 个共振峰增加到 6 个。它们由源设备刚体平移或转动等产生，均以谐波形式叠加在共振峰簇f_r^S或传递特率曲线的高频区域。工程边界下，浮筏与双级隔振传递率的主峰形态并不改变，峰簇均由设备和梁的垂向位移产生。其数学描述

$$\left. \begin{array}{l} f_{ri}^{S1} \in [f_{r1}^{S1}, f_{r2}^{S1}, \cdots, f_{rn}^{S1}] \\ f_{rj}^{S2} \in [f_{r1}^{S2}, f_{r2}^{S2}, \cdots, f_{rn}^{S2}] \end{array} \right\} \qquad (8-4)$$

式中上标 S1 代表第一组共振峰簇；S2 代表第二组共振峰簇；下标数字n代表设备编号，r 代表系统共振峰。

式（8 - 4）中一些共振峰会消隐。所以，总是有$(i, j \leqslant N)$。第一组共振峰簇理论上有$N+1$个共振峰，其中，第一组峰簇中的主共振频率$f_{rc}^{S1} = f_{r1}$，由式（8 - 2）估算。耦合系统的这种表现由梁中弹性波的驻波效应产生。当然，这些影响都是第二层次的，不影响系统的主传递率特征，它们寄生在主共振峰上，通常"绝对值很高，但相对值较小"。

（4）从以上浮筏分析中，我们不难归纳出逻辑推论：三级浮筏的传递率特性将增加一条渐进线 DE 或 D'E'，按照 36 dB/Oct 衰减。

8.3 浮筏的系统思维与考虑

"设计时总是应该把物体放在稍大一些的范围内考虑,把椅子放在房间中去考虑,把房间放在住宅中去考虑,把住宅放在周边环境中去考虑,把周边环境放在城市规划中考虑。"

——Eliel Saarinen

8.3.1 浮筏"应用悖论"

本章扉页中提到,浮筏被誉为潜艇减振降噪的革命性技术。在声学要求高的运载器中,浮筏应用不可或缺。但是我们却无法回避一个长期存在的现象:"浮筏这么好,为什么一般工业很少用甚至不用?"

好而不用,评价起来不仅困难而且尴尬。另外一个现象是,运载器很少应用三级隔振或三级浮筏。令人困惑现象的背后,显然不仅仅是因为成本。浮筏应用能大行其道,隐藏着另一项重要诉求——节省总体资源。

8.3.2 涌现的定义

节省总体资源是运载器的普遍诉求。根据系统思维原理,集成度高的系统有更多的系统涌现。浮筏比双级隔振集成度高,源设备也是质量要素,正是这些质量要素之间内在的逻辑关联,涌现出了新的系统功能(节省资源),提高系统密度——这是武器平台的最高追求。

涌现(Emergence)定义为[26]:"系统在运作时所表现、呈现或浮现出的东西"。当各实体拼合成一个系统时,实体之间的交互会把功能、行为、性能和其它内在属性涌现出来。

涌现的定义看似简单,它用系统思维完美地释义了总体资源(质量)节省。举例说明,具有参数(m_1, k_1, m_1', K_1)至参数(m_N, k_N, m_N', K_N)的 N 个双级隔振,拼合成一个浮筏时,质量要素之间的交互会把系统功能、性能和其他内在属性涌现出来。通常取筏架质量 m_0 是它们中的最大值$\{m_1', m_2', \cdots, m_N'\}$,浮筏则可节省$(N-1)$个筏体,如图 8 - 9 所示。显然,源设备越多,涌现越丰富,资源节省越显著。

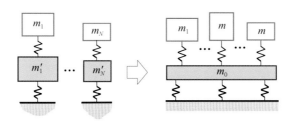

图 8 - 9 N 个双级隔振集成一个浮筏

(涌现节省$(N-1)$个筏体)

从单/双级隔振到浮筏,系统集成度高了,浮筏利用系统复杂性取得了令人满意的涌现物——隔振效率高,重量/空间资源消耗少,即单位质量隔振效率提高了。浮筏是已知未知物(known-unknown),其架构与要素之间的内在逻辑关联十分合理,通过系统涌现,可以为运载器节省宝贵的重量/空间资源。

浮筏动力学研究广泛、深入且富有成效[13,18-25]。动力学方法能包容涌现物,但不能自主指导涌现分析。系统思维分析要素秩序以及它们与浮筏架构的连接关系,前者演绎出更多功能,后者决定传递率主特征,做到物尽其极。用系统科学研究浮筏,是对动力学分析的补充,在特殊性中探寻更一般的传递率属性,使我们更好的掌握浮筏的整体属性。

案例分析

在下面分析案例中,我们可以看到浮筏具体能够节省多少总体资源,具有什么对应关系以及可能的优化程度。

先从图8-9简单案例开始。两个双级隔振合并,源设备 $m_1 = 8.0\text{t}$,$m_2 = 5.0\text{t}$。若都按双级隔振设计且保持质量比 $\mu = 0.5$,则筏体质量 $m_1' = 4.0\text{t}$ 和 $m_2' = 2.5\text{t}$,筏体总质量消耗 $m_1' + m_2' = 6.5\text{t}$。重构浮筏,公共筏体按最大质量比选择 $m' = \max\{m_1'、m_2'\}$,则可节省一个筏体 m_2',同时源设备 m_2 的当量质量比由 $\mu_2 = 0.5$ 提高到 $\mu_2 = 0.8$。系统涌现带来了神奇:提高隔振效率,节省质量/空间资源,提高系统和设备的抗冲击性能(请读者自行分析)。

根据系统科学原理,我们继续分析更一般的情况。N 台源设备全部采用双级隔振,或者将诸要素重构为一个浮筏。两个设计案例如下:

双级隔振方案:假设运载器中,N 台源设备都按双级隔振设计,质量比统一约定为 $\mu_n = 0.5(n = 1,2,3,\cdots,N)$。那么,双级隔振筏体累计质量

$$M^{(D)} = \sum_{n=1}^{N} \mu_n \cdot m_n \tag{8-5}$$

式中 m_n——第 n 台源设备的质量;

$\mu_n = m'/m_n$——第 n 台源设备的当量质量比,$m' = \max\{m_1',m_2',m_3'\cdots m_n'\}$。

浮筏方案:假设能够将 N 台源设备成组,集成一个浮筏,将最重要控制设备设定为主设备,质量比取 $\mu_0 = 0.5$。那么,筏架质量 $M^{(R)}$

$$M^{(R)} = \mu_0 \cdot \max\{m_n \mid n = 1,2,3\cdots N\} \tag{8-6}$$

式中 $M^{(f)}$——筏架质量;

μ_0——N 台设备中质量最大源设备质量比。

两个设计方案,浮筏仅选取了部分设计要素,总质量差

$$\Delta M = M^{(D)} - M^{(R)} = \sum_{n=1}^{N} \mu_n m_n - \mu_0 \cdot \max\{m_n \mid n = 1,2,\cdots,N\} \tag{8-7}$$

取 $N = 8$,从表8-1可见,源设备总重46 t。双级隔振方案累计消耗总体质量资源23 t,浮筏方案消耗5.0 t,仅是双级隔振方案的21.7%,节省总体质量资源18 t,这还未统计额外

节省的隔振器质量、空间等资源消耗。与此同时,还将其他源设备的当量质量比从 0.5 提升到 0.50 ~ 1.39 不等。系统的抗冲性能也大幅提高。涌现赋予浮筏不同于双级隔振的独特性质,对运载器具有特别重要的价值。

表 8 - 1 双级隔振与浮筏质量消耗对比

源设备重/t	筏体质量/t	双级质量比	筏架质量/t	浮筏质量比
10.0	5.0	0.5	5.0	0.50
8.0	4.0	0.5	0	0.63
7.8	3.9	0.5	0	0.64
6.6	3.3	0.5	0	0.76
5.4	2.7	0.5	0	0.93
4.6	2.3	0.5	0	1.09
3.6	1.8	0.5	0	1.39
46.0	23.0	0.5	5.0	0.50 ~ 1.39

8.3.3 几个推论

系统科学解释了,浮筏通过涌现实现资源节省功能,这为运载器应用浮筏,如何在隔振效、质量比、冲击性能和涌现利用等方面,做好更加宽泛的平衡。结合涌现的研究,我们得到如下推论:

推论 1:系统越复杂,涌现越充分。因此浮筏上设备越多,系统涌现愈充分,则质量空间等总体资源节省越显著。系统涌现之于开放的复杂巨系统的重要性,与浮筏之于安静运载器的极端重要性是一样的。系统科学与结构动力学交叉融合,涌现为实现高密度运载器设计提供了新思维。

推论 2:浮筏往往布置的设备更多,筏架质量大。因此浮筏具备较高的质量比是基因性的。双级隔振建立了质量比的重要理论概念。浮筏由双级隔振演变而来,是系统涌现重构的产物,并沿着质量比概念的一种延伸创新。

推论 3:浮筏整体质量要比双级隔振大许多。因此浮筏上源设备的抗冲能力好也是基因性的。浮筏整体质量轻易达到双级隔振的 5 倍以上,同时,源设备经过二级抗冲缓冲(隔振近似,不是最佳抗冲)设计,通常都具有更好的抗冲能力。

推论 4:浮筏上设备越多,体积(质量)隔振效率比越高。由推论 1 不难得出该推论。这正是浮筏的力量和魅力所在。浮筏作为一种集成创新成果,在运载器中具有最大化的体系贡献率。

我们一直在寻觅浮筏的一般系统属性。在结构动力学和系统科学两个交叉领域,螺旋上升认知过程中,作者及团队经历了研究/设计思想的转变与重聚焦。将浮筏要素、涌现和架构联系起来,能找到新的优化空间和优化路径,如谐波泄漏数,力源要素的相互作用,让我们感悟如何从优秀到卓越。

8.3.4 大浮筏与小浮筏

浮筏大与小并不好划分,暂简化为集成的设备数量。在工程应用中,浮筏设计多大合理,涉及运载器总体、资源和隔振效率。由以上推论得出:设备集成越多,逻辑上筏架必然大,由此节省的总体资源,当量质量比都会更大,从而有更好的隔振效率和抗冲击性能。简言之,浮筏越大越好,但要与设计能力匹配,如图 8 - 10 所示。它们的优缺点分析如下:

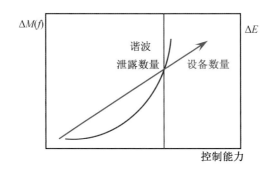

图 8 - 10　源设备数量增加与谐波泄露增量

(1)在运载器总体布置许可的前提下,大型浮筏集成度高,通过系统涌现能节省更多宝贵的总体质量和体积资源。

(2)源设备越多,通常浮筏越大,筏架也越大,从而外部混抵效应越充分,传递衰减效果越显著。这是一种自主的"主动振动控制"行为,阐明了应用大型或超大型浮筏的理论收益。

(3)源设备输入筏架的振动能量,以结构波的形式储藏。大型浮筏能储藏频率更低的结构波,即长波。这些低频成分通过混抵效应抵消,或者阻尼和间断点反射等过程不断耗散。所以大浮筏有利于低频结构波的储藏与衰减,储藏越丰富,内部混抵效应越有效。

但是,事物总有两面性,大浮筏缺点也不少:

(1)源设备经过单/双级隔振,能量传递按每倍频程 12 dB 或 24 dB 衰减。假若扰动力频率相对共振频率较高,隔振量一般足够。浮筏太大,系统耦合产生的共振点多,能量泄漏肯定也多,而看似很小的泄漏甚至设备空气噪声,都会破坏浮筏的整体隔振性能。所以浮筏大小关键看设计师能否驾驭。

(2)系统越复杂,出现局部设计不佳、管路加工或施工引起的声短路和干涉等,都可能泄漏振动能量。大型浮筏哪怕出现很小的局部故障,对应的是整体隔振性能恶化。而这些可能的泄漏点(相当于软件中的 Bug)限制了超大浮筏隔振效率的上限。

(3)"高速公路原则"限制浮筏隔振效率。根据功率流理论,浮筏振动能量传递遵从

"高速公路原则"——统中的振动能量总是从能量高的地方,通过最宽敞的通道,涌向系统最薄弱的地方并逸出。通俗地将结构波视为汽车,它们携带振动能量总会自动选择上高速公路而非乡村小道。浮筏导致筏架大,固有频率偏低,理论上能量泄漏更严重,出现系统性恶化并显著降低隔振效率的可能性增大。

因此,工程应用中,浮筏适当大些,由涌现产生的新功能和性能会更显著。但是浮筏规模和设备数量选择又与当前技术能力、源设备振动水平和系统复程度相匹配,尤其要关注系统隐藏的能力,比如多源之间的干涉效应,需要设计师兼顾效率与工程驾驭能力,建议在实践中逐渐升级,并通过精心调试规避应用风险。

8.4 用 WPA 法解析浮筏

浮筏物理模型如图 8 - 6 所示,源设备 m_1 和 m_2 简化为单自由度刚体,筏架简化为均直梁①,安装基础用均直梁②和梁③模拟,之间通过隔振器连接成耦合系统。这样的简化保留了浮筏主要特征,能聚焦研究系统核心参数如梁②和梁③的固有特性如何影响系统传递特性。这样的混合动力系统用 WPA 法解析具有一定的优势。

8.4.1 作用在筏架上的耦合内力

浮筏下隔振器,k_{21} 和 k_{22} 在梁①上有两个作用点 x_{21} 和 x_{22}。该处解除约束后的点力分别记为 R_{11} 和 R_{12}。同理,设 R_2 和 R_3 分别为下隔振器对梁②和梁③的作用力,有

$$\left.\begin{array}{l} R_{11} = -R_2 \\ R_{12} = -R_3 \end{array}\right\} \qquad (8-8)$$

在点力作用下,梁①在 x_{21} 处的横向位移是 $w_1(x_{21})$,x_{22} 处的横向位移是 $w_1(x_{22})$,则两个下隔振器的作用力为

$$\left.\begin{array}{l} R_{11} = -k_{21}[w_1(x_{21}) - w_2(y_{21})] \\ R_{12} = -k_{22}[w_1(x_{22}) - w_3(y_{22})] \end{array}\right\} \qquad (8-9)$$

则根据式(8-8)有

$$\left.\begin{array}{l} R_2 = k_{21}[w_1(x_{21}) - w_2(y_{21})] \\ R_3 = k_{22}[w_1(x_{22}) - w_3(y_{22})] \end{array}\right\} \qquad (8-10)$$

源设备 $\bar{p}_{01}$ 的质量 m_1 和隔振器 k_{11},构成质量弹簧系统。源设备随筏架——梁①作耦合运动,通过隔振器施加给梁的内力 F_b,如图 8 - 11 所示。

首先考虑一般情况。源设备 m_1 具有简谐力 $\bar{p}_{01}$,通过上隔振器 k_{11} 与梁①在 x_{21} 点处连接,F_b 为作用在梁上的力[27-28]

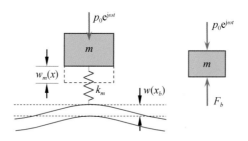

图 8-11　源设备安装处的运动与受力分析

$$F_b = k_{21}[w_m - w_1(x_{21})] \tag{8-11}$$

对简谐运动,省略时间相关项 $e^{j\omega t}$。假设某一时刻源设备 m_1 位移为 w_m,梁上隔振器安装点 x_{21} 处的位移为 $w_1(x_{21})$,则源设备 m_1 受力分析得

$$p_{01} - F_b = -\omega^2 w_m m_1 \tag{8-12}$$

联立式(8-11)和式(8-12)得

$$\left.\begin{array}{l} F_b = k_{11}[w_m - w_{21}(x_{21})] \\ F_b = p_0 + \omega^2 w_m m_1 \end{array}\right\} \tag{8-13}$$

源设备通过隔振器作用在梁①上的力

$$F_b = \frac{m_1\omega^2 k_{21}}{k_{21} - m_1\omega^2}w(x_{21}) + \frac{k_{21}}{k_{21} - m_1\omega^2}p_{01} \tag{8-14}$$

令 $Q = k_{21}/(k_{21} - \omega^2 m_1)$,则作用在梁上的力

$$F_b = m_1\omega^2 Q w(x_{21}) + Q p_{01} = k_{tot}w(x_{21}) + Q p_{01} \tag{8-15}$$

式中　k_{tot}——等效动刚度;

　　　Q——放大因子。

$$k_{tot} = \omega^2 m_1 Q \tag{8-16}$$

隔振器阻尼可以通过隔振器的复刚度引入。对结构滞后阻尼

$$k_{21}^* = k_{21}(1 + j\beta) \tag{8-17}$$

式中 β 为滞后阻尼损耗因子。此时放大因子 Q 为

$$Q = \frac{1}{1 - (\omega/\omega_m)^2/(1 + j\beta)} \tag{8-18}$$

式中 $\omega_m^2 = k_{21}/m_1$ 为无阻尼单自由度质量弹簧系统的固有频率。

对黏性阻尼,源设备运动过程中受到一个与速度成正比的阻尼力,则隔振器作用在梁上的力

$$F_b = k_{21}[w_m - w_1(x_{21})] + c[\dot{w}_m - \dot{w}_1(x_{21})] \tag{8-19}$$

式中 c 为黏性阻尼系数;$\dot{w}_m$ 和 $\dot{w}_1(x_{21})$ 分别表示对时间的偏导数,即速度 $\dot{w}_m = j\omega w_m$,$\dot{w}_1(x_{21}) = j\omega w_1(x_{21})$。

源设备 m_1 所受作用力由式(8 - 5)得出。联立式(8 - 12)和式(8 - 5)并整理得

$$\left.\begin{aligned} F_b &= p_{01} + m_1\omega^2 w_m \\ F_b &= (k_{21} + \mathrm{j}c\omega)\left[w_m - w_1(x_{21})\right] \end{aligned}\right\} \tag{8-20}$$

根据式(8 - 20)得到黏性阻尼条件下源设备 m_1 通过隔振器作用在梁上的力

$$F_b = \frac{(k_{21} + \mathrm{j}c\omega)}{k_{21} + \mathrm{j}c\omega - m_1\omega^2}\left[m_1\omega^2 w_1(x_{21}) + p_{01}\right] \tag{8-21}$$

8.4.2　筏架振动位移

对梁①,其上任意一点 x 的横向位移响应为 $\tilde{w}_1(x,t)$,则

$$\tilde{w}_1(x,t) = w_1(x) \cdot \mathrm{e}^{\mathrm{j}\omega t} \tag{8-22}$$

根据 WPA 法重构,得到[25]

$$\begin{aligned} w_1(x) &= \sum_{n=1}^{4} A_n \mathrm{e}^{k_{1n}x} + R_1' \sum_{n=1}^{2} a_n \mathrm{e}^{-k_{1n}|x-x_{21}|} + R_2' \sum_{n=1}^{2} a_n \mathrm{e}^{-k_{1n}|x-x_{22}|} \\ &\quad + F_1 \sum_{n=1}^{2} a_n \mathrm{e}^{-k_{1n}|x-x_{11}|} + F_2 \sum_{n=1}^{2} a_n \mathrm{e}^{-k_{1n}|x-x_{12}|} \end{aligned} \tag{8-23}$$

$$(k_1)^4 = \frac{\rho_1 S_1 \omega^2}{EI_1} \tag{8-24}$$

$$k_{1n} = \{k_1, \mathrm{j}k_1, -k_1, -\mathrm{j}k_1 | n = 1,2,3,4\} \tag{8-25}$$

式中　S_1——梁①的横截面积;

　　　EI_1——抗弯刚度,通过 $EI_1(1 + \mathrm{j}\eta)$ 引入结构阻尼,其中 η 为结构阻尼损耗因子;

　　　ρ_1——梁的材料体积密度;

　　　L_1——梁的长度;

　　　x_{11}, x_{12}——分别为浮筏上隔振器在梁①上连接点的坐标;

　　　x_{21}, x_{22}——分别为浮筏下隔振器在梁①上连接点的坐标;

　　　R_1', R_2'——分别为下层隔振器 k_{21}、k_{22} 源设备对梁①的作用力;

　　　F_1, F_2——分别为筏架上源设备 m_1 和源设备 m_2 对梁①的作用力,均为未知数;

　　　k_1——梁①中弯曲波波数。

对梁②,设梁上任意一点 y 处的横向位移响应为 $\tilde{w}_2(y,t)$,则有

$$\tilde{w}_2(y,t) = w_2(y) \cdot \mathrm{e}^{\mathrm{j}\omega t} \tag{8-26}$$

$$w_2(y) = \sum_{n=1}^{4} B_n \mathrm{e}^{k_{2n}y} + R_2 \sum_{n=1}^{2} b_n \mathrm{e}^{-k_{2n}|y-y_{21}|} \tag{8-27}$$

对梁③,梁上任意一点 y 处的横向位移响应为 $\tilde{w}_3(y,t)$,则

$$\tilde{w}_3(y,t) = w_3(y) \cdot \mathrm{e}^{\mathrm{j}\omega t} \tag{8-28}$$

$$w_3(y) = \sum_{n=1}^{4} B_n \mathrm{e}^{k_{3n}y} + R_3 \sum_{n=1}^{2} b_n \mathrm{e}^{-k_{3n}|y-y_{22}|} \tag{8-29}$$

式中

$$
\left.\begin{aligned}
(k_2)^4 &= \frac{\rho_2 S_2 \omega^2}{EI_2}, \quad k_{2n}^2 = \{k_2, jk_2, -k_2, -jk_2 \mid n = 1,2,3,4\} \\
(k_3)^4 &= \frac{\rho_3 S_3 \omega^2}{EI_3}, \quad k_{3n} = \{k_3, jk_3, -k_3, -jk_3 \mid n = 1,2,3,4\}
\end{aligned}\right\}
$$

式中　S_2, S_3——基础梁②和梁③的横截面面积;

$\quad\quad EI_2, EI_3$——梁②和梁③的截面抗弯刚度;

$\quad\quad \rho_2$——梁②和梁③的材料体积密度;

$\quad\quad L_2, L_3$——梁②和梁③的长度;

$\quad\quad y_{21}, y_{22}$——梁①两个下隔振器安装点的坐标;

$\quad\quad k_{2n}, k_{3n}$——梁②和梁③弯曲波的波数;

$\quad\quad R_2, R_3$——下隔振器对梁②和梁③的反作用力(未知量);

$\quad\quad B_n, C_n$——相应的待定未知系数。

根据前面源设备受力分析,梁①上两台源设备 m_1 和 m_2 有

$$
\left.\begin{aligned}
F_1 &= k_{\text{tot}11} \cdot w_1(x_{11}) + Q_1 \tilde{p}_{01} \\
F_2 &= k_{\text{tot}12} \cdot w_1(x_{12}) + Q_2 \tilde{p}_{02}
\end{aligned}\right\} \tag{8-30}
$$

式中 $k_{\text{tot}11}$ 和 $k_{\text{tot}12}$ 分别为隔振器 k_{11} 和 k_{12} 的等效动刚度,由式(8-9)有

$$
\left.\begin{aligned}
k_{\text{tot}11} &= m_1 \omega^2 Q_1 \\
k_{\text{tot}12} &= m_2 \omega^2 Q_2
\end{aligned}\right\} \tag{8-31}
$$

放大因子分别为

$$
\left.\begin{aligned}
Q_1 &= \frac{1}{1 - (\omega/\omega_{m1})^2/(1 + j\beta_1)} \\
Q_2 &= \frac{1}{1 - (\omega/\omega_{m2})^2/(1 + j\beta_2)}
\end{aligned}\right\} \tag{8-32}
$$

式中 $\tilde{p}_{01}$ 和 $\tilde{p}_{02}$ 分别为作用在源设备 m_1 和 m_2 上谐力的幅值。

如果 m_2 为非动力源设备,令 $\tilde{p}_{02} = 0$。将式(8-9)、式(8-10)、式(8-30)代入式(8-23)、式(8-27)和式(8-29)并经整理得

$$
w_1(x) = \sum_{n=1}^{4} A_n e^{k_{1n}x} - \sum_{j=1}^{2} \{k_{2j}[w_1(x_{2j}) - w_2(y_{2j})]\} \sum_{n=1}^{2} a_n e^{-k_{1n}|x-x_{2j}|}
$$
$$
+ \sum_{j=1}^{2} F_j \sum_{n=1}^{2} a_n e^{-k_{1n}|x-x_{1j}|} \tag{8-33}
$$

$$
w_2(y) = \sum_{n=1}^{4} B_n e^{k_{2n}y} + k_{21}[w_1(x_{21}) - w_2(y_{21})] \sum_{n=1}^{2} b_n e^{-k_{2n}|y-y_{21}|} \tag{8-34}
$$

$$
w_3(y) = \sum_{n=1}^{4} C_n e^{k_{3n}y} + k_{22}[w_1(x_{22}) - w_3(y_{22})] \sum_{n=1}^{2} c_n e^{-k_{3n}|y-y_{22}|} \tag{8-35}
$$

8.4.3 边界条件及协调条件

浮筏模型中,梁①两端均为自由端。由第二章边界条件,梁①在完全自由端的剪力和弯矩均为零

$$\left.\begin{array}{r}\dfrac{\partial^2 w_1(0)}{\partial x^2} = \dfrac{\partial^2 w_1(L_1)}{\partial x^2} = 0 \\[3mm] \dfrac{\partial^3 w_1(0)}{\partial x^3} = \dfrac{\partial^3 w_1(L_1)}{\partial x^3} = 0\end{array}\right\} \tag{8-36}$$

梁②和梁③模拟浮筏基础,两端均为简支端,位移和弯矩为零,有边界条件
基础梁②

$$\left.\begin{array}{r}w_2(0) = w_2(L_2) = 0 \\[3mm] \dfrac{\partial^2 w_2(0)}{\partial x^2} = \dfrac{\partial^2 w_2(L_2)}{\partial x^2} = 0\end{array}\right\} \tag{8-37}$$

基础梁③

$$\left.\begin{array}{r}w_3(0) = w_3(L_3) = 0 \\[3mm] \dfrac{\partial^2 w_3(0)}{\partial x^2} = \dfrac{\partial^2 w_3(L_3)}{\partial x^2} = 0\end{array}\right\} \tag{8-38}$$

梁①通过隔振器与梁②和梁③连接,其协调条件为式(8-8)。梁①与源设备作用点的协调变形条件为式(8-30)。上述条件中用到横向位移响应导数。由式(8-33)对 x 求导有

$$\begin{aligned}\frac{\partial w_1(x)}{\partial x} =& \sum_{n=1}^{4} A_n k_{1n} \mathrm{e}^{k_{1n}x} + \mathrm{sign}(x, x_{21}) k_{21} \left[w_1(x_{21}) - w_2(y_{21}) \right] \sum_{n=1}^{2} a_n k_{1n} \mathrm{e}^{-k_{1n}|x-x_{21}|} \\ &+ \mathrm{sign}(x, x_{22}) k_{22} \left[w_1(x_{22}) - w_3(y_{22}) \right] \sum_{n=1}^{2} a_n k_{1n} \mathrm{e}^{-k_{1n}|x-x_{22}|} \\ &- F_1 \mathrm{sign}(x, x_{11}) \sum_{n=1}^{2} a_n k_n^1 \mathrm{e}^{-k_n^1|x-x_{11}|} - F_2 \mathrm{sign}(x, x_{12}) \sum_{n=1}^{2} a_n k_n^1 \mathrm{e}^{-k_n^1|x-x_{12}|}\end{aligned}$$

$$\tag{8-39}$$

$$\begin{aligned}\frac{\partial^2 w_1(x)}{\partial x^2} =& \sum_{n=1}^{4} A_n k_{1n}^2 \mathrm{e}^{k_{1n}x} - k_{21} \left[w_1(x_{21}) - w_2(y_{21}) \right] \sum_{n=1}^{2} a_n k_{1n}^2 \mathrm{e}^{-k_{1n}|x-x_{21}|} \\ &- k_{22} \left[w_1(x_{22}) - w_3(y_{22}) \right] \sum_{n=1}^{2} a_n k_{1n}^2 \mathrm{e}^{-k_{1n}|x-x_{22}|} + F_1 \sum_{n=1}^{2} a_n k_{1n}^2 \mathrm{e}^{-k_{1n}|x-x_{11}|} \\ &+ F_2 \sum_{n=1}^{2} a_n k_{1n}^2 \mathrm{e}^{-k_{1n}|x-x_{12}|}\end{aligned}$$

$$\tag{8-40}$$

$$\frac{\partial^2 w_1(x)}{\partial x^3} = \sum_{n=1}^{4} A_n k_{1n}^3 e^{k_{1n}x} + \text{sign}(x, x_{21}) k_{21} [w_1(x_{21}) - w_2(y_{21})] \sum_{n=1}^{2} a_n k_{1n}^3 e^{-k_{1n}|x-x_{21}|}$$

$$+ \text{sign}(x, x_{22}) k_{22} [w_1(x_{22}) - w_3(y_{22})] \sum_{n=1}^{2} a_n k_{1n}^3 e^{-k_{1n}|x-x_{22}|}$$

$$- F_1 \text{sign}(x, x_{11}) \sum_{n=1}^{2} a_n k_{1n}^3 e^{-k_{1n}|x-x_{11}|} - F_2 \text{sign}(x, x_{12}) \sum_{n=1}^{2} a_n k_{1n}^3 e^{-k_{1n}|x-x_{12}|}$$

$$(8-41)$$

式中

$$\text{sign}(x, x_j) = \begin{cases} +1, & x \geqslant x_j \\ -1, & x < x_j \end{cases}$$

该式为绝对值求导过程中产生的符号算子。由(8-34)式及(8-35)式对 y 求导有

$$\frac{\partial w_2(y)}{\partial y} = \sum_{n=1}^{4} B_n k_{2n} e^{k_{2n}y} - \text{sign}(y, y_1) k_{21} \{w_1(x_{21}) - w_2(y_{21})\} \sum_{n=1}^{2} b_n k_{2n} e^{-k_{2n}|y-y_{21}|}$$

$$(8-42)$$

$$\frac{\partial^2 w_2(y)}{\partial y^2} = \sum_{n=1}^{4} B_n k_{2n}^2 e^{k_{2n}y} + k_{21} \{w_1(x_{21}) - w_2(y_{21})\} \sum_{n=1}^{2} b_n k_{2n}^2 e^{-k_{2n}|y-y_{21}|} \quad (8-43)$$

$$\frac{\partial w_3(y)}{\partial y} = \sum_{n=1}^{4} C_n k_{3n} e^{k_{3n}y} - \text{sign}(y, y_2) k_{22} \{w_1(x_{22}) - w_3(y_{22})\} \sum_{n=1}^{2} c_n k_{3n} e^{-k_{3n}|y-y_{22}|}$$

$$(8-44)$$

$$\frac{\partial^2 w_3(y)}{\partial y^2} = \sum_{n=1}^{4} C_n k_{3n}^2 e^{k_{3n}y} + k_{22} \{w_1(x_{22}) - w_3(y_{22})\} \sum_{n=1}^{2} c_n k_{3n}^2 e^{-k_{3n}|y-y_{22}|} \quad (8-45)$$

式中

$$\text{sign}(y, y_j) = \begin{cases} +1, & y \geqslant y_j \\ -1, & y < y_j \end{cases}$$

将上述方程代入边界条件和协调条件有,梁①

$$\frac{\partial^2 w_1(0)}{\partial x^2} = \sum_{n=1}^{4} A_n k_{1n}^2 - k_{21} \{w_1(x_{21}) - w_2(y_{21})\} \sum_{n=1}^{2} a_n k_{1n}^2 e^{-k_{1n}x_{21}}$$

$$- k_{22} \{w_1(x_{22}) - w_3(y_{22})\} \sum_{n=1}^{2} a_n (k_n^1)^2 e^{-k_{1n}x_{22}} + \qquad (8-46)$$

$$F_1 \sum_{n=1}^{2} a_n k_{1n}^2 e^{-k_{1n}x_{11}} + F_2 \sum_{n=1}^{2} a_n k_{1n}^2 e^{-k_{1n}x_{12}} = 0$$

$$\frac{\partial^3 w_1(0)}{\partial x^3} = \sum_{n=1}^4 A_n k_{1n}^3 - k_{21}\{w_1(x_{21}) - w_2(y_{21})\} \sum_{n=1}^2 a_n k_{1n}^3 \mathrm{e}^{-k_{1n}x_{21}}$$

$$- k_{22}\{w_1(x_{22}) - w_3(y_{22})\} \sum_{n=1}^2 a_n k_{1n}^3 \mathrm{e}^{-k_{1n}x_{22}} \qquad (8-47)$$

$$+ F_1 \sum_{n=1}^2 a_n k_{1n}^3 \mathrm{e}^{-k_{1n}x_{11}} + F_2 \sum_{n=1}^2 a_n k_{1n}^3 \mathrm{e}^{-k_{1n}x_{12}} = 0$$

$$\frac{\partial^2 w_1(L_1)}{\partial x^2} = \sum_{n=1}^4 A_n k_{1n}^2 \mathrm{e}^{k_{1n}L_1} - k_{21}\{w_1(x_{21}) - w_2(y_{21})\} \sum_{n=1}^2 a_n k_{1n}^2 \mathrm{e}^{-k_{1n}|L_1-x_{21}|}$$

$$- k_{22}\{w_1(x_{22}) - w_3(y_{22})\} \sum_{n=1}^2 a_n k_{1n}^2 \mathrm{e}^{-k_{1n}|L_1-x_{22}|} \qquad (8-48)$$

$$+ F_1 \sum_{n=1}^2 a_n k_{1n}^2 \mathrm{e}^{-k_{1n}|L_1-x_{11}|} + F_2 \sum_{n=1}^2 a_n k_{1n}^2 \mathrm{e}^{-k_{1n}|L_1-x_{12}|} = 0$$

$$\frac{\partial^3 w_1(L_1)}{\partial x^3} = \sum_{n=1}^4 A_n k_{1n}^3 \mathrm{e}^{k_{1n}L_1} + k_{21}\{w_1(x_{21}) - w_2(y_{21})\} \sum_{n=1}^2 a_n k_{1n}^3 \mathrm{e}^{-k_{1n}|L_1-x_{21}|}$$

$$+ k_{22}\{w_1(x_{22}) - w_3(y_{22})\} \sum_{n=1}^2 a_n k_{1n}^3 \mathrm{e}^{-k_{1n}|L_1-x_{22}|} \qquad (8-49)$$

$$- F_1 \sum_{n=1}^2 a_n k_{1n}^3 \mathrm{e}^{-k_{1n}|L_1-x_{11}|} - F_2 \sum_{n=1}^2 a_n k_{1n}^3 \mathrm{e}^{-k_{1n}|L_1-x_{12}|} = 0$$

对基础梁②

$$w_2(0) = \sum_{n=1}^4 B_n + k_{21}\{w_1(x_{21}) - w_2(y_{21})\} \sum_{n=1}^2 b_n \mathrm{e}^{-k_{2n}y_{21}} = 0 \qquad (8-50)$$

$$w_2(L_2) = \sum_{n=1}^4 B_n \mathrm{e}^{k_{2n}L_2} + k_{21}\{w_1(x_{21}) - w_2(y_{21})\} \sum_{n=1}^2 b_n \mathrm{e}^{-k_{2n}|L_2-y_{21}|} = 0 \qquad (8-51)$$

$$\frac{\partial^2 w_2(0)}{\partial x^2} = \sum_{n=1}^4 B_n k_{2n}^2 + k_{21}\{w_1(x_{21}) - w_2(y_{21})\} \sum_{n=1}^2 b_n k_{2n}^2 \mathrm{e}^{-k_{2n}y_{21}} = 0 \qquad (8-52)$$

$$\frac{\partial^2 w_2(L_2)}{\partial x^2} = \sum_{n=1}^4 B_n k_{2n}^2 \mathrm{e}^{k_{2n}L_2} + k_{21}\{w_1(x_{21}) - w_2(y_{21})\} \sum_{n=1}^2 b_n k_{2n}^2 \mathrm{e}^{-k_{2n}|L_2-y_{21}|} = 0$$

$$(8-53)$$

同样地，对基础梁③

$$w_3(0) = \sum_{n=1}^4 C_n + k_{22}\{w_1(x_{22}) - w_3(y_{22})\} \sum_{n=1}^2 c_n \mathrm{e}^{-k_{3n}y_{22}} = 0 \qquad (8-54)$$

$$w_3(L_3) = \sum_{n=1}^4 C_n \mathrm{e}^{k_{3n}L_3} + k_{22}\{w_1(x_{22}) - w_3(y_{22})\} \sum_{n=1}^2 c_n \mathrm{e}^{-k_{3n}|L_3-y_{22}|} = 0 \qquad (8-55)$$

$$\frac{\partial^2 w_3(0)}{\partial x^2} = \sum_{n=1}^4 C_n k_{3n}^2 + k_{22}\{w_1(x_{22}) - w_3(y_{22})\} \sum_{n=1}^2 c_n k_{3n}^2 \mathrm{e}^{-k_{3n}y_{22}} = 0 \qquad (8-56)$$

$$\frac{\partial^2 w_3(L_3)}{\partial x^2} = \sum_{n=1}^{4} C_n k_{3n}^2 e^{k_{3n}L_3} + k_{22}\{w_1(x_{22}) - w_3(y_{22})\} \sum_{n=1}^{2} c_n k_{3n}^2 e^{-k_{3n}|L_3-y_{22}|} = 0$$

$$(8-57)$$

由浮筏下隔振器安装点的协调条件

$$w_1(x_{21}) = \sum_{n=1}^{4} A_n e^{k_{1n}x_{21}} - k_{21}\{w_1(x_{21}) - w_2(y_{21})\} \sum_{n=1}^{2} a_n e^{-k_{1n}|x-x_{21}|}$$

$$- k_{22}\{w_1(x_{22}) - w_3(y_{22})\} \sum_{n=1}^{2} a_n e^{-k_{1n}|x-x_{22}|} \qquad (8-58)$$

$$+ F_1 \sum_{n=1}^{2} a_n e^{-k_{1n}|x-x_{11}|} + F_2 \sum_{n=1}^{2} a_n e^{-k_{1n}|x-x_{12}|}$$

$$w_1(x_{22}) = \sum_{n=1}^{4} A_n e^{k_{1n}x_{22}} - k_{21}\{w_1(x_{21}) - w_2(y_{21})\} \sum_{n=1}^{2} a_n e^{-k_{1n}|x-x_{21}|}$$

$$- k_{22}\{w_1(x_{22}) - w_3(y_{22})\} \sum_{n=1}^{2} a_n e^{-k_{1n}|x-x_{22}|} \qquad (8-59)$$

$$+ F_1 \sum_{n=1}^{2} a_n e^{-k_{1n}|x-x_{11}|} + F_2 \sum_{n=1}^{2} a_n e^{-k_{1n}|x-x_{12}|}$$

对梁①整理得

$$\sum_{n=1}^{4} A_n e^{k_{1n}x_{21}} - \left\{1 + k_{21}\sum_{n=1}^{2} a_n\right\} w_1(x_{21}) + \left\{k_{21}\sum_{n=1}^{2} a_n\right\} w_2(y_{21}) - \left\{k_{22}\sum_{n=1}^{2} a_n e^{-k_{1n}|x_{21}-x_{22}|}\right\} w_1(x_{22})$$

$$+ \left\{k_{22}\sum_{n=1}^{2} a_n e^{-k_{1n}|x_{21}-x_{22}|}\right\} w_3(y_{22}) + F_1 \sum_{n=1}^{2} a_n e^{-k_{1n}|x_{21}-x_{11}|} + F_2 \sum_{n=1}^{2} a_n e^{-k_{1n}|x_{21}-x_{12}|} = 0$$

$$(8-60)$$

$$\sum_{n=1}^{4} A_n e^{k_{1n}x_{22}} - \left\{k_{21}\sum_{n=1}^{2} a_n e^{-k_{1n}|x_{22}-x_{21}|}\right\} w_1(x_{21}) + \left\{k_{21}\sum_{n=1}^{2} a_n e^{-k_{1n}|x_{22}-x_{21}|}\right\} w_2(y_{21})$$

$$- \left\{1 + k_{22}\sum_{n=1}^{2} a_n\right\} w_1(x_{22}) + \left\{k_{22}\sum_{n=1}^{2} a_n\right\} w_3(y_{22}) + F_1 \sum_{n=1}^{2} a_n e^{-k_{1n}|x_{22}-x_{11}|} + F_2 \sum_{n=1}^{2} a_n e^{-k_{1n}|x_{22}-x_{12}|} = 0$$

$$(8-61)$$

对基础梁②，$y = y_{21}$ 处的位移为

$$w_2(y_{21}) = \sum_{n=1}^{4} B_n e^{k_{2n}y_{21}} + k_{21}\{w_1(x_{21}) - w_2(y_{21})\} \sum_{n=1}^{2} b_n \qquad (8-62)$$

整理得

$$\sum_{n=1}^{4} B_n e^{k_{2n}y_{21}} + \left\{k_{21}\sum_{n=1}^{2} b_n\right\} w_1(x_{21}) - \left\{1 + k_{21}\sum_{n=1}^{2} b_n\right\} w_2(y_{21}) = 0 \qquad (8-63)$$

对基础梁③，$y = y_{22}$ 处的位移为

$$w_3(y_{22}) = \sum_{n=1}^{4} C_n e^{k_{3n}y_{22}} + k_{22}\{w_1(x_{22}) - w_3(y_{22})\} \sum_{n=1}^{2} c_n \qquad (8-64)$$

整理得

$$\sum_{n=1}^{4} C_n e^{k_{3n} y_{22}} + \left\{ k_{22} \sum_{n=1}^{2} c_n \right\} w_1(x_{22}) - \left\{ 1 + k_{22} \sum_{n=1}^{2} c_n \right\} w_3(y_{22}) = 0 \qquad (8-65)$$

梁①上设备安装在 $x = x_{11}, x = x_{12}$ 处,由式(8-40)设备作用点协调变形条件

$$\left. \begin{aligned} w_1(x_{11}) &= \frac{F_1 - Q_1 p_1}{k_{\text{tot}11}} \\ w_1(x_{12}) &= \frac{F_2 - Q_2 p_2}{k_{\text{tot}12}} \end{aligned} \right\} \qquad (8-66)$$

得到梁①上源设备安装点的位移响应

$$\begin{aligned} w_1(x_{11}) = & \sum_{n=1}^{4} A_n e^{k_{1n} x_{11}} - k_{21} \{ w_1(x_{21}) - w_2(y_{21}) \} \sum_{n=1}^{2} a_n e^{-k_{1n} |x_{11}-x_{21}|} \\ & - k_{22} \{ w_1(x_{22}) - w_3(y_{22}) \} \sum_{n=1}^{2} a_n e^{-k_{1n} |x_{11}-x_{22}|} \\ & + F_1 \sum_{n=1}^{2} a_n + F_2 \sum_{n=1}^{2} a_n e^{-k_{1n} |x_{11}-x_{12}|} \end{aligned} \qquad (8-67)$$

$$\begin{aligned} w_1(x_{12}) = & \sum_{n=1}^{4} A_n e^{k_{1n} x_{12}} - k_{21} \{ w_1(x_{21}) - w_2(y_{21}) \} \sum_{n=1}^{2} a_n e^{-k_{1n} |x_{12}-x_{21}|} \\ & - k_{22} \{ w_1(x_{22}) - w_3(y_{22}) \} \sum_{n=1}^{2} a_n e^{-k_{1n} |x_{12}-x_{22}|} \\ & + F_1 \sum_{n=1}^{2} a_n e^{-k_{1n} |x_{12}-x_{11}|} + F_2 \sum_{n=1}^{2} a_n \end{aligned} \qquad (8-68)$$

联立式(8-66)至式(8-68)并整理得

$$\begin{aligned} & \sum_{n=1}^{4} A_n e^{k_{1n} x_{11}} - k_{21} \{ w_1(x_{21}) - w_2(y_{21}) \} \sum_{n=1}^{2} a_n e^{-k_{1n} |x_{11}-x_{21}|} - k_{22} \{ w_1(x_{22}) - w_3(y_{22}) \} \\ & \sum_{n=1}^{2} a_n e^{-k_{1n} |x_{11}-x_{22}|} + F_1 \left\{ \sum_{n=1}^{2} a_n - \frac{1}{k_{\text{tot}11}} \right\} + F_2 \sum_{n=1}^{2} a_n e^{-k_{1n} |x_{11}-x_{12}|} = -\frac{Q_1 p_1}{k_{\text{tot}11}} \end{aligned} \qquad (8-69)$$

$$\begin{aligned} & \sum_{n=1}^{4} A_n e^{k_{1n} x_{12}} - k_{21} \{ w_1(x_{21}) - w_2(y_{21}) \} \sum_{n=1}^{2} a_n e^{-k_{1n} |x_{12}-x_{21}|} - k_{22} \{ w_1(x_{22}) - w_3(y_{22}) \} \\ & \sum_{n=1}^{2} a_n e^{-k_{1n} |x_{12}-x_{22}|} + F_1 \sum_{n=1}^{2} a_n e^{-k_{1n} |x_{12}-x_{11}|} + F_2 \left\{ \sum_{n=1}^{2} a_n - \frac{1}{k_{\text{tot}12}} \right\} = -\frac{Q_2 p_2}{k_{\text{tot}12}} \end{aligned} \qquad (8-70)$$

将式(8-46)至(8-57)、式(8-60)、式(8-61)、式(8-63)、式(8-65)、式(8-69)和式(8-70),写成矩阵形式为

$$\boldsymbol{SX} = \boldsymbol{P} \qquad (8-71)$$

$$\boldsymbol{X}^{\text{T}} = \{ A_1, \cdots, A_4, B_1, \cdots, B_4, C_1, \cdots, C_4, w_1(x_{11}), w_1(x_{12}), w_2(y_{21}), w_3(y_{22}), F_1, F_2 \}$$

$$\boldsymbol{P}^{\mathrm{T}} = \left\{ 0, 0, \cdots, -\frac{Q_1 p_1}{k_{\mathrm{tot11}}}, -\frac{Q_2 p_2}{k_{\mathrm{tot12}}} \right\}$$

式中　$\boldsymbol{X}$——未知量矩阵,其中 A_i、B_i、C_i 为未知待定系数;

$w_1(x_{21})$、$w_1(x_{22})$——梁①上 x_{21},x_{22} 处的位移;

$w_2(y_{21})$——梁②上 $y = y_{21}$ 处位移;

$w_3(y_{22})$——梁③上 $y = y_{22}$ 处位移;

F_1、F_2——源设备 m_1、m_2 通过隔振器 k_{11}、k_{12} 作用在梁①上的内力;

$\boldsymbol{P}$——外激励力矩阵;

$\boldsymbol{S}$——系数矩阵。

将相关参数代入式(8-71)联立求解,再将解算值代入式(8-33)至式(8-35),即可求得梁①、梁②和梁③上任意一点位移响应的瞬时值。进一步,将解算的结构速度和加速度响应值代入式(5-23),即可求解梁上传递的平均功率流。

8.4.4　浮筏隔振效果的 WPA 表达

隔振效果的评价方式很多,如隔振传递率、插入损失、振级落差等。为了方便与试验数据对比,这里浮筏隔振效果用振动加速度振级落差表示,它是基础梁的振动加速度与源设备的振动加速度之比[13]

$$TL = 20\log\left[\frac{\mathrm{Re}(\ddot{w}_2)}{\mathrm{Re}(\ddot{w}_m)}\right] \ (\mathrm{dB}) \tag{8-72}$$

式中　$\ddot{w}_2$——基础梁②的振动加速度实部;

$\ddot{w}_m$——设备 m 的振动加速度实部。

假设源设备激励为谐力,则其加速度响应也为简谐参量,由式(8-12)可知源设备加速度响应为

$$\ddot{w}_m = -\omega^2 w_m = \frac{p_0 - F_b}{m} \tag{8-73}$$

式中　p_0——谐力幅值;

F_b——源设备通过隔振器施加到梁①的内力;

m——源设备质量。

8.5　浮筏的"质量效应"分析

双级隔振研究表明:筏体质量越大,系统第二阶安装频率越趋近于第一阶安装频率[13],如图8-7所示,要尽量压缩 BC 区域增加 CD 区域,以提高隔振性能。浮筏研究,我们得出了相似结论:筏架质量越大,系统第二组共振频率簇越 f_r^{s2} 趋近第一组共振频率簇 f_r^{s1},可以压

缩 BC 区域增加 CD 区域,提高隔振效率。

　　作者 1994 年提出"质量效应"[3,25]。质量效应是关于浮筏装置或设备弹性和刚性安装对系统当量质量的贡献,利用质量效应可以进一步节省总体资源。本章用 WPA 方法解析,讨论了如何使装置兼顾质量贡献。

8.5.1　基本参数

　　机理分析浮筏如图 8 - 6 所示,系统的基本参数见表 8 - 2 和表 8 - 3。分析源设备 m_1 与梁③中点振动加速度响应的传递率,并用式(8 - 72)来描述隔振效果。

表 8 - 2　浮筏计算模型中的主要参数

结构	长 L/m	宽 b/m	截面高度 h/m	材料参数
梁①	1.5	0.08	0.012	弹性模量: $E = 2.02 \times 10^{11}$ Pa
梁②	0.8	0.07	0.012	体积密度: $\rho = 7\,850$ kg/m³
梁③	0.8	0.07	0.012	损耗因子: $\beta = 0.01$

表 8 - 3　浮筏计算模型中设备及隔振器参数

部件等	动刚度 $k/(N/m)$	损耗因子 β
上层隔振器	8.0×10^4	0.08
下层隔振器	8.0×10^4	0.08
源设备质量	$m_1 = m_2 = 10$ kg	
安装位置	$x_{11} = 0.4$ m, $x_{12} = 1.1$ m, $x_{21} = 0.2$ m, $x_{22} = 1.3$ m, $y_{21} = y_{22} = 0.4$ m	

8.5.2　设备刚性安装的比较研究

　　梁①上,假设源设备 m_1 弹性安装,m_2 刚性安装并改变质量大小,研究安装方式对系统传递特性的影响。与实际工程相比,模型作了大幅简化,但较完整地保留筏架、基座弹性,和隔振器的阻尼参数。

　　计算结果如图 8 - 12 所示。选取的计算频率范围很宽,传递率曲线整体看上去似乎与理想浮筏有较大差别。按频域细分并增加标识线段,帮助我们看清浮筏传递率曲线中所保留的基本特征:

　　(1)在 18 ~ 50 Hz 低频段,传递率以 12 dB/Oct 线段 BC 为基线变化,见局部图 8 - 12(a)。梁的模态频率较低,耦合后对传递曲线的谐波成份贡献明显。实际工程中,筏架模态频率相对要高一些,只会影响传递特性的高频区域,仅贡献谐波成分。

（2）55 Hz 以上频段,系统具有较高隔振效率,遵循 24 dB/Oct 的递减规律,见图 8 - 12（b）中标识线段 CD。在 $f \geqslant 100$ Hz,传递特性出现较高共振峰值。它们不是典型的系统共振峰,而是梁的整体模态引起的谐波成分,导致传递率特性被整体抬高。工程实际中,筏架的模态不会设计得如此低,这与所选梁③刚度偏软有关。

（3）反共振点 $f \approx 265$ Hz 和 340 Hz 也是梁的主要模态之一,传递率被模态主导——基础梁③的反共振频率通过耦合,以高频成份出现。模型中,基础梁的刚度远低于工程实际,阻尼值也不会这么低,致使峰值尖锐。

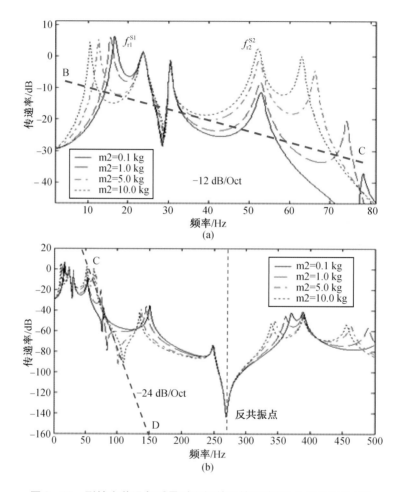

图 8 - 12 刚性安装设备质量对隔振效果的影响（陈志刚编程绘制）

从图 8 - 12（a）可见,刚性安装设备 m_2 增加质量具有"移频"作用。随着质量的增加,系统 1 阶安装频率向低频方向移动。有趣的是这种变化规律与二自由度双级隔振颇为一致。文献［1］中式（2 - 188）复写如下

$$\frac{\omega_c^2}{\omega_1^2} = \frac{1}{2}\left\{\left[1 + \frac{m_1}{m_2} + \frac{\omega_2^2}{\omega_1^2}\right] \pm \sqrt{\left(1 + \frac{m_1}{m_2} + \frac{\omega_2^2}{\omega_1^2}\right)^2 - 4\frac{\omega_2^2}{\omega_1^2}}\right\} \qquad (8 - 74)$$

式中　m_1——源设备的质量;

　　　m_2——筏体的质量;

　　　$\omega_1^2 = \sqrt{K_1/m_1}$——源设备无耦合固有频率;

　　　$\omega_2^2 = \sqrt{K_2/m_2}$——筏体无耦合固有频率。

取不同质量比 $\mu = m_2/m_1$ 和不同刚度比 $\alpha = K_2/K_1$,我们可以绘制出系统固有频率的诺模图。在质量比 $\mu = 1$,得到系统的两个安装频率 ω_{0H} 和 ω_{0L},以及使频率比最小的最佳刚度比

$$\alpha_{opt} = 1 + \mu \qquad\qquad (8-75)$$

浮筏按混合动力系统建模,筏架和基础为弹性梁,它们与刚度小许多的隔振器之间耦合连接。因此,浮筏第一组安装频率簇中第 1 个固有频率,与刚体双级隔振系统对应的频率接近。由式(8-74)整理得

$$f_{r1}^{Sj} = \frac{1}{2}\left\{ \left[1 + \frac{m_1}{m_2} + \frac{\omega_2^2}{\omega_1^2} \right] \mp \sqrt{\left(1 + \frac{m_1}{m_2} + \frac{\omega_2^2}{\omega_1^2} \right)^2 - 4\frac{\omega_2^2}{\omega_1^2}} \right\} \cdot f_{r1} \qquad (8-76)$$

式中 $j = 1, 2$。当"$\mp$"号分别取"$-$"或"$+$"号时,得到浮筏的 f_{r1}^{S1} 第 f_{r1}^{S2}。它们分别是第一和第二频率簇中的第 1 个固有频率。

做个简单换算,质量取值范围 $m_2 = \{0.1, 1.0, 5.0, 10\}$ kg,最大值 $\max(m_2) = m_1$。由此质量比 $\mu = 1$ 和刚度比 $\alpha = 1$,式(8-76)可得

$$f_{r1}^{Sj} = (3 \mp \sqrt{5}) \cdot f_{r1}$$

计算表明,当 $m_2 = m_1$ 时"移频"效果明显,当 m_2 的质量增加到 10 kg 即与筏架质量相同时,进一步增大刚性安装设备质量,整体效果提升不明显。同样的,最佳刚度比也基本符合式(8-75)。

作者将浮筏与双级隔振开展比较研究,得到结论:工程条件下,弹性安装设备对浮筏的质量贡献趋近于零;而刚性安装设备对系统的质量贡献接近 100%。该结论对工程减重有重要启示,可以通过在筏架上刚性安装非源设备或不运转设备,提高筏架质量,继而达到系统优化目的,赋予设计师更大的发挥空间。

8.5.3　设备位置对隔振效果的影响

设备 m_2 刚性固定在筏架不同部位,会较大改变系统的整体动平衡。但并不改变系统的 1 阶、2 阶安装频率簇 f^{S1} 和 f^{S1},刚度相对较大的筏架,动平衡的影响自然也大,但对传递特性影响不大,如图 8-13 所示。

二级浮筏遵从双级隔振的三段线 ABC 描述,这是两者的共同属性。浮筏的特殊性表现在:

(1)由于 m_2 刚性固定,系统的两个共振峰簇退化为单峰;

(2)梁的模态特征在系统特征中清晰复现。而且由于试验中选择的梁过软,梁的模态

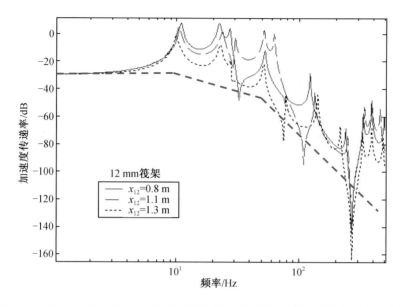

图 8 – 13　不同弹性条件下刚性安装设备位置对隔振效果的影响（陈志刚编程绘制）

特征通过耦合,主导了系统的整体特性,使 $f \geqslant f^{S2}$ 频域隔振性能全面恶化。ABC 线段中的 B 线段 12 dB/Oct 区域被整体抬高(高于标识线段);

（3）当设备位于 $x = 1.1$ m 且 $f \geqslant f^{S2}$ 频域,隔振性能进一步恶化。系统出现两个反共振点,它们对应梁的两个模态频率。浮筏由于参数多且互相关联,较容易出现设计缺陷,设计者要有所预判和综合评估。

8.6　浮筏的"混抵效应"分析

8.6.1　两个结构波的抵消

多个源设备输入筏架中的结构波会相互抵消,构成所谓的浮筏"混抵效应"[13,25]。混抵效应与主动振动控制中弹性波的相互抵消有着同样的原理,如图 8 – 14 所示。假设 $\tilde{p}_0$ 是初级源,$\tilde{p}_c$ 是控制源,它和初级源之间有不同的相位角 φ_1 和 φ_2。

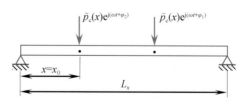

图 8 – 14　一维梁中两个弹性波的抵消

（p_c 是控制源,p_0 是主动控制中的初级源）

在文献[29,30]中,讨论了"主动控制 1D 结构梁的声辐射",将点谐力 $\tilde{p}_0$ 作为初级源作用在 $x = x_0$ 处,控制源 $\tilde{p}_c$ 所产生的振动位移为

$$w(x) = \sum_{m=1}^{\infty} \eta_m w_m(x) \cdot \tilde{p}_c \qquad (8-77)$$

η_m 是单位力产生的模态振幅,它由下式给出

$$\eta_m(x) = \frac{w_m(x_0)}{\omega_m^2 - \omega^2 + j2\beta_m\omega\omega_m} \qquad (8-78)$$

式中　x_0——控制力所处的位置;

　　　ω——激励频率;

　　　β_m——模态阻尼系数;

　　　$\tilde{p}_c$——控制力的振幅。

从控制策略上,主动振动控制有对消体积速度方式和最小化声功率方式,$\tilde{p}_c$ 通过自适应方式调节幅值和相位,都是人为主动设计的。

8.6.2　多源结构波的抵消

假设 n 台源设备,谐力记为 $\tilde{p}_{0j}(j = 1, 2, \cdots, n)$,它们和初级源 $\tilde{p}_{01}$ 之间有不同的相位角 φ_j。如果将所有输入筏架中的结构波记为一般形式,有

$$\tilde{w}_{\Sigma}(x) = \sum_{j=1}^{n} \widetilde{H}_{Fj}^* \cdot p_{0j} \cdot e^{j(\omega t + \varphi_j)} \qquad (8-79)$$

式中　$\widetilde{H}_{Fj}^*$——第 $j(j = 1, 2, \cdots, n)$ 个激励力的传递函数;

　　　p_{0j}——点力幅值;

　　　φ_j——初始相位。

由结构动力学,N 台源设备扰动力输入筏架,结构波之间会相互抵消,经过第二级弹簧再进一步隔离,最终输出到基础。多力源产生的结构波的相互抵消机制,称之为浮筏的"混抵效应",它能产生附加衰减,进一步提升隔振效率。

作者[3,13]早期曾将该过程比喻为污水处理,酸碱物替换振动能量:酸碱物质"先混合、后中和",这样的工艺流程使酸碱物消耗事半功倍。这是一种自然抵消过程,没有主动控制中的自适应干预,也没有"额外"的能耗开销。

相对量与绝对量表达

我们熟悉的隔振效果评估有力传递率 T、插入损失 $IL(A)$ 和振级落差 $\Delta L(A)$ 等,都是相对量表达,它们便于工程测量并逐渐发展成为试验方法和测量标准。相对量描述有局限性,比如会掩盖力源混抵产生的附加衰减,用作研究未必是最佳得表述。

缘于早期的一次重复计算,结果发现用振动功率流描述的传递率曲线整体"平行下移"。系统传递的能量不仅因为隔离成分,还有绝对能量的减少。一个无意之为,让我们结

束了一段弯路:"混抵效应"的发现因此至少被推迟了二年。

8.6.3　外部混抵与内部混抵效应

浮筏的"混抵效应"又可细分为外部混抵和内部混抵[13],如图8-15所示。我们将力源设备之间振动能量相互自主抵消定义为外部混抵。而将因筏架黏弹阻尼、结构间断点引起的波反射、损耗等称之为内部混抵。

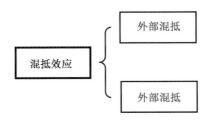

图8-15　内部混抵与外部混抵效应

外部混抵理论上从0 Hz开始。混抵是多源浮筏特有的,也是与双级隔振有根本区别。筏架和隔振器中的阻尼,结构间断点引起的波反射、衰减和波形转换等,都能衰减振动能量。混抵效应是一种自主、随机的系统性优化办法,缘于力源要素之间逻辑关联的正向涌现。它的发现和机理研究为研制高效浮筏提供了一条新的技术途径。

8.6.4　等主式浮筏和主从式浮筏

浮筏有多种分类方式[16,22]。按源设备的综合体量分类,比较有工程实用价值。这种分类引导如何让混抵效应更充分,提升浮筏隔振效率。设备成组集成中,浮筏设计围绕输入筏架振动能量占主导的源设备,称"主设备"或A设备;居从属地位的则称"从设备"或B设备。下式总是成立

$$\Pi(A_i) \gg \Pi(B_j) \quad (i=1,2,3\cdots,M; j=1,2,3\cdots,N)$$

式中　$\Pi(A)$——由A类设备输入系统的能量;

　　　$\Pi(B)$——由B类设备输入系统的能量。

由此,浮筏可划分为"主从式浮筏"和"等主式浮筏"。显然,等主式浮筏混抵效应最充分,通常该类浮筏能提供最大附加衰减。典型的等主式浮筏物理模型如图8-16所示,五台源设备性能参数相同。图8-17所示是"流星号[西德]"船上的多台液压泵浮筏[4],按等主式浮筏设计安装实例。

运载器的大多数源设备按系统和功能集成,所以主从式浮筏相对较多。图8-18是典型的单一主从式浮筏示意图,一台主设备,四台相同的从设备。这里的主设备和从设备系相对而言。将主从式浮筏按等主式浮筏改造,便是较好的寻优过程。

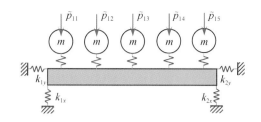

图 8 - 16　等主式浮筏

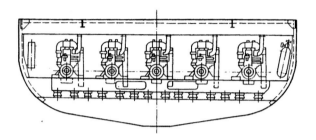

图 8 - 17　"流星号(西德)"船上的浮筏布置图

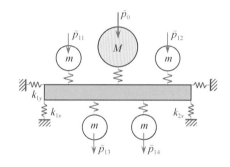

图 8 - 18　单一主从式浮筏

筏架中结构波的幅值是源设备扰动力、支承刚度、质量(或惯性矩)和黏弹阻尼等参数综合的结果。浮筏优化的原则便是让筏架中主扰动力产生的结构波,抵消机制更充分。设计师通过参数微调,在不对系统产生较大影响的前提下,将主从式浮筏尽可能调整为等主式浮筏。几个方向性意见如下:

(1)等主式浮筏优于主从式浮筏,具有更高的附加隔振量 ΔL。特别重要的是,附加衰减对低频也有效。

(2)主从式浮筏和等主式浮筏研究揭示了一个原则:尽量将综合性能参数接近的源设备安装在同一个筏架上。这与隔声理论强调高噪声源设备尽量封闭在一个隔声罩内是同样的道理。其具有异曲同工之妙地揭示了振动隔离与声隔离的一些本质相同点和客观规律。

(3)浮筏源设备越多,混抵效应越明显且数据稳定。其还能改善系统的瞬态稳定性和位移响应。三台及以上源设备的等主式浮筏,时间历程统计意义上的稳定性已经较好了。

值得庆幸的是,运载器特别是大型舰艇满足混抵条件。源设备转速、扰动力初始相位、幅值和设备质量等,随载荷小范围变动化,符合高斯统计分布,还有相对稳定不变的源设备数量。通过"人为"预置,使源设备输入筏架的波幅尽可能相近,即 $p'_{01} \approx p'_{02} \cdots \approx p'_{0j}$。仿真统计结果表明,设备越多浮筏的动态稳定性越好,三台源或以上源设备就能产生较好的混抵效应。

8.6.4 筏架阻尼的影响

与分析预期一样,筏架的结构阻尼并不改变系统基本传递特性,不抑制系统第一阶和第二阶共振峰簇,如图 8 – 19 所示,只抑制与筏架结构模态对应的系统峰值响应,并决定这些共振峰的幅值和半带宽。这些峰值频率较高,处于高频段。阻尼用粘弹结构复合损耗因子表示,船用筏架的复合损耗因子通常不高。

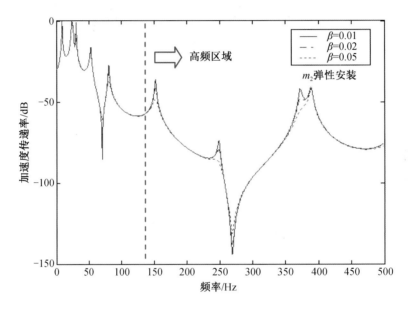

图 8 – 19　筏架对隔振效果的影响

增加筏架阻尼,会增加输入功率流的阻性部分。图 8 – 20 为输入基础梁③的振动功率流。与隔振系统对应的是 ABC 线段,而不是 abc 线段。

筏架复合损耗因子 $\beta = 0.01$、0.02 和 0.05,对输入功率流低频段没有影响,是抗性部分在起作用,但它改变高频共振峰值。如果是曲梁,影响会更显著一些。当筏架整体刚度分布合理时,阻尼对高频段的影响也在减弱。

筏架阻尼仅对传递曲线中中与筏架模态对应的共振峰值有抑制效果。如同任何事物都有两面性,不要将粘弹阻尼的应用泛化,当成"广谱药丸"。实际上,它们控制范围有限,而且总的应用趋势是减少。分析复合阻尼到底影响系统哪些特性以及改变的程度是件十分有趣的内容。这提示我们要有针对性地应用阻尼,比如筏架储能及能量损耗的研究非常不充分,这是一个非常值得大家探讨的课题,这样粘弹阻尼应用评估才真正具有体系贡献率。

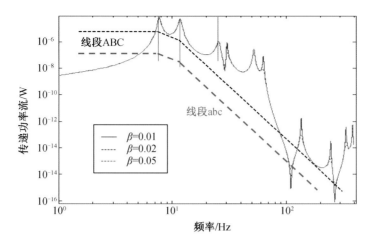

图 8 – 20　筏架梁阻尼对输入到基础梁功率流的影响

8.7　浮筏的"调谐效应"分析

浮筏存在能量泄漏频点几乎是必然的,它导致性能恶化。许多情况需要应用动力吸振器控制。动力吸振器简称 TMD,英文 Tuned Mass Damping。它还有其他英文,如 Dynamic Absorber,Neutralizer(中和器)[27],吸收部分振动能量,使其不逸出浮筏,如图 8 – 21 所示。

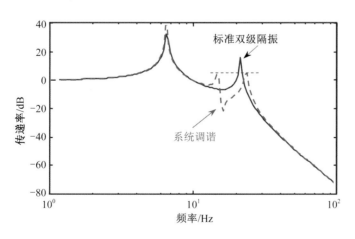

图 8 – 21　设备的调谐效应

我们有两种方式应用 TMD 控制泄漏频点,一是直接附加一个 TMD,另一个较好的办法是指将运载器中装置或源设备设计成 TMD,对自身泄漏频点进行调谐。采用后一种方式能进一步节省总体资源,我们将其称为浮筏的"调谐效应"。

可见浮筏复杂并非给设计师带来的全是负面因素。它赋予了设计师更大的设计权和修改灵活性,利用调谐效应可以进一步节省运载器资源。说明提高集成度能够给设计师带来的普遍收益。

图中,TMD 对传递曲线中第 2 阶安装频率进行调谐,主峰被一分为二得到大幅抑制。TMD 要单独设计,将装置/设备当成质量块并针对特定峰值进行调谐。应用运载器中非源设备或装置好理解,如何应用源设备呢？ 这里系指某些工况下不工作的源设备,或者细分为高航速工作而低航速不工作的源设备,在系统工程中用要素的时间秩序表达。这些设备通过安装方式、参数调整使其同样具备 TMD 的调谐功能。关于 TMD 的基本知识和设计具体应用这里不再赘述。

8.8 WPA 分析与试验

前面用 WPA 法推导了"梁式"浮筏的振动响应,并从理论上对传递特性及其"质量、调谐和混抵"效应进行了初步分析。本节从试验角度,开展验证工作。

8.8.1 浮筏试验装置

源设备采用组合式刚体质量块模拟,便于调整质量,如图 8-22 所示。它们通过 4 个隔振器固定安装在筏架梁①上,如图 8-6 所示,对应的试验装置如图 8-23,激励机悬挂外加。为了与理论模型尽量保持一致,试验中选直梁、矩形截面钢以确保结构波的频率范围。基础梁②和③用两根相同的矩形截面梁代替,其两端刚性固定。筏架则通过两个并排的隔振器,安装到基础梁上,共 4 个下隔振器。

图 8-22 浮筏试验装置(陈志刚提供)

试验装置的各部件参数见表 8-4。三段有限梁均符合材料力学中关于简单梁理论的约定,即可以忽略梁中剪切变形和转动惯量的影响,与理论模型一致。

图 8 - 23 组合式源设备模拟(陈志刚提供)

表 8 - 4 试验装置参数列表

	类 型	尺寸(长×宽×高) /(mm×mm×mm)	弹性模量 E /(N/ m²)	材料密度 ρ/(kg/ m³)
梁	梁①(筏架梁)	1 500×80×12	2.02×10¹¹	7 850
	梁①(筏架梁)	1 500×80×8	2.02×10¹¹	7 850
	梁②=③(基础梁)	800×70×12	2.02×10¹¹	7 850
	型号	动刚度/(N/m)	额定载荷/N	阻尼比
隔振器	BE - 5	20 000	50	0.08±0.01
	BE - 10	40 000	100	0.08±0.01
	组合	外形尺寸/mm	质量/kg	
设备	6 块钢块	150×100×120	2.2×6=13.2	
	4 块钢块	150×100×80	2.2×4=8.8	
	1 块钢块	150×100×20	2.2×1=2.2	

8.8.2 试验结果分析

为了保证试验装置处于良好的稳定状态,弹性安装源设备的模拟装置安装了 4 个 BE -
5 型隔振器,基础梁②和梁③各安装 2 个 BE - 10 型隔振器,与梁①连接。试验过程中,由于
需要刚性安装,基础梁两端固定后实际跨距 0.626 m。筏架通过下隔振器安装在基础梁的
中部,中心在 0.313 m 处,这会自然生成一个节点。应该注意,源设备通过 4 个隔振器连接
在梁①上,而理论计算中简化为一个点。为了尽量接近梁的理想状态,不允许在梁上开孔

以避免产生间断点。试验过程中，隔振器下端与梁之间用强力胶水粘在梁上，刚性安装源设备采用同样的方法粘在梁①上，降低对弹性波在梁中传播的影响。这些都与刚性假设有些差别，会影响部分试验数据。

改变源设备 m_2 的相关参数及安装方式，具体试验工况见表 8 – 5。

表 8 – 5　筏架梁为 12 mm 时试验工况

工况	1 – 1	1 – 2	1 – 3	1 – 4	1 – 5	1 – 6	1 – 7	1 – 8
质量/kg	—	13.2	13.2	8.8	2.2	8.8	8.8	2.2
刚度/(N/m)	—	刚性	刚性	刚性	刚性	刚性	8.0×10^4	8.0×10^4
位置/m	—	1.157	1.105	1.105	1.105	0.8	1.105	1.105

理论计算中，假设 $K \to \infty$ 表示刚性安装。

首先，理论计算值与试验测试值在低频段 $f \leqslant 50$ Hz 吻合良好，如图 8 – 24 和图 8 – 25 所示。由于采用功率流表达，传递曲线的起始纵坐标不再是 0 值。传递曲线保留了浮筏主特征，见图中辅助线。其次，安装频率的一致性也很好。两个结论较好地验证了 WPA 法及其理论分析的准确性。但是，梁①与工程筏架存在很大区别，低频吻合良好没有什么影响，在较高频段模态特性影响了传递特性的形态，高频段 $f_h \geqslant 60$ Hz，隔振性能全面恶化，系统谐波成分充分逸出。该算例说明筏架不好，浮筏高频隔振性能不好。

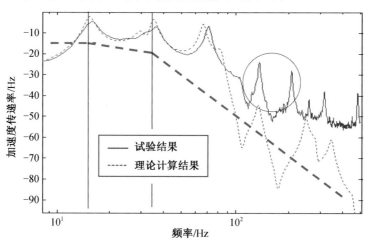

图 8 – 24　工况 1 – 4 理论与试验结果比较

从以上各种分析中可以看到，浮筏貌似并不复杂，但是要将力源等参数全部准确地计入分析程序并不是一件容易的事，仍然难以处理。设计者还是应该保持理论分析与试验调试的平衡发展，通过工程方法归纳出浮筏的主特性，促成理论与实践结合，最终形成辩证统一的工程处理方法。

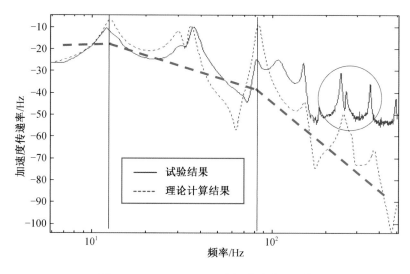

图 8 – 25　工况 1 – 7 理论与试验结果比较

理论与试验值差距较大分两种情况:一种是模型一样,这与建模是否合理或理论的正确性有关;另一种缘于主要源设备安装精度,未知误差等非主流因素影响,找出产生误差的原因是试验的重要研究内容。

对照理论值和试验测量值可以看到,在 $f_h \geqslant 100$ Hz 高频段,远高于机械设备安装频率,因梁模态频率导致丰富的谐波成分,致使浮筏传递特性整体大幅上扬。引起理论值和试验值误差较大的原因是:

(1)源设备弹性安装,试验过程中不能保证只有垂向位移。模型试验中还会出现扭转、横摇等额外位移响应,梁也不是纯的弯曲振动。

(2)试验橡胶隔振器存在较多的谐波效应。BE 型隔振器横向刚度 $k_{横向}$ 较大,致使振动能量通过隔振器横向逸出不可忽略,谐波效应明显。

(3)隔振器的匹配性。隔振器的阻抗值是频率相关的,且隔振器越小动刚度离散性越大,试验中没有做匹配性选择,造成了一定误差。

(4)选取的梁模态频率较低,传递特性中出现丰富梁模态。模型中,筏架梁①和基础梁②、③的低阶模态在传递曲线中全部有所表现,甚至出现扭转等低频额外模态,导致浮筏能量泄漏。工程实际中,筏架整体刚度较大,结构模态不会在该区域出现。它们也许会影响高频性能但表现出稀疏状。

以上几个因素综合,传递特性不一致性被放大。它们中的一部分是预期的,但整体上仍处于合理范围,部分可通过装置调试解决。比如源设备安装在梁中点必定会出现反共振点,实际筏架基本不可能出现。能量泄漏会严重影响浮筏隔振效率。

8.9 本章小结

浮筏简单应用并不复杂,但是要达到极致效果绝不简单。本章将源设备简化为单自由刚体,筏架和基座按弹性梁处理。利用 WPA 法理论研究,我们结合前期研究成果,归纳出如下结论:

(1)二级浮筏满足运载器隔振。实践表明,二级浮筏能够满足最严苛的声学设计要求,并兼顾源设备振动烈度、抗冲击性能和更少的总体资源消耗。浮筏性能不理想,往往与是否采用多级隔振无关,多半原因是系统出现了谐波泄漏,并不关乎二级浮筏的效率。

(2)如不考虑混抵效应,浮筏隔振效率与双级隔振相当并以此为优化极限。二级浮筏同样以"三段线",0 dB/Oct、12 dB/Oct 和 24 dB/Oct,为渐近线,双级隔振是其极限边界。而且浮筏更复杂,连接更多,引起各种声泄漏导致传递特性恶化的可能因素也增加。我们过去的认知有偏差,可能需要适当更新设计理念、架构选择和优化路径。

(3)"混抵效应"能够带来附加衰减。这是浮筏的非显性优势。力源间的抵消机制是浮筏特有的,"混抵效应"是其中最特别也是最重要的优势之一,通过附加衰减提高隔振效率。浮筏"混抵效应"对应隔振效率,"质量效应"对应总体资源节省,而"调谐效应"两者兼而有之。

(4)浮筏越大越好。显然,设备越多,浮筏的系统涌现愈充分,则重量/空间总体资源节省越显著。浮筏适当大些,保持恰当的设备数量,各项功能会更好一些。7 台设备浮筏与双级隔振比较,浮筏比后者可节省总体资源 78.3%。同时,还能提高系统的隔振性能和抗冲能力。但选择大浮筏也要与当前技术能力、设备振动水平和总体匹配性平衡,要兼顾隔振效率与工程驾驭能力,建议逐渐升级,增加精细调试环节。

从单/双级隔振到浮筏,隔振效率并不是选用的唯一理由,而应将隔振效率与运载器总体重量/空间资源二个目标完美统一! 设计师要从这个角度理解浮筏、研究浮筏和应用浮筏和调试浮筏。

本章参考文献

[1] 严济宽.机械振动隔离技术[M].上海:科学技术文献出版社,1985.

[2] 吴崇健,伏同先.具有弹性特性中间筏体双层隔振系统的研究与设计[J].舰船工程研究,1994(4):20-24.

[3] 吴崇健.浮筏隔振与双层隔振比较研究综述[J].舰船工程研究,1998,80(1):29-33.

［4］KINGS R. Some observations on the achievable properties of diesel isolation systems［C］. Shipboard Acoustics, proceedings ISSA'86,1986.

［5］严济宽.隔振降噪技术的新进展［J］.噪声与振动控制,1991(5/6):11-16.

［6］沈密群,严济宽.舰船浮筏装置工程实例［J］.噪声与振动控制,1994(1):21-23.

［7］沈密群,严济宽.舰船浮筏装置工程实例(续一)［J］.噪声与振动控制,1994(3):45-48.

［8］沈密群,严济宽.舰船浮筏装置工程实例(续二)［J］.噪声与振动控制,1994(5):45-48.

［9］施引,朱石坚,吕志强,等.豪华游艇用双层减振(浮筏式)装置研究［J］.海军工程学院学报,1995(2):1-5.

［10］祝华.浮筏装置的理论建模与分析方法［J］.舰船科学技术,1994,134(2):14-19.

［11］陈先进,齐欢,吴崇健,等.基于极大熵法的两级隔振系统的优化设计［J］.振动与冲击,1999,18(4):45-49.

［12］刘永明,沈荣瀛,严济宽.多层隔振系统冲击响应研究［J］.噪声与振动控制,1996(3):2-8.

［13］吴崇健,杜堃,张京伟,等.浮筏隔振系统的设计方法［J］.舰船工程研究,1996,74(3):37-45.

［14］王成刚,张智勇,沈荣瀛.状态空间法在浮筏隔振系统响应分析中的应用［J］.噪声与振动控制,1998,(5):11-16.

［15］陈先进,卢方勇,齐欢,等.基于状态方程的浮筏隔振系统的计算机仿真［J］.噪声与振动控制,1999(1):15-17,29.

［16］林立.浮筏隔振技术在舰船上的应用与发展［J］.声学技术,1999,18(增刊),1-4.

［17］尚国清,李巍.关于舰船浮筏系统的特征演化［J］.舰船科学技术,1999,1:21-23.

［18］盛美萍,王敏庆,孙进才.浮筏隔振系统统计分析［J］.西北工业大学学报,1999,17(4):633-637.

［19］俞微.多层隔振系统的若干问题研究［D］.上海:上海交通大学,1995.

［20］冯德振,宋孔杰,张洪安,等.浮筏弹性对复杂隔振系统振动传递的影响［J］.山东建材学院学报,1997,11(3):219-223,253.

［21］俞微,沈荣瀛,严济宽.多层隔振系统的参数优化研究［J］.噪声与振动控制,1995,(5):14-19.

［22］孙玲玲,宋孔杰.浮筏隔振系统功率流特性分析［J］.应用力学学报,2003,20(3):99-102.

［23］张华良,傅志方.浮筏隔振系统各主要参数对系统隔振性能的影响［J］.振动与冲击,2002,19(2):4-8.

［24］李新德,宋孔杰,孙玉国.复杂激励下平置板式浮筏功率流传递特性研究［J］.应用力学学报,2003,20(2):32-37.

［25］陈志刚.浮筏隔振系统中的"质量效应"研究［D］.武汉:中国舰船研究设计中

心,2005.

[26] 爱德华·克劳利,布鲁斯·卡梅隆,丹尼尔·塞尔瓦.系统架构:复杂系统的产品设计与开发[M].爱飞翔,译.北京:机械工业出版社,2017.

[27] WU CHONGJIAN, WHITE R G. Reduction of vibrational power in periodically supported beams by use of a neutralizer[J]. Journal of Sound and Vibration,1995,181(1):99–114

[28] 吴崇健.结构振动的 WPA 分析方法及其应用[D].武汉:华中科技大学,2002.

[29] 毛崎波,皮耶奇克.基于 MATLAB 的噪声和振动控制[M].吴文伟,翁震平,王飞,译.哈尔滨:哈尔滨工程大学出版社,2016.

[30] FULLER C R, ELLLIOTT S J, NELSON P A. Active control of vibration[M]. London: Academic Press, 1997.

第 9 章
振动功率流及试验研究

古人学问无遗力，少壮功夫老始成。

纸上得来终觉浅，绝知此事要躬行。

——《冬夜读书示子聿》宋·陆游

9.1 振动功率流的基础理论

振动功率流也称振动能量流,英文 Vibration Power Flow 或者 Vibration Energy Flow。国际知名学者、英国 ISVR 的 R. G. White 是振动功率流理论创始人。功率流的理论研究与工程实践,为结构动力学设计提供了新的理论方法和分析视角。

9.1.1 功率流研究概述

功率流理论是结构噪声理论的重要分支。许多学者为功率流的理论发展和工程实践,做出了大量开拓性、原创性的贡献。

White[2]中,研究了无限梁中的纵波、扭转波和弯曲波携带的功率流,以及板中弯曲波携带的功率流。在文献[3]中,他们研究了加肋板中的传递功率流。在文献[4]中,他们研究了从机器到基座的传递功率流,给出了力源或速度源激励下单级、双级隔振系统的功率流表达。

Mace[5]研究了梁不连续处产生的反射波和传递波,并建立了系数方程。Cuschieri[6]用点导纳法分析了 L 形板的功率流,可以确定耦合系统的共振模态响应。接着 Cuschieri[7]又用点导纳法研究了无限周期结构功率流的传递特性,利用各单元间的导纳函数描述周期结构中各子单元之间的耦合。Grice 和 Pinnington[8,9]提出了一种研究加肋板振动的分析方法。文献[8]以解析的形式进行了计算,文献[9]进一步用有限元法和阻抗综合法进行计算。Seo 和 Hong[10]应用功率流理论预测梁—板耦合系统在高频的响应。Park 等[11]对有限正交异性板弯曲波功率流进行了研究,利用时间和局部空间平均远场波能量密度推导了能量方程。

Fahy 等[12]研究了由弹簧和阻尼元件耦合的两振子系统在白噪声力源作用下的时间平均功率流。Leung 和 Pinnington[13]用 WPA 法理论探讨了两无限长梁垂直连接时的反射系数和传递系数,分析了纵波与弯曲波的相互转化。Homer 和 White[14-16]分析了各种绞接梁接头处结构波的传播和反射,还研究了曲梁中波的传递和功率流。Langley[17]将框架中的每个构件用梁单元模拟,用动刚度法分析梁及框架结构的振动特性以及在简谐力或随机激励下的功率流。Wu C J 和 White[18-20]用 WPA 法研究有限长度、多支承梁中的输入功率流和传递功率流。他们在文献[19]中,开展了周期和准周期结构研究。在文献[20]中,研究了 TMD 对耦合梁中功率流的调谐作用。Wu C J 在文献[21]中对 WPA 法建立普遍方程进行了全面总结,还讨论了输入功率流与点柔度的关系,阐述工程应用案例。

Pavic[22]分析了圆柱壳的功率流,给出了轴向和周向功率流。推导的方程中对应平板运动两项和曲率一项,研究发现轴向、周向和径向壳体运动对能量贡献差别较大。Pavic[23]还分析了充液管低频振动时四种结构波形式,计算并讨论了其携带的功率流。计算表明每个结构波都通过管壁,也通过流体传递能量。

Ji,Mace 和 Pinnington[24-27]引用模态概念,将 N 个离散激励力产生的功率流转化为 N 个独立的功率流模态,简化了功率流的计算。随后他们[27]使用这种方法对耦合长波发射源和短波接受器在中频下的振动特性和功率流进行了分析。Wester 和 Mace[28-30]用统计波动方法对复杂结构的波分量和功率流进行分析,将结构分解成相互耦合的子系统,利用两个散射矩阵描述波分量反射和透射,对两个规则或不规则耦合板进行了研究。

除解析法外,有不少学者结合有限元法[31-34]、谱单元法[35-39]等数值方法对结构单元和复杂结构的功率流进行了研究。Nefske 等[40]在 1989 年提出了功率流有限元法,并将它用于梁结构中,此后该方法得到了不断发展。

中国学者对功率流研究的响应非常积极,开展了大量、多领域的研究工作。

严济宽[41]利用四端参数法研究了斜置式隔振系统的振动能量流。沈顺根等[42]对隔振系统中能量流的传递作了阐述。在文献[43]中对基础结构为无限粘弹性梁的单层、双层隔振系统的传递能量流作了理论和试验分析。孙进才[44-46]研究了非保守系统的统计能量分析。张小铭和张维衡[47-50]将周期结构理论和功率流方法结合起来,讨论了无限周期简支梁在力激励时的输入和传递功率流。在文献[50]中,采用周期结构理论的分析方法,研究了周期加肋圆柱壳的振动功率流。

李天匀和张小铭[51]研究了无限周期简支曲梁在面内的弯曲、纵向振动波及功率流。仪垂杰等[52]研究了板结构的功率流特性,梁板耦合结构的功率流特性[53]。李天匀等[54,55]研究了粘弹性阻尼组合 L 形板的功率流,用导纳法研究了 L 形加强筋板在外载下的输入功率流和传递功率流。徐慕冰[56]将功率流引入圆柱壳—流场耦合系统中,从能量角度分析结构—流场的相互作用,分析了其自由振动的功率流和波传播特性,并对加肋圆柱壳—流场耦合系统也进行了研究。王敏庆和盛美萍[57]对力激励下无限加强筋板结构功率流进行了研究。王冲和沙家正[58]分析了棒板结构的振动能量传输。刘明治[59]用 SEA 方法开展了功率流研究。谢基榕和吴文伟[60]在 Nastran 的基础上二次开发了结构功率流分析模块,并将其嵌入该系统求解器中,借助 MSC Patran 强大的后处理功能完成功率流及振动能的结果后处理,使之成为工程人员分析结构功率流的有效工具。朱翔,李天匀和赵耀[61]将振动功率流理论用于结构的损伤识别。还有学者将功率流理论拓展、移植到医学,研究心脏血液驱动和药理驱动。

9.1.2　功率流的基本特点

结构振动分析,传统研究方法采用力、位移等单一物理量,衡量结构振动的程度和传递,而忽略了物理量之间的内在联系。振动功率流既包含力和速度的幅度,又考虑了两者间的相位关系,这使振动功率流方法有以下优点:

(1)结构振动功率流描述了结构上各点的振动能量,该值相对相位不敏感,对频散现象也不敏感;

(2)结构上某点的振动能量是一个标量,但振动功率流是一个矢量,具有大小和方向,是一个简单易懂的物理概念,研究者通过分析结构中的波形转换、能量的储存和流动,判明流动方向;

(3)研究功率流各个传递途径的能量比较,这样建立新的判明法则,并根据排序给出各传递途径能量通过的重要次序;

(4)通过研究不同类型结构波——弯曲波、纵向波、扭转波等,传播的功率流,从而完成振动能量传递机理的精细化分析。

由于结构振动能量与结构波具有本质关联,这为研究人员提供了分析的新视角,如结构功率流的空间图像要比结构振动加速度分布表征更多有效信息,成为开展结构噪声源识别、形成机理研究的重要工具。

9.1.3 功率流的发展与聚焦内容

发展功率流理论源自工程实践的需要。

空气声与人类关联最早,也最直接。随着研究的深入,研究人员注意到用能量概念描述空气噪声能表征更多的实用信息。最终发展了声强法。英国 ISVR 的 Fahy 和一名美国学者被正式认定为声强法的两位共同发明人。

声强用能量描述空气介质中的声音。与此对应,结构声强用能量描述固体介质中的振动,这其中的声特指结构噪声。国际上按不同介质划分,有空气声、结构声和水声三种。声强法已经在工业中使用几十年。为什么功率流理论研究滞后? 这源于发展功率流理论所面临的基础难度更大。但是,虽然功率流理论不完善,丝毫也没有影响其理论和工程价值的广泛认同,研究领域全面覆盖了航天、船舶、卫星、飞机,到汽车、坦克等。功率流研究在八十年代中后期达到顶峰,成为动力学领域的一道"风口",持续高热二十余年,形成了一支较庞大的科研队伍,为建立功率流理论框架并逐渐发展成一门独立的理论方法,贡献了中国力量。

用能量描述结构振动,功率流理论为结构动力学赋予了新的理论和控制方法,成为工程设计系统性、全面性到精细化过程的必然路径。功率流研究要聚焦如下内容:

(1)聚焦研究结构波。位移、速度或加速度是结构振动的结果而不是原因。结构波与目标控制参数——结构声辐射、加速度响应、应力强度等,构成因果关系,物理量之间具有内在的、唯一联系。因此我们要聚焦研究结构波,掌握分析新视角。

(2)聚焦研究波的传递与波形转换。波从受激励"子源"到最终目标系统,有一个过程,存在复杂的传递路径、储存、衰减和波形转换等。过去这方面关注不够,它们对揭示目标控制参数的形成机理,寻求最佳控制方式有重要附加值。如众所周知的,船舶结构弯曲波水下辐射效率最高。再比如,波形转换过去也极少关注。建立波的流动新视界,将成为复杂系统动力学优化的新内容。

(3)聚焦研究振动能量的输入。当研究从单点扩大到整个系统时,振动能量输入将不仅与原点阻抗、传递阻抗有关,还与所研究的整个系统有关。整个系统能够输入多少能量?与输入子系统的关系,在传统分析中是非常有限的。自然,如何通过整体结构设计控制特定关联能量输入,有很重要的现实价值。

当用振动能量描述结构动力学特性时,我们可以借鉴关于能量的成熟理论和定律。如同热力学,功率流的研究发现,结构振动能量遵循能量定律,总是从能量高点向能量低点流动,自动汇聚到系统的"大道"——指结构中最容易聚集、传导振动能量的结构通路。

9.1.4 输入功率流(Input Power)

结构上任意一点受点谐力 $\tilde{p}_0$ 激励,输入功率流等于激励力实部与结构上对应点速度的乘积。如图 9-1 所示,结构的瞬时功率流[19]

$$\tilde{P}_S = \mathrm{Re}\{p_0 \mathrm{e}^{\mathrm{j}\omega t}\} \cdot \mathrm{Re}\{\dot{w}\mathrm{e}^{\mathrm{j}\omega t}\} \tag{9-1}$$

式中 $\tilde{P}_S$——注入结构的瞬时输入功率;

$p_0(x,y,t)$——谐力幅值;

$\dot{w}(x,y,t)$——结构的横向位移速度 $\partial w(x)/\partial t$。

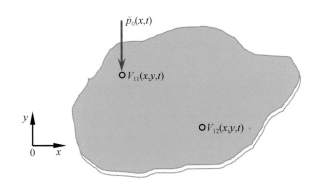

图 9-1 输入结构的功率流

工程中,平均功率流要比瞬时功率流更常用,它由下式表示

$$\bar{P}_S = \frac{\omega}{2\pi}\int_0^T \mathrm{Re}\{p_0\mathrm{e}^{\mathrm{j}\omega t}\} \cdot \mathrm{Re}\{\dot{w}e^{\mathrm{j}\omega t}\}\,\mathrm{d}t \tag{9-2}$$

将式(9-1)代入式(9-2),谐力输入结构的平均功率流为

$$\bar{P}_S(x_0) = \frac{1}{2}\mathrm{Re}\{p_0\dot{w}^*\} = \frac{1}{2}\mathrm{Re}\{p_0^*\dot{w}\} \tag{9-3}$$

进一步改写为

$$\bar{P}_S = \frac{1}{2}|p_0|^2 \mathrm{Re}\{\beta_0\} \tag{9-4}$$

式中 $\beta_0 = V/\tilde{p}_0$ 是结构的原点导纳。式(9-4)更贴合工程应用。

假设长度为 L 的有限梁,在 $x = x_0$ 处施加单位谐力 $p_0 = 1$。为方便起见,式(2-20)关于梁的位移响应复写如下

$$w(x) = \sum_{n=1}^{4} A_n \mathrm{e}^{k_n x} + p_0 \sum_{n=1}^{2} a_n \mathrm{e}^{-k_n|x-x_0|} \tag{9-5}$$

这时结构振动响应的实部

$$\mathrm{Re}\{\beta_0\} = \mathrm{Re}\{-\mathrm{j}\omega w^*(x_0)\} = -\mathrm{Im}\{\omega w^*(x_0)\} \tag{9-6}$$

式中上标 $*$ 表示该复数的共轭。将已知条件代入式(9-5)得

$$w(x_0) = \sum_{n=1}^{4} A_n \mathrm{e}^{k_n x_0} + \sum_{n=1}^{2} a_n \tag{9-7}$$

$$\bar{P}_S = -\frac{1}{2}\omega \cdot \mathrm{Im}\left\{\sum_{n=1}^{4} A_n \mathrm{e}^{k_n x_0} + \sum_{n=1}^{2} a_n\right\} \tag{9-8}$$

由点谐力输入结构的功率流[1]

$$\bar{P}_S = \frac{\omega|p_0|^2}{8EIk^3} \tag{9-9}$$

类似地,弯矩作用下输入无限均直梁的功率流

$$\bar{P}_S = \frac{1}{2}\mathrm{Re}\{M \cdot \dot{\theta}^*\} = \frac{1}{2}\mathrm{Re}\{M^* \cdot \dot{\theta}\} \tag{9-10}$$

更一般的,结构受多个外力,如 nk 个谐力和 mk 个谐力矩共同作用,输入结构的总能量由下式计算

$$\bar{P}_{S,\mathrm{TOTAL}} = \frac{1}{2}\sum_{i=1}^{nk} \mathrm{Re}\{p_i \dot{w}_i^*\} + \frac{1}{2}\sum_{i=1}^{mk} \mathrm{Re}\{M_i \dot{\theta}_i^*\} \tag{9-11}$$

式中系数 $i = 1,2,3,\cdots$ 取正整数。如果希望考虑结构阻尼,可简单地用复模量 $E(1+\mathrm{j}\beta)$ 替换杨氏模量。当且仅当阻尼值 β 较小时,可用复波数 $k(1-\mathrm{j}\beta/4)$ 代替实波数。这里 β 是结构阻尼损耗因子。

9.1.5　传递功率流

弯曲波引起梁结构两种内载荷——剪力载荷与弯矩载荷。这两种内力都以结构波的形式传导振动能量。在欧拉梁中剪力分量产生的瞬时功率流等于剪力和横向速度的乘积[19,21]

$$\tilde{P}_S(x,t) = EI \frac{\partial^3 \tilde{w}(x,t)}{\partial x^3} \cdot \frac{\partial \tilde{w}(x,t)}{\partial t} \tag{9-12}$$

而弯矩分量产生的瞬时功率流等于弯矩与转角速度乘积

$$\tilde{P}_m(x,t) = -EI\frac{\partial^2 \tilde{w}(x,t)}{\partial x^2} \cdot \frac{\partial^2 \tilde{w}(x,t)}{\partial x \partial t} \tag{9-13}$$

因此总功率流

$$\tilde{P}_a = \tilde{P}_S + \tilde{P}_m = EI\left[\frac{\partial^3 \tilde{w}(x,t)}{\partial x^3} \cdot \frac{\partial \tilde{w}(x,t)}{\partial t} - \frac{\partial^2 \tilde{w}(x,t)}{\partial x^2} \cdot \frac{\partial^2 \tilde{w}(x,t)}{\partial x \partial t}\right] \tag{9-14}$$

梁做简谐运动，$\dot{\tilde{w}}(x) = j\omega w(x)$，$\dot{\theta} = j\omega\theta$。这样沿梁传导的瞬时功率流可表示为两种内载荷传导的功率流之和，见式(9-14)。它们进一步表达为

$$\tilde{P}_a(x,t) = S\dot{w} - M\dot{\theta} = EI\left\{\frac{\partial^3 \tilde{w}(x,t)}{\partial x^3}\dot{w} - \frac{\partial^2 \tilde{w}(x,t)}{\partial x^2}\dot{\theta}\right\} \tag{9-15}$$

同样地，传递功率的时间平均值是一个更有用的概念。梁上任意一点$(0 \leqslant x \leqslant L)$对应梁内弯矩所产生的传递时间平均传播功率流分别为

$$\bar{P}_u(x) = \frac{1}{2}\text{Re}\{S(-j\omega)w^*\} = \frac{1}{2}\text{Re}\{S^* j\omega w\} \tag{9-16}$$

$$\bar{P}_m(x) = \frac{1}{2}\text{Re}\{M(-j\omega)\theta^*\} = \frac{1}{2}\text{Re}\{M^* j\omega\theta\} \tag{9-17}$$

式中

$$w = A_1E_1 + A_2E_2 + A_3E_3 + A_4E_4 + a_1(E_5 + jE_6) \tag{9-18}$$

$$M = EIk^2\{A_1E_1 - A_2E_2 + A_3E_3 - A_4E_4 + a_1(E_5 - jE_6)\} \tag{9-19}$$

$$\theta = k\{A_1E_1 + jA_2E_2 - A_3E_3 - jA_4E_4 - a_1(if)(E_5 - E_6)\} \tag{9-20}$$

$$S = EIk^3\{A_1E_1 - jA_2E_2 - A_3E_3 + jA_4E_4 - a_1(if)(E_5 + E_6)\} \tag{9-21}$$

和

$$E_1 = e^{kx}, \ E_2 = e^{jkx}, \ E_3 = e^{-kx}, \ E_4 = e^{-jkx}, \ E_5 = e^{-k|x_0-x|}, \ E_6 = e^{-jk|x_0-x|} \tag{9-22}$$

式中(if)是符号算子。如果$x < x_0$，则$(if) = -1$；否则$(if) = +1$。

利用式(9-16)和式(9-17)，点谐力激励梁上任意一点，沿梁传导的总振动平均功率为梁内剪力功率和弯矩功率分量求和，亦即

$$\bar{P}_a(x) = \bar{P}_u(x) + \bar{P}_m(x) \tag{9-23}$$

为对照起见，参照文献[2,19]给出无限长梁功率流的计算式

$$\bar{P}_a = \bar{P}_u + \bar{P}_m = \frac{\omega|p_0|^2}{16EIk^3} \tag{9-24}$$

比较式(9-9)和式(9-24)，可得总的传播功率流在无阻尼条件下与距离无关，它们恰好是作用力源输入结构功率流的一半。

9.2　结构的功率流试验

开展功率流试验研究有两个目的[62]：一是验证功率流理论，新方法必须经得起试验验证；二是探索新理论的工程应用。理论与测量构成相辅相成的一对。

学者们在功率流测量理论、测量仪器设计、模型设计、试验台架搭建、理论及试验验证等方面，做出了系统性和原创性的贡献，它们构成功率流理论发展的重要环节。功率流试验包含输入功率流测量、传递功率流测量以及通过隔振器的功率流测量。

9.2.1　试验与测量研究概述

在相关文献中，功率流测量可划分为直接测量方法和间接测量方法。它们又进一步细分为接触式与非接触式两种。

输入结构的功率流测量相对较容易。早期测量方法多为直接测量方法：用力传感器测量力的幅值和相位，加速度计拾取激励力的原点速度或加速度，即可直接计算出结构的瞬态输入功率流。但是，该方法实践操作较难，测量结果不稳定。1969 年 Fahy[63] 提出了一种利用激振器上的阻抗头，测量输入功率流的互谱密度法。该方法成为输入功率流测量的经典方法，也是作者开展声强法研究的自然延伸。Noiseux[64] 开创了无限梁、板结构功率流测量研究。他将均匀质量梁、板功率流用梁板表面参数表示。经近似处理后，继而将表达式简化为只需两个加速度传感器的间接测量方法。在实测中，首次测得了无限平板中的功率流。但这种近似处理使得该方法只适用于远离梁和板的边界和不连续截面位置处的测量。

传递功率流的测量则要复杂得多。保加利亚人 Pavic[65] 推导出了测量梁或板中功率流的一般方程。他将功率流方程式中位移的高阶导数采用差分近似，则梁中某点的传递功率流只需要用 4 只传感器，而板中 9 只传感器即可完成测量。该方法将功率流测量推进了一大步。比利时人 Verheij[66] 提出了频域中的互谱功率密度方法。该方法通过测量梁上 4 个差分点中 3 对信号的互谱函数，完成传递功率流测量。文中采用力和加速度传感器测量激励点输入结构的功率流，将梁式结构中传播的弯曲波、纵向伸缩波和扭转波的传递功率流表达成有限差分近似的互谱密度形式。该文成为互功率谱法测量功率流的经典文献。补充一点，Pavic 和 Verheij 的这两项重要成就，均是在 ISVR 攻读博士学位期间在导师 White 指导下完成的。鉴于当时测量条件，Redman – white[67] 在 ISVR 攻读博士学位期间，开展了二方面的研究探索：一是设计功率流测量仪器；二是发现激励力幅值不稳定。随被测试结构的频响特性而变化，特别在共振区域无法保持恒定力幅。Wu C J 和 White[19,20] 直接采用谱分析仪，得到有限长周期和准周期梁结构的输入功率流和传递功率流，在当时测量条件下理论值与实测值吻合良好。他们的贡献在于：一是将测量从一般的无限结构拓展到有限结构;二是采用随机白噪声激励,克服了激励力输入幅值随被测试结构频响特性变化,特别是共振区域,测量结果不稳定的问题。国内开展功率流测量研究的还有赵其昌[68],李天匀和刘土光等[69]。朱显明和朱英富等[70]开展了管壁振动能量流的测量方法研究。朱翔和李天匀等[71]用功率流方法研究冲击动力学和损伤识别,开展结构诊断分析。

通过隔振器的功率流测量,也是功率流理论发展的重要方面。Pinnington 和 White[72]首次采用双加速度计成功测得了通过隔振器的传递功率流,并用一个力传感器和一个加速度传感器的方法测量了点激励输入系统的功率流。该方法到目前为止仍是隔振系统中测量功率流的主要方法。周保国[73]研究了应变计法在功率流测量中的应用。

最后,作两点说明:

直接测量法采用滤波系统,测量速度快、获取信息多,适合于一般目的测量研究,特别适合于对倍频程带宽、分贝数表达感兴趣的场合。间接测量法采用 FFT 谱分析仪测量,能进行相关数据分析,其优点是测量时可进行随机误差分析,缺点则是分析时间会相对较长。这与声强法测量类似,虽然其技术已经固化,但频域和时域测量仍然都在使用,所谓优缺点是相对的。

按传感器是否与被测试结构接触,功率流测量方法又可分为接触式和非接触式。大部分关于振动功率流测量工作都基于接触式,比如双传感器方法[74]。在非接触式中,测量探头不需要和结构表面接触,因此对振动测量无干扰,比如激光多普勒测振法[75,76]、声全息法[77]、电子散斑干涉法[78]和全息干涉测量法[79]。接触式测量方法实用,是功率流测量的源头方法。非接触式测量代表未来发展,而工程实用的测量方法仍有不确定性。

9.2.2　输入结构的功率流方程

直接测量法简单、准确,但是不容易获得工程实施,因为激励力总是与频率相关,也与结构响应相关。间接测量法用结构的加速度等表观参数完成测试分析。

直接测量法

在结构上任意一点施加谐力,输入结构的时间平均功率 $<P_{in}>$ 等于点谐力与激励点处结构速度响应的乘积的实部,即有

$$< P_{in} > = \frac{1}{2}\text{Re}\{p_0 \cdot V^*\} = \frac{1}{2}\text{Re}\{p_0^* \cdot V\} \qquad (9-25)$$

式中　p_0——施加的简谐激励力;

　　　p_0^*——p_0 的共轭;

　　　V——结构的速度响应;

　　　V^*——V 的共轭。

式(9-25)是直接测量法的物理表达。实际操作发现,激励力的输出幅值,在结构共振

区域难以保持恒定。获得准确、稳定的测量值并不是一件容易的事。

间接测量法

采用间接测量法，其数学表达式为[14]

$$< P_{in} > = \frac{1}{2} |p_0|^2 \text{Re}\{M_{11}\} = \frac{|p_0|^2 \text{Im}\{A_{11}\}}{2\omega} \tag{9-26}$$

式中　M_{11}——结构上谐力作用点的机械导纳；

　　　A_{11}——结构上谐力该点的加速度导纳（Inertance）。

间接测量法根据两路信号的 FFT 变换完成频谱分析。这里引入相关函数，它描述了两个时域信号之间的时间平均关系，谐力与对应结构点加速度之间的互相关函数定义为[80]

$$R_{fv}(\tau) = \lim_{T \to \infty} \frac{1}{T} \int_0^T \tilde{p}_0(t) \cdot V(t + \tau) dt \tag{9-27}$$

式（9-27）中，平均功率强度分量由下式给出

$$< P_{in} > = \lim_{T \to \infty} \frac{1}{T} \int_0^T \tilde{p}_0(t) \cdot V(t + \tau) dt = R_{fv}(0) \tag{9-28}$$

谐力 $\tilde{p}_0$ 和速度 V 分量乘积的速度分布等于互相关函数的 FFT 变换，它定义了激励力和结构速度响应之间的相关密度函数

$$S_{fv}(\omega) = \frac{1}{2\pi T} \int_{-\infty}^{+\infty} \tilde{p}_0(\tau) \exp(-j\omega\tau) d\tau \tag{9-29}$$

该函数是复数，表达了 $\tilde{p}_0$ 和 V 之间的平均相位关系。式（9-28）和式（9-29）中的 $R(\tau)$ 和 $S(\omega)$ 形成 Fourier 变换对，这样

$$R_{fv}(\tau) = \int_{-\infty}^{+\infty} S_{fv}(\omega) \exp(-j\omega\tau) d\omega \tag{9-30}$$

和

$$< P_{in} > = R_{fv}(0) = \int_{-\infty}^{+\infty} S_{fv}(\omega) d\omega \tag{9-31}$$

在这种情况下，$S_{fv}(\omega)$ 表示平均强度的频率分布。互谱函数具有如下特性

$$\left. \begin{array}{c} \text{Re}[S_{fv}(\omega)] = + \text{Re}[S_{fv}(-\omega)] \\ \text{Im}[S_{fv}(\omega)] = - \text{Im}[S_{fv}(-\omega)] \end{array} \right\} \tag{9-32}$$

谱函数 $S(\omega)$ 定义为全频（正，负轴）坐标下的函数，亦即它用反向相位矢量对表示。为了使用方便，常将谱密度函数定义为单边频率函数

$$\left. \begin{array}{ll} G_{fv}(\omega) = 2S_{fv}(\omega) & \omega > 0 \\ G_{fv}(\omega) = S_{fv}(\omega) & \omega = 0 \\ G_{fv} = 0 & \omega < 0 \end{array} \right\} \tag{9-33}$$

这样，输入结构平均功率的频率分布为

$$< P_{in} > = S_{fv}(\omega) + S_{fv}(-\omega) = \text{Re}\{S_{fv}(\omega)\} = \text{Re}\{G_{fv}(\omega)\} \tag{9-34}$$

力与速度互谱密度函数是 G_{fv}，它与力的加速度互谱密度函数记为 G_{fa} 两者之间具有内在联系 $G_{\mathrm{fv}} = JG_{\mathrm{fa}}/\omega$。将该式代入式（9 - 34），我们得到了输入结构平均功率流的新关系式，它与加速度互谱深度函数并联

$$< R_{\mathrm{in}} > \; = \; \mathrm{Re}\{G_{\mathrm{fv}}(\omega)\} \; = \; \frac{1}{\omega\mathrm{Im}\{G_{\mathrm{fa}}(\omega)\}} \qquad (9-35)$$

通常加速度测量值是原始测量数据，因此用式（9 - 35）计算输入功率流能获得更高的信噪比并用一个阻抗头完成测量。使用力和加速度传感器对，可用二通道 *FFT* 分析仪完成平均输入功率流 $< P_{\mathrm{in}} >$ 的间接测量。在后面关于传递功率流的测量讨论中，读者可以看到，使用 6 只以上通道的 FFT 谱分析仪，测量准确性会提高。

式（9 - 35）完成输入功率流测量时会遇到两个问题：其一，激振器输入力的幅值受被测试结构频响特性影响，尤其在结构共振区域，测量数据变化大、不稳定。其二，由于输入功率流与力和响应值直接相关，见式（9 - 25）或式（9 - 26），致使输入结构的振动功率流测量结果也不稳定。

相对而言，间接法的测量结果改善了许多。另外采用随机激励方式也能改善测量的精确性。显然我们看到，完成理论计算值与实测值的对比并不是一件容易的事。本章开展的全部试验工作，作者用 *FFT* 谱分析仪中内设的可编程序器，编制了简单的计算程序，并将激励力全部归一化为 $p_0 \equiv 1$ N。

9.2.3 传递功率流测量

远场弯曲波强测量

这里将距点谐力或"间断点"相对较远的距离，定义为远场。用下列方程式对 Bernoulli-Euler 梁中的行进波进行描述。它们是弯曲波，当近场波和反射波忽略不计时，得到

$$\tilde{w}(x,t) \; = \; A_{\mathrm{f}}\sin(\omega t - k_{\mathrm{f}}x) \qquad (9-36)$$

式中 A_{f}——行进波的幅值；

$\quad\quad k_{\mathrm{f}}$——行进波的波数。

行进波运动产生两个分量：一是剪力与横向速度的乘积 $S\dot{w}$；二是弯矩与角速度的乘积 $M\dot{\theta}$。在远场这两个分量总是相等的，因此的总能量传递等于前述两个分量乘积的 2 倍。平均功率流等于

$$< P_S > \; = \; \lim_{T \to \infty} \frac{2}{T}\int_0^T \frac{\partial^3 \tilde{w}(x,t)}{\partial x^3} \cdot \frac{\partial \tilde{w}(x,t)}{\partial t}\mathrm{d}t \qquad (9-37)$$

对应的谐运动解

$$< P_S > \; = \; < S\dot{w} > \; = \; EIk_{\mathrm{f}}^3\omega A_{\mathrm{f}}^3 \qquad (9-38)$$

式中 *EI* 是梁的抗弯刚度。

远场波的功率流测量采用两只加速度传感器即可。两者相距 Δ 安装在梁上，其中一路

信号相位滞后 1/4 周期,由可编程分析仪编程实现使其产生 $-\pi/2$ 相移传递功率流使用下式测量[2]

$$< P_S > = 2\frac{\sqrt{EI\rho S}}{\Delta\omega^2} < a_2 a_1(q) > \qquad (9-39)$$

式中　a_1 和 a_2——实测的加速度信号;

$\quad\quad\quad a_1(q)$——对应测点的加速度信号相移 $-\pi/2$;

$\quad\quad\quad \Delta$——两个加速度传感器的间距;

$\quad\quad\quad \rho$——材料密度;

$\quad\quad\quad S$——梁的横截面积。

在间接测量法中,基于两路加速度信号的互谱 FFT 分析用下式测量

$$< P_S > = 2\frac{\sqrt{EI\rho A}}{\Delta\omega^2}\mathrm{Im}\{G_{a_1 a_2}\} \qquad (9-40)$$

式中,$G_{a_1 a_2}$——两路信号的互谱密度函数。

近场弯曲波强测量

在梁结构的"间断点"附近,存在近场波,对应弯曲波它们具有如下形式

$$\bar{w}(x,t) = \mathrm{Re}\left\{\sum_{n=1}^{4} A_n \mathrm{e}^{k_n x}\right\} \qquad (9-41)$$

式(9-41)中包括行进波 A_2 入射波是 A_4;梁上"间断点"附近由远场波产生的反射波 A_3 和近场波 A_1。类似地,可以推导出"间断点"处近场功率流方程

$$< P_S > = \frac{4EIk^3}{\Delta\omega^3} < a_2 a_1(q)_{\mathrm{nf}} - a_2 a_1(q)_{\mathrm{ff}} > \qquad (9-42)$$

式中 $a_2 a_1(q)_{\mathrm{nf}}$ 表示加速度传感器 a_2 与加速度近场传感器 a_1 测量值的乘积。$a_2 a_1(q)_{\mathrm{ff}}$ 表示加速度传感器 a_2 与加速度远场传感器 a_1 测量值的乘积,而 $a_1(q)$ 表示对应测点加速度信号相移 $-\pi/2$;下标 nf 和 ff 分别表示近场(near field)和远场(far field)。

同样地,频域下的功率流测量式可表示为

$$< P_S > = \frac{4EIk^3}{\Delta\omega^3} < \mathrm{Im}\{G_{a_1 a_2}\}_{\mathrm{nf}} - \mathrm{Im}\{G_{a_1 a_2}\}_{\mathrm{ff}} > \qquad (9-43)$$

式中 $\{G_{a_1 a_2}\}_{\mathrm{nf}}$ 和 $\{G a_1 a_2\}_{\mathrm{ff}}$ 分别表示近场和远场两只加速度传感器的互谱密度函数。

根据式(9-43),分别用梁上"间断点"附近近场的两只加速度传感器和远场的两只加速度传感器的互谱密度函数,可以完成近场行进波的功率流测量。

任意点的功率流测量

在前面两节中,分别讨论了近场和远场弯曲波的测量公式。梁上任意一点的功率流测量情况更复杂一些。对于一般近场,梁上任意一点的瞬时功率流

$$P_S = EI \cdot \left[\frac{\partial^3 \tilde{w}(x,t)}{\partial x^3} \cdot \frac{\partial \tilde{w}(x,t)}{\partial t} - \frac{\partial^2 \tilde{w}(x,t)}{\partial x^2} \cdot \frac{\partial^2 \tilde{w}(x,t)}{\partial x \partial t} \right] \qquad (9-44)$$

根据有限差分法[19,21]，偏微分方程式可分别用下列近似式表示

$$\left. \begin{aligned} \tilde{w}(x,t) &= \frac{1}{2} \left[\tilde{w}(x_3,t) + \tilde{w}(x_2,t) \right] \\ \frac{\partial \tilde{w}(x,t)}{\partial x} &= \frac{1}{\Delta} \left[\tilde{w}(x_3,t) - \tilde{w}(x_2,t) \right] \\ \frac{\partial^2 \tilde{w}(x,t)}{\partial x^2} &= \frac{1}{2\Delta^2} \left[\tilde{w}(x_4,t) - \tilde{w}(x_3,t) - \tilde{w}(x_2,t) + \tilde{w}(x_1,t) \right] \\ \frac{\partial^3 \tilde{w}(x,t)}{\partial x^3} &= \frac{1}{\Delta^3} \left[\tilde{w}(x_4,t) - 3\tilde{w}(x_3,t) + 3\tilde{w}(x_2,t) - \tilde{w}(x_1,t) \right] \end{aligned} \right\} \qquad (9-45)$$

这样式（9-44）经整理后得

$$< P_S > = \left(\frac{EI}{\Delta} \right)^3 \left[4 \iint a_3 \int a_2 - \iint a_4 \int a_2 - \iint a_3 \int a_1 \right] \qquad (9-46)$$

式中 Δ 是两相邻传感器的间距。

在频域，式（9-46）相应的功率流表达式

$$< P_S > = \frac{EI}{(\omega\Delta)^3} \mathrm{Im} \left\{ 4G_{a_3 a_2} - G_{a_4 a_2} - G_{a_3 a_1} \right\} \qquad (9-47)$$

式中 $G_{a_i a_j}$ 是结构上第 i 点和第 j 点加速度的互谱密度。

梁结构的一维弯曲波测量如图 9-2 所示，实测时采用 4 只加速度传感器线列阵测量功率流，其中，间距 Δ 也是试验内容。

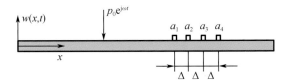

图 9-2　一维弯曲波功率流测量加速度计线列阵

9.3　试验与测量

9.3.1　试验结构和参数

试验梁采用低碳钢，其横截面为 50 mm×6 mm，长度分别为 2 100 mm 和 4 100 mm。前者设计成简支多跨梁；后者设计成两端分别有 1 000 mm 长度埋在沙箱中模拟无反射末端，相当于有效长度 2 100 mm 的无限梁结构。这样的设计可考察下列 4 种情况：（1）简支梁；（2）有限周期梁；（3）有限多跨梁；（4）无限周期梁。试验台架如图 9-3 所示。梁结构的数据参数如表 9-1 所示。

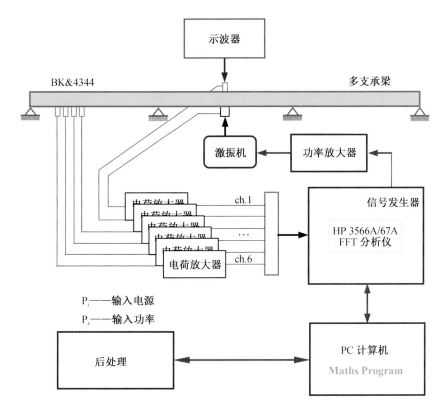

图 9 - 3　有限梁输入功率和功率流的测量系统配置

表 9 - 1　试验物理量及参数

分类	参数
长度	$L = 2\ 100$ mm, $L = 4\ 100$ mm
宽度	$b = 50$ mm
高度	$h = 60$ mm
材料密度	$\rho = 7\ 900$ kg/m^3
损耗因子	$\beta = 0.05$
杨氏模量	$E = 207 \times 10^9$ N/m^2

9.3.2　试验程序

结构的输入功率流和传递功率流,采用 BK 公司的可编程 HP3566A/67A 谱分析仪测量,用电动激振机激励,加速度计是丹麦的 B&K4344(质量为 2.2 g)。试验操作时,尝试了三种激励方式:

(1)稳态正弦扫描方式;

(2)短脉冲 chirp 方式;

（3）随机激励方式。

试验过程中，短脉冲 chirp 方式是该分析仪自备的一种激励方式。试验设备和设施示意图如图 9-3 所示。采用图 9-2 所示的加速度计线列阵实施测量。

9.3.3　输入功率流测量

试验测试中，采用连续随机、稳态正弦扫描和短脉冲 chirp 三种激励方式，在研究频率范围内激励结构。测量力（信道 1）和原点加速度信号（信道 2）之间的互谱密度，试验时监控显示。在谱分析仪的编程器中，加载自编程序 INPUT. MAT，按式（9-35）计算输入功率流，所得结果是频域的，单位为 W/Hz。对随机激励采样数据作 50 次平均，平滑测量曲线并消除随机误差。

激励点的结构频率响应如图 9-4 所示。比较图 9-4（a）和图 9-4（b）可以看到，随机激励时低频响应，要比正弦扫描激励下的干净一些。两者差别不大，但在功率流测量中差

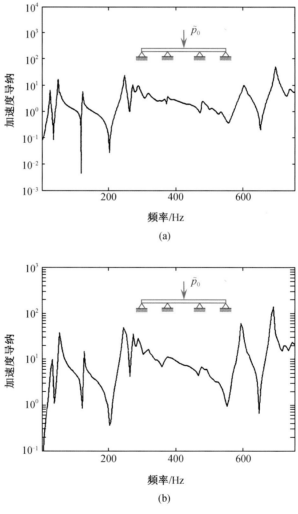

(a)

(b)

图 9-4　3 等跨简支梁激励点的原点加速度导纳

（a）随机激励（平均 25 次）；（b）正弦扫描激励

距将被放大。相对较高频段,两者都伴随着出现了一部分不理想的小峰值。多次试验调试证明,这些微小的峰值由支承和边界约束中,非正常摩擦引起的附加弯矩产生,而且摩擦点越多影响愈严重。

输入结构的功率密度如图 9 – 5 所示。随机白噪声激励,对应测量结果示如图 9 – 5(a)所示。这是 50 次实测数据平均的结果,比 2 次平均光滑改善许多。图 9 – 5(b)是正弦扫描激励测量结果,解算中激励力进行了归一化处理,但输入功率流并不理想,在共振区域不稳定,随频率起伏较大。该曲线貌似比随机激励下的光滑很多,但实质上后者的统计方差比前者高许多,由输入激励力不稳定引起。

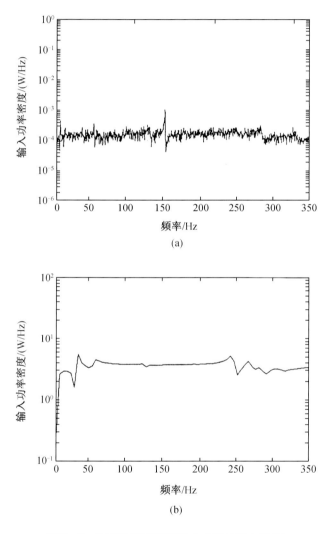

(a)

(b)

图 9 – 5　3 等跨简支梁在梁中心处的输入功率

(a)随机激励(平均 50 次);(b)正弦扫描激励(分辨率 5.01 Hz)

输入功率流测量是相对较简单的测量。我们可以看到,传递功率流测量时,由 2 只传感器增加到 6 只,随机激励方式测量功率流的优势就逐渐显示出来了。

图 9-6 是实测的结构原点相干函数。限于模型整体制造精度所限,如所预料的在高频段,相干系数接近 1,系统的测量质量较好。但在低频段,部分频率点的相干系数不甚理想。当采用法向变量法(Normal variables),取步进频率间隔 5.01 Hz 的正弦激励时,系统的相关性大为改善,如图 9-6(b)。

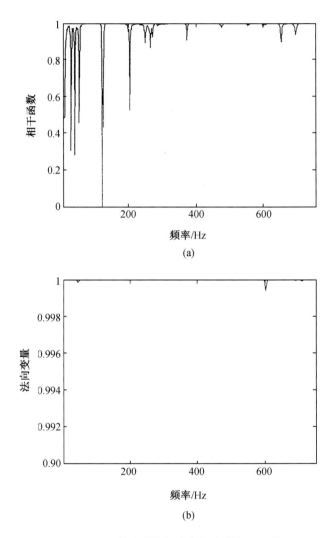

图 9-6 三等跨周期梁力与原点的相干函数

（a）随机白噪声激励（平均）50 次；

（b）正弦扫描激励（分辨率 5.01 Hz）

输入简支梁的功率流如图9－7和图9－8所示,实线对应损耗因子和激励力的理论预估值;实测数据(点划线)也将激励力归一化为单位力。两者比较绘于同一张图,它们在大多数情况下吻合良好。

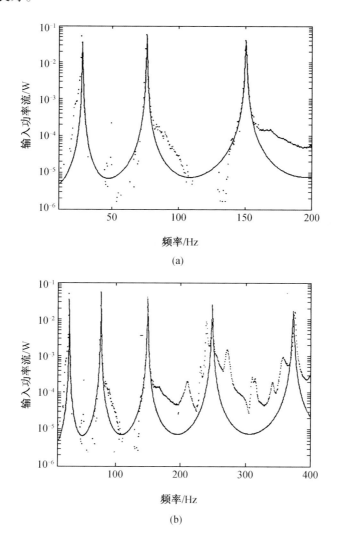

(a)

(b)

图9－7 简支梁的输入功率流

随机激励,平均50次 $\Delta = 50$ mm(实线—理论预估值,点画线—实测值)

(a)0～200 Hz;(b)0～400 Hz

注意到共振频率之间的测量值总是偏离理论预估值。分析试验过程,发现它们主要由支承处摩擦引起的附加力矩产生,还有梁自身非理想状态如扭曲和内应力等因素。当然,加速度传感器和分析仪的相位误差也是产生误差的原因之一,特别是传感器经过匹配选择后,试验结果有较大改善。这些不需要的额外摩擦干扰,通过调整支承对中,加润滑油等方式整改,效果明显。可惜加工制造新模型来不及了。

为了检验激励方式的影响，三种激励方式较快选出二种，如图9-8(a)和图9-8(b)所示。我们通过对比可以看到，随机激励方式得到的测量结果最好，优于正弦扫描激励方式，分辨率更高，测量速度也快。

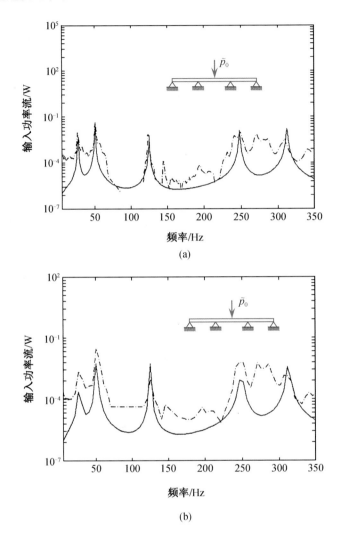

(a)

(b)

图9-8　三跨简支周期梁输入功率派

归一化为 $p_0 \equiv 1$ N，平均50次，$\Delta = 50$ mm

(a)0~350 Hz，随机激励，分辨率 = 1.00 Hz；

(b)0~350 Hz，正弦扫描，分辨率 = 5.01 Hz

9.3.4　传递功率流测量

本章以有限长度多跨梁为例,以 WPA 法理论计算为基础,开展了功率流的试验测量。测量采用间接法并通过多通道 FFT 谱分析仪实现。测量沿梁传递的功率流,首先指定加速度计线阵中的第 2 个加速度传感器作为参考信道(亦即 FFT 中的总信道 4)。监测并展示第 4 和第 2 加速度传感器之间的互谱密度及第 3 和第 2 加速度传感器之间的互谱密度。然后将参考信道改为传感器线列阵中的第一个传感器(即总信道 3),分析得到第 3 和第 1 传感器之间的互谱密度。在谱分析仪的编程器中,加载自编程解算程序 PFLOW. MAT,按式(9 - 47)计算沿结构传递的频域下的振动传递功率流。最后将测量结果归一化处理为 $p_0 \equiv 1$ N 对应结果。再次将参考信道改为信道 1(力信号),并显示输入功率密度。

第一张功率流测量的操作有点复杂,受当时 HP3566A/67A 分析仪的功能所限,尽管它们是当时世界上最先进的 *FFT* 谱分析仪之一。应注意,在上述测量操作过程中,不得改变激振力的幅度,否则会引起更大的误差。采样数据的平均次数和前面输入功率流的测量一样,也保持 50 次的平滑处理。传感器间距选择 10 mm,25 mm 和 50 mm 三种情况,通过试验最终确认最佳间距 $\Delta_{opt} = 25$ mm。

分析系统由有限差分法引起的内在测量误差,通过下式修正[62,19]

$$< P_S > = < P'_S > \frac{(k\Delta)^3}{2\sin(k\Delta) - \sin(2k\Delta)} \qquad (9-48)$$

或者

$$< P_S > = < P'_S > \frac{1}{1 - (k\Delta)^2/4} \quad (k\Delta \leqslant 0.8) \qquad (9-49)$$

式中, $< P'_S >$ 对应传播功率的测量值。

当值 $k\Delta$ 较高时,如 $k\Delta = 0.8$ 和 $\Delta = 50$ mm,对应频率 $f \approx 350$ Hz 的误差为 20%。当 $\Delta = 50$ mm 随机激励时,测得功率流如图 9 - 9 所示,可见周期结构振动功率流,在第一传播域内测量值与理论预估值非常吻合。当采用正弦扫描方式激励,测量误差大幅增加,读者可以独立试验验证。从式(9 - 48)和式(9 - 49)可知,传感器的间距应尽可能小。但是本章三种不同间距,试验测量结果之间的相对误差不大。

功率流测量的数学描述要比声强法更复杂,引起误差的因素也更多,包括传感器的精度、相位误差和匹配的一致性等。它们不可能像测量结构加速度那样准确,同样的测量系统,结构响应测量精度远高于功率流测量,尤其传递功率流测量,测量值是多传感器测量与多数据解算的综合结果,任何小的误差都将在测量系统中被多重放大。功率流测量结果相对不准确是内生的。本文试验采用晶体传感器测量,总体吻合良好,作为科研成果在该校 Open'92 展出。

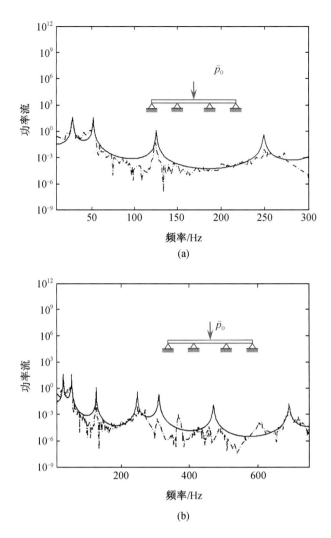

图9-9 三跨简支周期梁,随机激励,激励点 $x = 5L/6$

归一化为 $p_0 = 1\ \text{N}$,平均50次,$\Delta = 50\ \text{mm}$

(a)0~300 Hz;(b)0~750 Hz

9.4 控制功率流测量精度

与声强法相比,目前结构声强的测量精度要低许多。

引起测量误差相对较大的原因如下:一是结构中存在更多类型的结构波——纵波、扭转波或弯曲波等,加之结构声强边界的存在,很难保证试验中仅出现期望的纯净波,任何小的、可能的干扰——如结构形状,梁、板或壳体结构缺陷,都可能在功率流测量中被放大;二是结构功率流测量用到更多传感器,多路信号并交叉叠加,进一步放大了测量系统的误差;

三是结构波之间的强耦合远远超过了空气介质。

严格按操作程序开展功率流测量,试验结果总体吻合良好。如果采用非晶体传感器,试验装置精度再高一些,测量精度会进一步提高。为了保证测量精度,功率流的测量要控制好以下几点:

(1)严格控制测量系统标定。除常规测量系统要求外,还要特别注意成组加速度传感器的匹配性,特别是当它们按线列阵成组布置时。这在过去是十分困难的,现在传感器的品质提高后,一致性保障已经好了许多。

(2)严格控制试验结构的边界、支承设计和安装调试,以尽可能减少试验装置本身的误差。应选择加工精度高、状态良好的较理想试验结构,确保无扭曲、无预应力,尺寸精确。

(3)输入功率流的测量相对传递功率流测量精度要高许多。由于只用两只传感器,不仅容易实现,相位偏差也更低。

(4)随机白噪声激励可作为标准测量。它与理论预报值表现出了相对更高的一致性,测量速度也最快。而正弦稳态激励,受扫频过程中激励力在共振频率处非恒定输出影响,测量结果置信度比较差,特别是用于传递功率流测量。

(5)影响测量精度的主要原因是测量系统中多个加速度传感器的相位误差。试验研究表明,测量误差受支承处额外摩擦引起的"外载荷"影响较大。另外试验梁的扭曲和初始预应力的影响也不可忽略。反复试验调试证明,偏离主曲线规律的"额外"小共振峰,它们都是支承处摩擦引起的额外力矩产生。

9.5 本 章 小 结

功率流理论是结构噪声理论深化的需要。该方法物理概念清晰,理念先进,理论部分和输入功率流测量没有障碍,但传递功率流测量仍困难重重,不仅远远滞后于理论分析,也遇到了很大的发展障碍。

简单结构测量,更多是出于功率流理论验证。本章对简单梁类结构,开展了输入功率流和传递功率流测量。我们应该切身感受到,传递功率流测量难度不是(空气)声强测量可比拟的。如果测量平板结构,传感器数量将大幅增加。而一个复杂工程结构测量,涉及板厚度、边界、结构非均匀性,凡此等等,这些障碍不是依靠新式传感器,测量仪器能够解决的,还需要理论上和工程上的突破。

然而功率流测量缺陷并不影响其理论和工程价值。工程测量可细分为三类:一是输入功率流测量;二是传递功率流测量;三是隔振系统功率流测量。第一类输入功率流测量,容易实现,由于相位偏小,所以测量精度也很高。第二类测量最困难。而第三类问题近似等效于第一类问题。我们稍感欣慰的是,如果将一、三类测量解决方案发展更快速一些,复杂工程实用肯定可以走得更远。一段时期内,我们可以建立工程关联方法,输入功率流用理论和测量参数,而传递功率流用理论计算值,进行综合判断。

声强法测量已经在工程中实用多年,可以直接借鉴。发展高精度测量,如激光多普勒、声全息干涉、电子散斑干涉法等。另外,如果结构缺陷是引起功率流测量误差的主要原因,那么,功率流理论用于结构诊断[71]将是非常值得期待的。

本章参考文献

[1] WHITE R G,WALKER J G. Noise and vibration[M]. New York:Ellis Horwood Press,1982.

[2] GOYDER H G,WHITE R G. Vibration power flow from machines into built-up structures, PartⅠ:Introduction and approximate analysis of beam and plate-like foundation[J]. Journal of Sound and Vibration,1980,68(1):59 – 75.

[3] GOYDER H G,WHITE R G. Vibration power flow from machines into built-up structures, PartⅡ:Wave propagation and power flow in beam-stiffened plates[J]. Journal of Sound and Vibration,1980,68(1):77 – 96.

[4] GOYDER H G,WHITE R G. Vibration power flow from machines into built-up structures,PartⅢ: Power flow through isolation system[J]. Journal of Sound and Vibration,1980,68(1):97 – 117.

[5] MACE B R. Wave reflection and transmission in beams[J]. Journal of Sound and Vibration, 1984,97(2):237 – 246.

[6] CUSCHIERI J M. Structural power flow analysis using a mobility approach of an L-shaped plate[J]. Journal of Acoustical Society of America,1990,87(3):1159 – 1163.

[7] CUSCHIERI J M. Vibration transmission through periodic structures using a mobility power flow approach[J]. Journal of Sound and Vibration,1990,143(1):65 – 67.

[8] GRICE R M,PINNINGTON R J. Method for the vibration analysis of built-up structures, PartⅠ:Introduction and analytical analysis of the plate-stiffened beam[J]. Journal of Sound and Vibration,2000,230(4):825 – 849.

[9] GRICE R M,PINNINGTON R J. Method for the vibration analysis of built-up structures,Part Ⅱ:Analysis of the plate-stiffened beam using a combination of finite element analysis and analytical impedances[J]. Journal of Sound and Vibration,2000,230(4):851 – 875.

[10] SEO S H,HONG S Y,KIL H G. Power flow analysis of reinforced beam-plate coupled structures[J]. Journal of Sound and Vibration,2003,259(5):1109 – 1129.

[11] PARK D H,HONG S Y,KIL H G. Power flow model of flexural waves in finite orthotropic plates[J]. Journal of Sound and Vibration,2003,264(1):203 – 224.

[12] FAHY F J, YAO D Y. Power flow between no-conservatively coupled oscillators[J]. Journal of Sound and Vibration, 1987, 114(1):1 – 11.

[13] LEUNG R C N, PINNINGTON R J. Wave propagation through right-angled joints with compliance-flexural incident wave[J]. Journal of Sound and Vibration, 1990, 142(1):31 – 46.

[14] HORNER J L, WHITE R G. prediction of vibrational power transmission through jointed beams[C]. Conference on Modem Practice in Stress and Vibration Analysis, University of Liverpool, April 1989.

[15] HORNER J L, WHITE R G. prediction of vibrational power transmission through bends and joints in beam-like structures[J]. Journal of Sound and Vibration, 1991, 147(1):87 – 103.

[16] CLARK P, WHITE R G. An analytic study of the vibration of beams fitted with neutralizers, Part 2: Assessment of the effects of mounting configurations. [R]. ISVR Technical Report No. 225, January 1993, ISVR, University of Southampton, England.

[17] LANGLEY R S. Analysis of power flow in beams and frameworks using the direct-dynamic stiffness method[J]. Journal of Sound and Vibration, 1990, 136(3):439 – 452.

[18] WU C J. Vibration reduction characteristics on finite periodic beams with a neutralizer[R]. ISVR Academic report, 1992, ISVR, University of Southampton, England.

[19] WU C J, WHITE R G. Vibrational power transmission in a multi-supported beam[J]. Journal of Sound and Vibration, 1995, 181(1):99 – 114.

[20] WU C J, WHITE R G. Reduction of Vibrational power in periodically supported beams by use of a neutralizer[J]. Journal of Sound and Vibration, 1995, 187(2):329 – 338.

[21] 吴崇健. 结构振动的 WPA 分析方法及其应用[D]. 武汉:华中科技大学,2002.

[22] PAVIC G. Vibrational energy flow in elastic circular cylindrical shells[J]. Journal of Sound and Vibration, 1990, 142(2):293 – 310.

[23] PAVIC G. Vibration energy flow through straight pipes[J]. Journal of Sound and Vibration, 1992, 154(3):411 – 429.

[24] LI L, MACE B, PINNINGTON R J. A mode-based approach to the vibration analysis of coupled long-and-short wavelength subsystems[C]. Proceedings of the 10th International Congress on Sound and Vibration. Sweden: Institute of Acoustics, 2003. 1075 – 1082.

[25] LI L, MACE B, PINNINGTON R J. A power mode approach to estimating vibrational power transmitted by multiple sources[J]. Journal of Sound and Vibration, 2003, 265(2):387 – 399.

[26] LI L, MACE B R, PINNINGTON R J. Estimation of power transmission to a flexible receiver from a stiff source using a power mode approach[J]. Journal of Sound and Vibration, 2003, 268(3):525 – 542.

[27] LI L, MACE B R, PINNINGTON R J. A mode-based approach for the mid-frequency

vibration analysis of coupled long-and-short-wavelength structures[J]. Journal of Sound and Vibration,2006,289(1/2):148 – 170.

[28] WESTER ECN,MACE B R. Wave component analysis of energy flow in complex structures-PartⅠ:A deterministic model[J]. Journal of Sound and Vibration,2005,285(1/2):209 – 227.

[29] WESTER ECN,MACE B R. Wave component analysis of energy flow in complex structures-Part Ⅱ:Ensemble statistics[J]. Journal of Sound and Vibration,2005,285(1/2):229 – 250.

[30] WESTER ECN,MACE B R. Wave component analysis of energy flow in complex structures-Part Ⅲ:Two coupled plates[J]. Journal of Sound and Vibration,2005,285(1/2):251 – 265.

[31] HAMBRIC S A. Power flow and mechanical intensity calculations in structural finite element analysis[J]. Journal of Vibration,Acoustics,Stress and Reliability in Design. 1990,112 (4):542 – 549.

[32] PAVRIC L,PAVIC G. Finite element method for computation of structural intensity by the normal mode approach[J]. Journal of Sound and Vibration,1993,164(1):29 – 43.

[33] ROOK T E,SINGH R. Structural intensity calculations for compliant plate-beam structures connected by bearings[J]. Journal of Sound and Vibration,1998,211(3):365 – 386.

[34] HAMBRICSA,SZWERC R P. Predictions of structural intensity fields using solid finite elements[J]. Noise Control Engineering Journal,1999,47(6):209 – 217.

[35] WILSON A M,JOSEFSON L B. Combined finite element analysis and statistical energy analysis in mechanical intensity calculations[J]. AIAA Journal,2000,38(1):123 – 130.

[36] AHMIDA K M,ARRUDA J R F. Spectral element-based prediction of active power flow in Timoshenko beams[J]. International Journal of Solid and Structures,2001,38(10 – 13): 1669 – 1679.

[37] XU X D,LEE H P,LU C,GUO J Y. Streamline representation for structural intensity fields [J]. Journal of Sound and Vibration,2005,280(1/2):449 – 454.

[38] WANG F,LEE H P,LU C. Relations between structural intensity and J-integral[J]. Engineering Fracture Mechanics,2005,72(8):1197 – 1202.

[39] LEE H P,LIM S·P,KHUN M S. Diversion of energy flow near crack tips of a vibrating plate using the structural intensity technique[J]. Journal of Sound and Vibration,2006,296(3): 602 – 622.

[40] NEFSKE D J,SUNG S H. Power flow finite element analysis of dynamic systems:Basic theory and application to beams[J]. Journal of Vibration,Acoustics,Stress and Reliability in Design,1989,111(1):94 – 100.

[41] 严济宽.振动功率流的一般表达式及其测量方法[J].噪声与振动控制,1987(1):24 – 29.

[42] 杨波,沈顺根.隔振系统中功率流的传递[J].舰船力学情报,1984,8:1 – 10.

［43］沈顺根,杨波,李琪华.船舶结构噪声传递的功率流分析方法［J］.中国造船,1987,2:
　　　50－62.

［44］SUN J C. Power flow and energy balance of non-conservatively coupled structures［J］.
　　　Journal of Sound and Vibration,1987,112(2):321－330.

［45］CUSCHIERI J M,SUN J C. Use of statistical energy analysis for rotating machinery,part I:
　　　determination of dissipation and coupling loss factors using energy ratios［J］. Journal of
　　　Sound and Vibration,1994,170(2):181－190.

［46］CUSCHIERI J M,SUN J C. Use of statistical energy analysis for rotating machinery,part II:
　　　coupling loss factors between indirectly coupled substructures［J］. Journal of Sound and
　　　Vibration,1994,170(2):191－201.

［47］张小铭,张维衡.周期简支梁的振动能量流［J］.振动与冲击,1990,3:28－34.

［48］张小铭,张维衡.在任意位置激励时周期简支梁的振动能量流［J］.振动工程学报,
　　　1990,3(4):75－81.

［49］ZHANG X M,ZHANG W H. Reduction of vibrational energy in a periodically supported
　　　beams［J］.Journal of Sound and Vibration,1991,151(1):1－7.

［50］张小铭,张维衡.加肋圆柱壳的振动能量流［J］.中国造船,1990,108(1):78－87.

［51］李天匀,张小铭.周期简支曲梁的振动波与能量流［J］.华中理工大学学报,1995,23
　　　(9):112－115.

［52］仪垂杰,陈天宇,李伟,等.板结构能量流的参数研究［J］.应用力学学报,1995,12(4):
　　　21－27.

［53］李伟,仪垂杰,胡选利.梁板结构能量流的导纳法研究［J］.西安交通大学学报,1995,
　　　29(7):29－35.

［54］李天匀,张小铭.有不连续材料层的组合板结构振动能量流研究［J］.声学学报,1997,
　　　22(3):274－281.

［55］李天匀,张维衡,张小铭.L形加筋板结构的导纳能量流研究［J］.振动工程学报,1997,
　　　10(1):112－117.

［56］徐慕冰.圆柱壳-流场耦合系统的振动波传播与能量流研究［D］.武汉:华中科技大
　　　学,1999.

［57］王敏庆,盛美萍.筋受力激励下加筋板结构振动能量流研究［J］.西北工业大学学报,
　　　1998,16(2):237－240.

［58］王冲,沙家正.棒板耦合结构的振动能量传输研究［J］.声学学报,1991,16(2):128－136.

［59］刘明治.相关激励下的统计能量分析方法(SEA)研究［J］.力学学报,1994,26(5):559－569.

［60］谢基榕,吴文伟.振动过程中的振动能及功率流分析［J］.计算机辅助工程,2006,15
　　　(21):117－120.

[61] 朱翔,李天匀,赵耀,等.含环向表面裂纹圆柱壳的波传播特性研究[J].力学学报,2007,39(1):119-124.

[62] WU C J. Measurement of Structural Intensity[R]. ISVR Academic Report, University of Southampton, England, 1992.

[63] FANY F J. Measurement of mechanical input power to a structure[J]. Journal of Sound and Vibration, 1969, 10(3):517-518.

[64] NOISEUX D U. Measurement of power flow in uniform beams and plates[J]. Journal of the Acoustics Society of America, 1970, 47(1):238-247.

[65] PAVIC G. Measurement of structure borne wave intensity, part 1. Formulation of the methods [J]. Journal of Sound and Vibration, 1976, 49(2):221-230.

[66] VERHEIJ J W. Cross-spectral density method for measuring structure borne power flow on beams and pipes[J]. Journal of Sound and Vibration, 1980, 70(1):133-139.

[67] REDMAN-WHITE W. The experimental measurement of flexural wave power flow in structures[C]. Proceedings of the Second International Conference on Resent Advances in Structural Dynamics, ISVR, University of Southampton, April 1984.

[68] 赵其昌.振动结构中能量流的测量[J].声学学报,1989,14(2):258-269.

[69] 李天匀,刘土光,刘理.结构声强测量方法及其误差分析[J].振动、测试与诊断,1999,19(1):30-34.

[70] 朱显明,朱英富,张国良.壳式管道管壁振动能量流的测量方法[J].中国造船,2004,45(4):29-34.

[71] 朱翔,李天匀,赵耀.裂纹损伤结构的振动能量流特性与损伤识别[M].武汉:华中科技大学出版社,2017.

[72] PINNINGTON R J, WHITE R G. Power flow through machine isolators to resonant and non-resonant beams[J]. Journal of Sound and Vibration, 1981, 75(2):179-197.

[73] 周保国.复杂隔振系统的能量流研究[D].上海:上海交通大学,1994.

[74] MING R S, CRAIK R J M. Errors in the measurement of structure-borne power flow using two-accelerometer techniques[J]. Journal of Sound and Vibration, 1997, 204(1):59-71.

[75] MORIKAWA R, UEHA S, NAKAMURA K. Error evaluation of the structural intensity measured with a scanning laser Doppler vibrometer and a k-space signal processing[J]. The Journal of the Acoustical Society of America, 1996, 99(5):2913.

[76] ROOZEN N B, GUYADER J L, GLORIEUX C. Measurement-based determination of the rotational part of the structural intensity by means of test functional series expansion[J]. Journal of Sound and Vibration, 2015, 356:168-180.

[77] CHAMBARD J P, CHALVIDAN V, CARNIEL X, et al. Pulsed TV-holography recording for

vibration analysis applications[J]. Optics and lasers in engineering,2002,38(3/4):131 −143.

[78] ECK T,WALSH S J. Measurement of vibrational energy flow in a plate with high energy flow boundary crossing using electronic speckle pattern interferometry[J]. Applied Acoustics, 2012,73(9):936 −951.

[79] PASCAL J C,CARNIEL X,CHALVIDAN V,et al. Determination of phase and magnitude of vibration for energy flow measurements in a plate using holographic interferometry[J]. Optics & Lasers in Engineering,1996,25(95):343 −360.

[80] NEWLAND D E. Random Vibration and Spectral Analysis[M]. [S. l.]:Longman,1984.

后　记

治水之法，既不可执一，泥于掌故，亦不可妄意轻信人言。盖地有高低，流有缓急，潴有浅深，势有曲直，非相度不得其情，非咨询不穷其致，是以必得躬历山川，亲劳胼胝。

《治水必躬亲》

写书好比建房,总想做得漂亮一些。然本人学疏才浅,这本书又堪比新法造屋,结构无范本,书中难免有错误或不当之处,请读者批评指正。终于完稿了,有满意的,也有遗憾的,更为重要的是希望读者指出本书的不足。

本书聚焦于伯努利－欧拉(Bernoulli－Euler)梁类结构。作者常年从事复杂工程结构设计,梁作为基础结构似相去甚远,然许多情况下两者的本质抽象有共同之处,如视为结构连接的波导,启迪深远。本书推导了 WPA 方程,分析了基础梁到复杂混合动力系统,再到工程桅杆、浮筏,等等,给出了相对完整的数学公式和模型试验。在理论解析框架内,WPA 法解析结构阻尼、耦合效应和功率流,简捷可行且概念清晰。多个解析例说明,WPA 法既有很好的一致性,也有独特的视角。

结构动力学取得了辉煌的成绩。它追求完美的数学表达,遗憾的是,有些复杂系统的数学解析不总是"准确"的,一些本该出现的系统特征消隐了。有时我们需要承认理论分析对前沿问题的困惑,倒不如先深入简单结构,建立理论—模型—实船判据,也不失为一种行之有效的方法,通过演绎归纳,结合逻辑思维揭示大系统隐藏的秘密。

本书希望达成一个目的:像 MATLAB 一样,WPA 法成为设计师掌握机理分析的工具,将结构波的输入、传播和衰减,与结构振动加速度、声辐射等目标控制参数的分析紧密联系起来。本书未列入的一项研究内容,是杆中纵波分析。研究杆中纵波与连接结构弯曲波的波形转换——它们涉及前沿理论问题,可惜只能留待深化后再补充了。

第4章和第5章分析复杂系统,WPA 法用"间断点"划分单元,其高效在于解析只与"间断点"或"间断线"的连接发生关联,因此未知数较少。超大单元有许多文献研究。WPA 法的特点,在于用超大单元精细化表达系统中的重要结构——如若必要,也可以聚焦研究节点中结构波的传递。巨系统中,"间断点"因量变产生了质变。我们发现一些局部结构特征,对巨系统的微妙关系——消隐或放大。钱学森结合几十年理论研究与工程实践,告诫我们:"复杂巨系统的情况就不同了",试图建立巨系统的数学描述有时是困难、代价昂贵又费时的。WPA 法适合机理分析,希望在复杂系统的本质抽象中发挥作用,并与试验验证有效衔接,而非单纯依赖数学解析。

第8章,浮筏"混抵效应"的研究有了新的进展,留待以后补充。第9章研究功率流测量。复杂系统功率流测量增加了许多新手段,输入功率流问题不大,但传递功率流的工程测量可能一直都是挑战。本书中较少涉及的内容是结构在不同介质中的声辐射。分析波的传递、衰减、转换及与声辐射的一系列问题,都是非常重要且有趣的。WPA 法分析这类问题,需要数学上的深化,比如将"超大单元"植入商业软件,以涵盖工程应用。在现有基础上WPA 法有两个方向值得研究:一是结合功率流,研究耦合结构中振动传递、能量变化与结构波的关联;二是深化分析结构中纵波、弯曲波等的波形转换。

最后作者想说明,WPA 法作为独立新理论方法,还不完善,需要进一步的理论解释、应用拓展和验证。作者希望理论研究与工程实际有更好的一致性。但遗憾的是由于篇幅限制,有的描述被省略,显得突然与突兀,作者深表歉意!